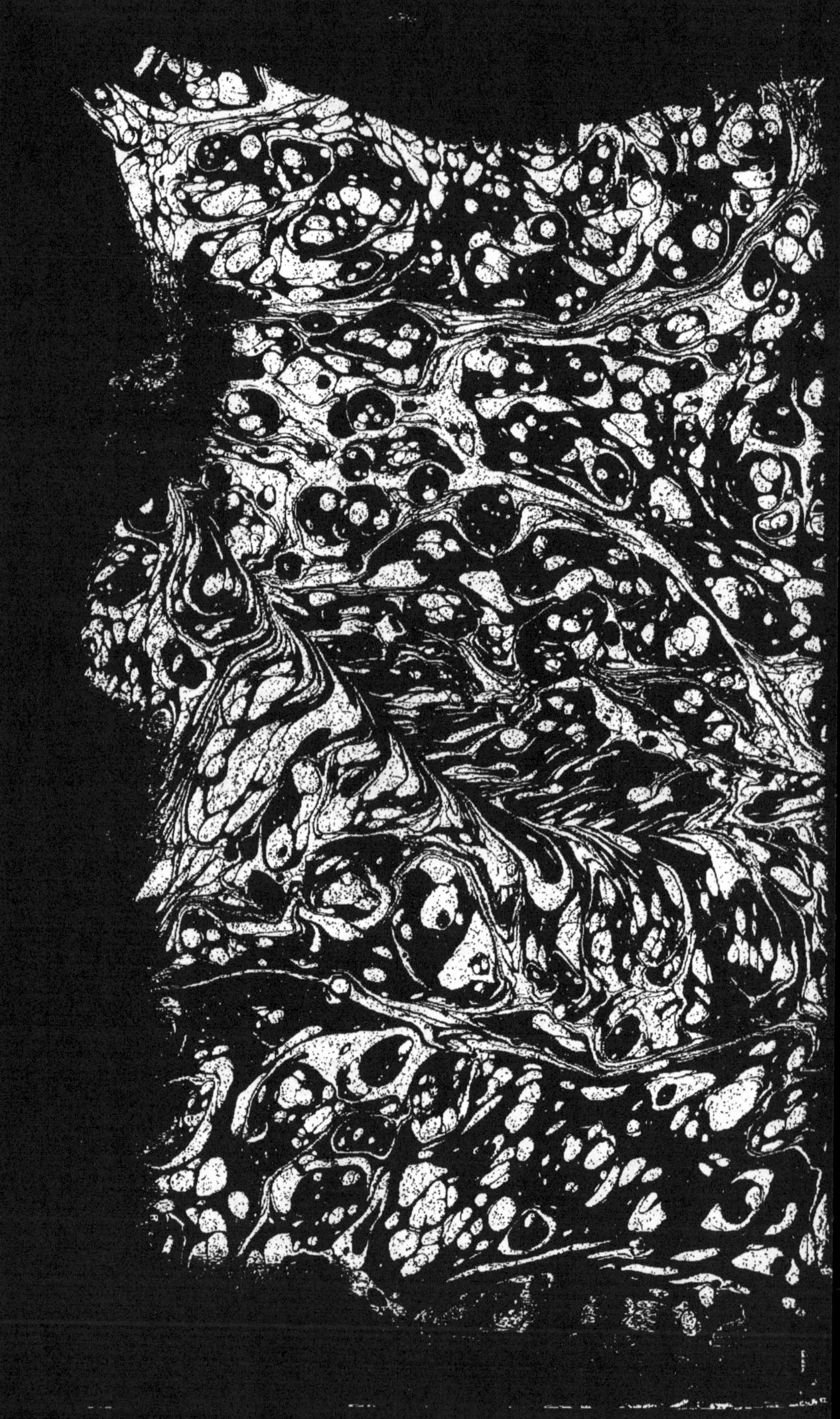

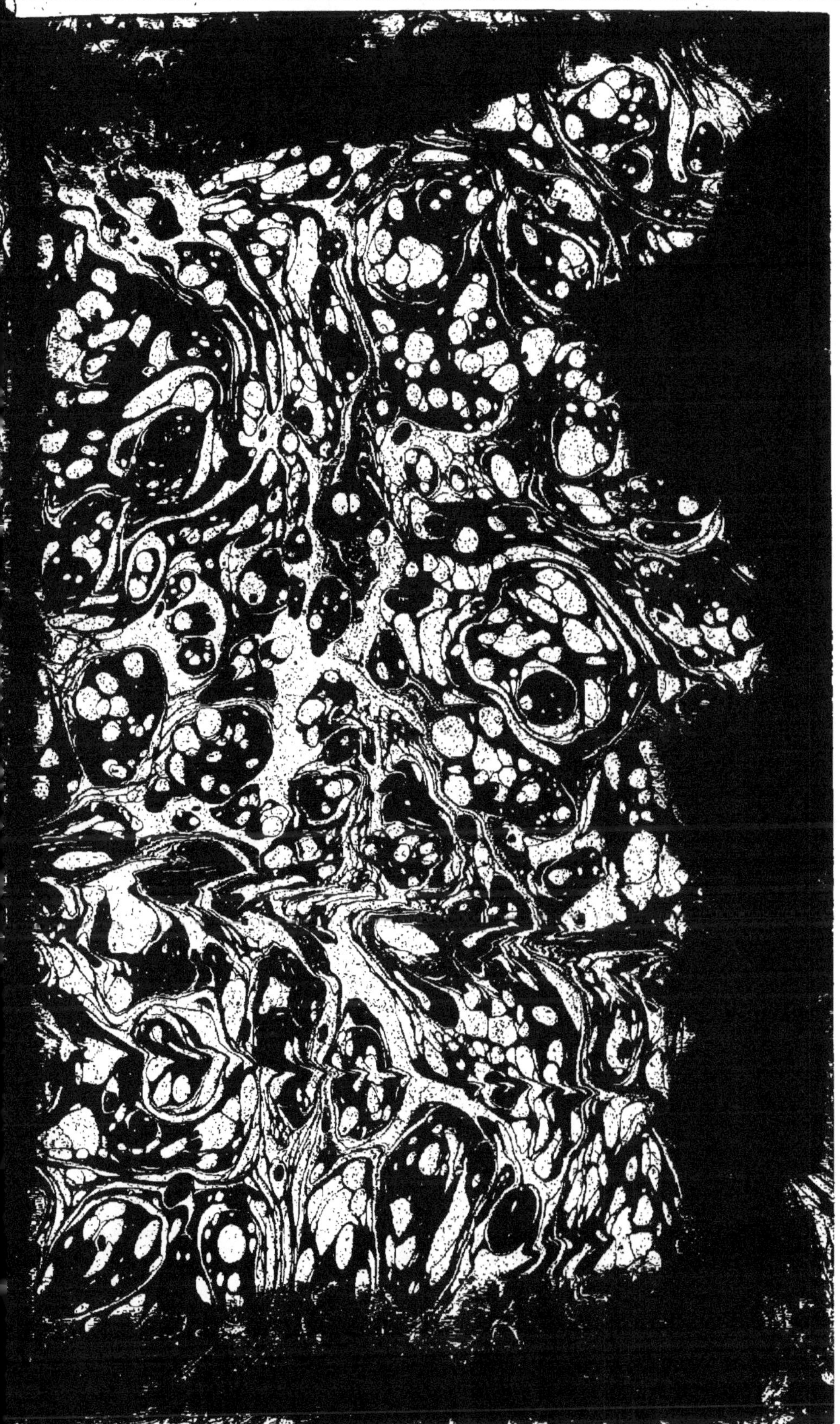

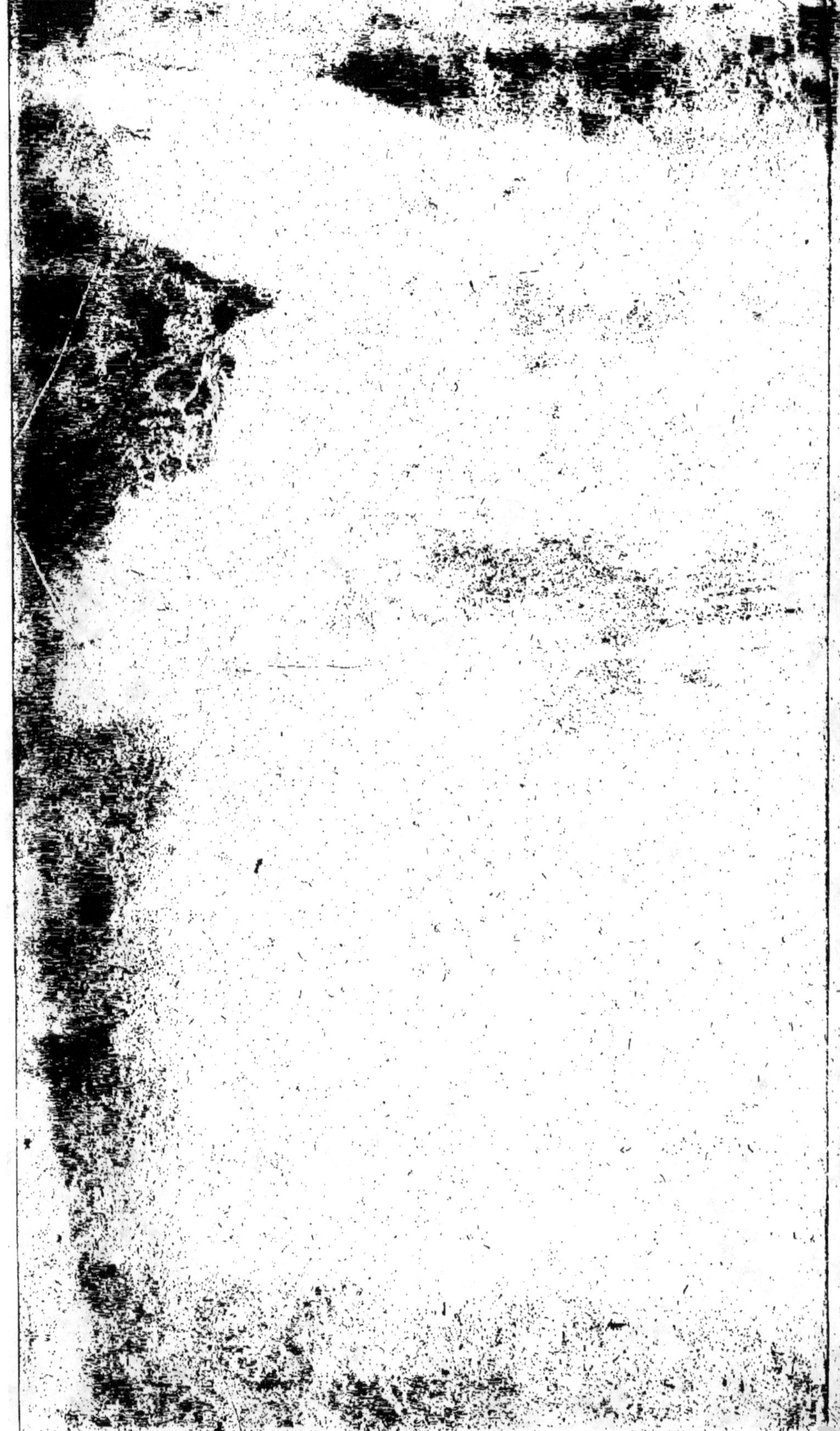

ÉLÉMENS
DE CHYMIE.
TOME TROISIÈME.

ÉLÉMENS DE CHYMIE

DE J. A. CHAPTAL,

Professeur de Chymie à l'Ecole de Santé de Montpellier, Associé à l'Institut National de la République Française, &c. &c.

TROISIÈME ÉDITION, revue et augmentée.

TOME TROISIÈME.

A PARIS,
Chez DETERVILLE, Libraire, rue du Battoir, n°. 16, près la rue de l'Eperon.

AN V. [1796 ère anc.]

ÉLÉMENS DE CHYMIE.

QUATRIÈME PARTIE.

DES SUBSTANCES VÉGÉTALES.

INTRODUCTION.

Le minéral, dont nous nous sommes occupés jusqu'ici, n'a aucune vie proprement dite, et ne présente aucun phénomène qui dépende d'une organisation intérieure : la crystallisation qu'affectent les corps de ce règne, paroît très-différente de l'organisation des êtres vivans ; elle n'a aucun avantage pour l'individu ; elle nous démontre tout au plus combien grande est l'harmonie de la nature, puisqu'elle marque chaque production par une forme constante et invariable, tandis que l'organisation du végétal et de l'animal dispose ces êtres de la manière la plus avantageuse et la plus propre à remplir les deux fins de la nature, qui sont la subsistance et la reproduction de l'individu.

On ne peut pas nier que le végétal ne soit doué d'un principe d'*irritabilité*, qui développe en lui le mouvement : le mouvement est même si marqué dans quelques plantes, qu'on peut le décider à volonté, comme dans la Sensitive, les étamines de l'Opuntia, &c. Les plantes qui suivent le cours du soleil, celles qui dans les serres s'inclinent vers les ouvertures par où leur parvient la lumière, celles qui se contractent et se recoquillent par la piquure d'un insecte, celles dont les racines se détournent et se dévoient de leur première direction pour aller plonger dans de la bonne terre ou dans l'eau, n'ont-elles pas un tact et une sensation qu'on peut comparer à l'irritabilité des animaux ? La différence des secrétions dans les divers organes, suppose une différence dans l'irritabilité de chaque partie.

Le végétal se reproduit lui-même ainsi que l'animal ; et les botanistes modernes ont soutenu la comparaison entre ces deux fonctions de la manière la plus heureuse et la plus concluante.

La grande différence qui existe entre les

végétaux et les animaux, c'est que ceux-ci, en général, peuvent se transporter d'un endroit à un autre pour se procurer leur nourriture ; tandis que les végétaux fixés à une même place sont obligés de saisir dans leur voisinage tout ce qui peut leur servir d'aliment ; la nature les a doués de feuilles pour puiser dans l'atmosphère l'air et l'eau dont ils ont besoin, tandis que leurs racines s'étendent au loin dans la terre pour y prendre un appui et y chercher d'autres principes nutritifs.

Si nous suivions de près les caractères des animaux, nous verrions que la nature descend par degrés imperceptibles de l'animal le mieux organisé jusqu'au végétal ; et nous serions embarrassés pour décider où finit un règne et où commence l'autre. L'analyse chymique peut imparfaitement nous tracer des limites entre ces règnes : on a prétendu, pendant long-temps, qu'il étoit réservé aux substances animales de fournir de l'ammoniaque ; il est à présent reconnu que quelques plantes en donnent aussi. On peut, à la rigueur, considérer le végétal comme un être participant des loix de l'animalité, mais à un degré moindre que l'animal lui-même.

La différence qui a été établie entre le végétal et le minéral est bien plus frappante : on peut regarder celui-ci comme une masse inorganique et presque élémentaire, ne recevant des modifications et des changemens que par l'impression des objets externes, pouvant se combiner, se dénaturer et se reproduire ou reparoître avec ses formes primitives à la volonté du chymiste ; l'autre, au contraire, doué d'une vie particulière qui modifie sans cesse l'impression des agens externes, les décompose et les dénature, nous présente une suite de fonctions toutes régulières, presque toutes inexplicables ; et lorsque le chymiste est parvenu à désorganiser le corps et à en retirer des principes, il se voit dans l'impossibilité de le reproduire par la réunion des mêmes principes.

Dans le minéral, c'est à l'action des corps externes que nous devons rapporter tous les changemens qu'il nous présente ; c'est d'une simple loi d'affinité que nous pouvons déduire tous les phénomènes. Dans le végétal, au contraire, il faut reconnoître une force intérieure qui fait tout, régit tout, et subordonne à ses desseins les agens qui ont un empire absolu sur le minéral.

Le minéral n'a aucune vie marquée, aucune période qu'on puisse regarder comme son degré de perfection, parce que ses divers états sont toujours relatifs aux fins auxquelles nous les destinons : il ne paroît ni s'accroître ni se reproduire ; il change tout au plus de forme, mais jamais par une détermination intérieure ; c'est toujours un pur effet physique de la part des objets externes : s'il paroît croître ou végéter, c'est par l'application successive de semblables matières charriées et transportées par les eaux ; on n'y voit ni élaboration ni dessein ; c'est toujours la loi des affinités qui préside à ces arrangemens, et cette loi est la loi des corps morts.

Il n'est donc pas surprenant que l'analyse chymique ait fait moins de progrès dans le règne végétal que dans le minéral : elle devient plus difficile à mesure que les fonctions se compliquent. Dans le végétal les principes constituans sont plus nombreux, ils sont différenciés par des caractères moins tranchans ; et les moyens d'analyse qu'on a employés sont tous imparfaits, de même que la marche qu'on a tenue est vicieuse.

Jusqu'ici toutes les plantes ont été analysées par le *feu* ou les *menstrues :* la première de ces méthodes est très-fautive ; le feu décompose les corps combinés, en altère les principes, forme de nouveaux corps par la réunion de ces élémens séparés, et extrait à-peu-près les mêmes principes de substances très-différentes. Une longue expérience nous a appris combien cette méthode étoit imparfaite : *Dodart*, *Bourdelin*, *Tournefort* et *Boulduc* ont distillé plus de 1400 plantes ; et ce fut dans les résultats d'un travail aussi long, que *Homberg* trouva des raisons suffisantes pour conclure que cette méthode étoit fautive ; il cite, pour preuve de son assertion, l'analyse du chou et de la ciguë, qui avoient donné les mêmes principes à la cornue.

La méthode par les *menstrues* est un peu plus rigoureuse, en ce qu'elle ne dénature pas les produits ; elle a été même plus avantageuse à la médecine, en lui donnant les moyens de séparer les principes médicamenteux de certains végétaux ; elle nous a même fourni des secours pour extraire dans leur pureté d'autres principes utiles aux arts ou à l'entretien de la vie ; elle nous a plus éclairés sur la nature des principes du végétal. Mais on ne peut pas borner à ce seul moyen l'analyse de la plante, et il faut que le chymiste ait assez de génie pour varier le procédé selon la nature du végétal et le caractère du principe qu'il veut en extraire.

Un reproche assez grave qu'on peut faire à la plupart des chymistes qui ont écrit sur l'analyse végétale, c'est qu'ils n'ont mis aucun ordre dans leur marche, et qu'ils n'ont suivi aucune distribution raisonnée : ils se bornent à donner des procédés pour extraire telle ou telle substance, sans lier tout cela à un système qui soit pris ou dans les moyens qu'on emploie, ou dans la nature des produits qu'on extrait, ou dans la marche même des opérations de la nature : je conviens que si on veut borner un cours d'analyse végétale aux procédés qu'on doit connoître pour savoir extraire telle ou telle substance, ce système d'ordre et de méthode que je propose est inutile ; mais si on veut connoître les opérations de la nature, et voir le végétal en philosophe, en physicien et en chymiste, il faut consulter les opérations même de la nature dans le végétal, et suivre, autant que faire se peut, un plan qui nous fasse connoître la plante sous tous ses rapports : celui que j'ai adopté me paroît remplir cet objet.

Nous commencerons par donner une idée succincte de la structure du végétal, afin de mieux connoître les rapports de son organisation avec les principes que nous en extrairons.

Nous nous occuperons, en second lieu, du développement et de l'accroissement du végétal : pour cet effet, nous ferons connoître les divers principes qui lui servent de nourriture, et nous suivrons leurs altérations dans l'économie végétale, autant qu'il nous est donné de le faire : nous examinerons en conséquence l'influence de l'air, de la terre, de la lumière, &c.

En troisième lieu, nous examinerons les résultats du travail de l'organisation sur les substances alimentaires ; et pour cela nous apprendrons à connoître les divers principes constituans du végétal, ayant l'attention de procéder à cet examen, en suivant une marche que la nature elle-même nous indique. C'est ainsi que nous commencerons par l'analyse des produits que nous pouvons extraire sans désorganiser la plante, et que l'organisation nous présente à nud, tels que le mucilage, les gommes, les huiles, les résines, les gommes-résines, &c. Après cela nous nous occuperons de l'analyse de quelques principes qu'on ne peut recueillir qu'en désorganisant la plante, tels que la fécule, la partie glutineuse, le sucre, les acides, les alkalis, les sels neutres, les principes colorans, l'extrait, le fer, l'or, le manganèse, le soufre, &c.

Nous nous occuperons encore des humeurs prolifiques du végétal, c'est-à-dire, de l'examen de ces substances qui, quoique nécessaires à la vie, sont poussées au-dehors pour servir à quelques fonctions ; le pollen et le miel sont de ce genre.

Après cela nous examinerons les humeurs qui s'évaporent et s'échappent par la transpiration, telles que le gaz oxigène, le principe aqueux, l'arome, &c.

En dernier lieu, nous ferons connoître les altérations qu'éprouve le végétal mort. Et pour procéder avec ordre dans une question des plus importantes, nous examinerons successivement l'action de la chaleur, de l'air et de l'eau sur le végétal, soit qu'ils agissent séparément, soit que leur action soit combinée. Cette marche nous fera connoître tous les phénomènes que nous présentent les végétaux dans leurs décompositions.

SECTION PREMIÈRE.

DE LA STRUCTURE DU VÉGÉTAL.

Tout végétal nous présente dans sa structure, 1°. une charpente fibreuse et dure qui soutient tous les autres organes, en détermine la direction et donne la solidité convenable à chaque plante et à chaque partie ; 2°. un tissu cellulaire qui accompagne tous les vaisseaux, enveloppe toutes les fibres, se replie de mille manières, et forme par-tout des couches et des rézeaux qui lient toutes les parties, et établissent entre elles une communication admirable. Nous ne décrirons que très-succinctement les diverses parties qui composent le végétal ; nous nous bornerons à faire connoître les organes dont il est nécessaire d'avoir une idée précise pour procéder à l'analyse de la plante.

ARTICLE PREMIER.

De l'Ecorce.

L'ÉCORCE est l'enveloppe extérieure des plantes ; ses prolongemens ou extensions recouvrent toutes les parties qui composent le végétal, et nous pouvons y distinguer trois tuniques particulières qu'on peut détacher et observer séparément : l'épiderme, le tissu cellulaire et les couches corticales.

1°. L'épiderme est une membrane mince formée par des fibres qui se croisent en divers sens : le tissu en est quelquefois si délié qu'on peut reconnoître à travers quelle est la direction des fibres. Cette membrane se détache aisément de l'écorce lorsque la plante est en vigueur ; et, lorsqu'elle est sèche, on peut en procurer la séparation en la ramollissant dans l'eau chaude ou à la vapeur. Lorsque l'épiderme vient à être détruit il se régénère, mais alors il est plus adhérent au reste de l'écorce et forme une espèce de cicatrice.

Cet épiderme paroît destiné par la nature à modifier l'impression des corps externes sur le végétal, à fournir une foule de pores qui transmettent au-dehors les produits excrétoires de la végétation, à protéger les dernières ramifications des vaisseaux aériens ou aqueux qui pompent dans l'air les fluides nécessaires à l'accroissement du végétal, et à mettre à couvert l'organe cellulaire qui contient les principaux vaisseaux et les glandes où se font la digestion et l'élaboration des divers sucs charriés du dehors.

2°. L'enveloppe cellulaire forme la seconde partie de l'écorce : c'est un tissu formé par des vésicules et des utricules tellement rapprochés et si nombreux, qu'il n'en résulte qu'une couche : c'est dans cet organe que paroît se faire le travail de la digestion : le produit de cette élaboration est ensuite porté dans tout le végétal par des vaisseaux qui se propagent par-tout, et communiquent même avec la moëlle par des conduits qui parviennent dans le creux de l'arbre en croisant les couches ligneuses; c'est dans ce rézeau que se développe la partie colorante des végétaux, la lumière qui pénètre l'épiderme concourt à en aviver la couleur; c'est dans ce rézeau que se forment l'huile et les résines, par la décomposition de l'eau et de l'acide carbonique; c'est enfin de ce rézeau que partent les divers produits que l'organisation pousse au dehors et qui sont comme les *fœces* de la digestion végétale.

3°. Les couches intermédiaires entre l'enveloppe externe et le bois ou le corps du végétal, qu'on peut appeller couches corticales, ne sont formées que par des lames qui ne sont elles-mêmes que la réunion des vaisseaux communs, propres et aériens de la plante; ces vaisseaux ne s'étendent pas selon la longueur de la tige, mais ils se courbent en divers sens et laissent entre eux des mailles qui sont remplies par le tissu cellulaire lui-même. Il suffit de faire macérer ces couches dans l'eau, pour en observer l'organisation : alors le tissu qui est détruit laisse à nud les mailles qu'il remplissoit (1); les couches corticales se détachent facilement l'une de l'autre, et c'est par leur ressemblance assez grossière avec les feuillets d'un livre qu'on les a appellées *Liber :* à mesure que ces couches s'approchent du corps ligneux, elles prennent de la dureté et finissent même par donner naissance aux couches de l'aubier.

L'écorce est la partie la plus essentielle du végétal : c'est par elle que s'exécutent les principales fonctions de la vie, telles que la nutrition, la digestion, les secrétions, &c. Toutes les antes, et principalement celles au chalumeau, par lesquelles on dénature totalement les produits d'une plante que l'on recouvre d'une écorce étrangère, démontrent avec évidence que la force digestive réside éminemment dans cette partie : la partie ligneuse est si peu essentielle, que beaucoup de plantes en sont dépourvues, telles que les graminées, les arondinacées et toutes celles qui sont évidées intérieurement. Les plantes grasses n'ont, à proprement parler, que la partie corticale ; on voit souvent des plantes

(1) C'est ce qu'on voit sur-tout dans l'arbre à dentelle, dont le tissu se sépare par la macération de la plante.

frappées de putrilage dans leur intérieur, tandis que le bon état de l'écorce entretient encore leur vigueur.

ARTICLE II.

Du tissu ligneux.

Sous l'écorce est une substance solide qui forme le tronc des arbres et qui paroît composée par couches ordinairement concentriques; les couches intérieures sont plus dures que les extérieures, elles sont plus vieilles, et le tissu en est plus ferme et plus serré; les plus dures forment le bois proprement dit, les molles ou extérieures forment l'aubier. On peut considérer le bois comme composé de fibres plus ou moins longitudinales, liées entre elles par un tissu cellulaire parsemé de vésicules qui communiquent les unes aux autres, et qui vont, en s'épanouissant de plus en plus, vers le centre où elles forment la moëlle, laquelle moëlle n'est apparente que dans les jeunes branches ou les jeunes individus; elle disparoît dans les arbres d'un certain âge.

Le tissu vésiculaire présente de grandes analogies avec le tissu glanduleux et les vaisseaux lymphatiques du corps humain : la conformation et les usages sont les mêmes de part et d'autre ; dans le premier âge des plantes et des animaux, les organes sont dans une expansion considérable, parce qu'à cette époque, l'accroissement est très-rapide ; avec l'âge les vaisseaux s'oblitèrent dans les deux règnes ; et l'on observe que dans les bois blancs et les *fungus* où le tissu vésiculaire est très-abondant, l'accroissement est aussi très-rapide.

ARTICLE III.

Des Vaisseaux.

Les diverses humeurs du végétal sont contenues dans des vaisseaux particuliers, où elles jouissent d'un certain mouvement, qu'on a comparé à celui de la circulation de l'animal : il en diffère cependant, en ce que ces humeurs ne se balancent pas sans cesse dans les vaisseaux par une force qui leur soit inhérente ; mais elles reçoivent d'une manière plus marquée l'impression des agens externes. La lumière et la chaleur sont les deux grandes causes qui déterminent et modifient le mouvement des humeurs dans le végétal ; ces agens font aborder la sève dans les diverses parties, et là elle y est travaillée d'une manière relative aux fonctions de chacune ; mais on n'apperçoit point qu'elle prenne une voie rétrograde ; de sorte que dans le végétal l'abord ou le flux de l'humeur est prouvé, mais le reflux ne paroît pas sensible.

On peut distinguer dans les végétaux trois espèces de vaisseaux : les vaisseaux communs ou séveux, les vaisseaux propres, et les vaisseaux aériens ou trachées.

I°. Les vaisseaux séveux charrient la sève ou l'humeur générale d'où toutes les autres dérivent : cette liqueur peut être comparée au sang de l'animal ; ce sont des réservoirs d'où les divers organes peuvent extraire les divers sucs et les élaborer d'une manière convenable.

Ces vaisseaux occupent principalement le milieu des plantes et des arbres ; ils montent perpendiculairement, mais ils se contournent de côté et aboutissent à toutes les parties du végétal ; ils versent la sève dans les utricules d'où elle est pompée par les vaisseaux propres pour être élaborée convenablement.

II°. Chaque organe est ensuite doué de vaisseaux particuliers pour séparer les divers sucs et les conserver, sans leur permettre de se mêler avec le corps du reste des humeurs : c'est ainsi que l'on trouve dans le même végétal,

gétal, souvent même dans le même organe, des sucs de diverse nature, de diverse couleur et de consistance très-différente.

Les vaisseaux, soit communs, soit propres, contenus dans leurs diverses directions par les fibres ligneuses, par-tout enveloppés du tissu cellulaire, s'ouvrent et versent leur liqueur dans les glandes, dans le tissu cellulaire, ou dans les utricules, pour y remplir leurs diverses fonctions.

Les utricules sont de petits sacs qui renferment la moëlle et souvent la partie colorante du végétal; ce sont des espèces de loges où se dépose le suc nourricier de la plante, et d'où il est repris pour servir au besoin, comme les amas de moëlle qui se forment dans l'intérieur des os, laquelle en est ensuite pompée lorsque l'animal n'est pas suffisamment réparé.

III°. Les trachées ou vaisseaux aériens paroissent être les organes de la respiration, ou plutôt ceux qui reçoivent l'air et en facilitent l'absorption et la décomposition : on les appelle trachées par rapport à la ressemblance qu'on a cru leur trouver avec les organes respiratoires de l'insecte : pour les appercevoir on prend une jeune branche d'arbre assez jeune pour se casser net; après en avoir entamé l'écorce sans toucher au bois, on la rompt en tirant les deux extrémités en sens contraire ; on voit alors les trachées sous la forme de petits tire-bourres ou de vaisseaux tournés en spirale. On pense généralement que les grands pores qu'on apperçoit sur la tranche d'une plante considérée au microscope, ne sont que les vaisseaux aériens. Il arrive souvent que la sève s'extravase dans la cavité des trachées ; et elles paroissent ne pouvoir servir à d'autres usages, qu'à charrier l'air, du moins pendant quelque temps, sans que la vie en soit altérée.

ARTICLE IV.

Des Glandes.

On apperçoit sur plusieurs parties du végétal de petites protubérances qui ne sont que des corps glanduleux, dont la forme varie prodigieusement ; c'est sur-tout d'après cette diversité de forme, que *Guettard* en a fait sept espèces. Elles sont presque toujours remplies d'une humeur dont la couleur et la nature varient singulièrement.

SECTION II.

DES PRINCIPES NUTRITIFS DU VÉGÉTAL.

Si la plante ne faisoit que pomper de la terre, les principes nutritifs qui y sont contenus, et qu'elle n'eût point la faculté de les digérer, de se les assimiler et d'en former des produits différens selon sa nature et la diversité de ses organes, il faudroit que nous retrouvassions dans la terre tous les principes que l'analyse nous fait découvrir dans les végétaux, ce qui est contraire à l'observation; et nous prouverons dans la suite que la production de la terre végétale est un effet de l'organisation de la plante, et qu'elle lui doit sa formation, bien loin de la donner elle-même à ces individus. S'il étoit vrai que la plante ne fît qu'extraire ses principes du sein de la terre, les plantes qui croîtroient sur le même sol, auroient les mêmes principes, du moins la plus grande analogie entre elles : tandis que nous voyons croître et prospérer à côté les unes des autres des plantes qui ont des vertus et des allures bien différentes; d'ailleurs, les plantes qu'on élève dans l'eau pure, les plantes grasses qui croissent sans être fixées à la terre, pourvu qu'elles soient placées dans une atmosphère humide, la classe des végétaux parasites qui ne participent point des propriétés de ceux qui leur servent de support, prouvent que le végétal ne retire point ses sucs de la terre, en tant que terre, et qu'il jouit d'une force intérieure altérante et assimilatrice, qui approprie à chaque individu l'aliment qui lui convient, le dispose et le combine pour en former tel ou tel principe. Cette vertu digestive paroîtra bien étonnante et bien parfaite, si l'on considère que la pâture commune à tous les végétaux est bien peu variée, puisque nous ne connoissons que l'eau et le carbone, et que conséquemment avec deux principes très-simples elle a le pouvoir de former des produits très-différens. Mais par cela même que les principes nutritifs de la plante sont très-simples, il faut présumer, dans les divers résultats de la digestion, ou, ce qui revient au même, dans les humeurs et les solides du végétal, la plus grande analogie, et déduire les différences de la proportion des principes et de leur combinaison plus ou moins parfaite. C'est à cet effet que nous observerons avec soin le passage d'un principe à l'autre, et que nous ferons connoître l'art de les ramener tous à quelques substances élémentaires ou primitives, telles que la fibre, le mucilage, &c.

ARTICLE PREMIER.

De l'eau, principe nutritif de la plante.

Tout le monde convient qu'une plante ne sauroit végéter sans le secours de l'eau : mais on n'est pas si généralement convaincu que ce soit là le seul aliment que la racine pompe de la terre, et qu'une plante peut vivre et se reproduire sans d'autres secours que le contact de l'eau et de l'air : les expériences suivantes avoient fait naître cette opinion : *Van-Helmont* planta un saule pesant cinquante livres, dans une certaine quantité de terre couverte avec des lames de plomb ; il l'arrosa pendant cinq ans avec de l'eau distillée ; et, au bout de ce temps-là, l'arbre pesa cent soixante-neuf livres trois onces, et la terre dans laquelle il avoit végété n'avoit souffert qu'un déchet de trois onces. *Boyle* a répété la même expérience sur une plante qui, au bout de deux ans, pesoit quatorze livres de plus, sans que le poids de la terre dans laquelle elle avoit crû fût diminué sensiblement.

Duhamel a publié, dans les Mémoires de l'académie 1748, qu'il élevoit un chêne dans l'eau depuis huit ans ; que les deux premières années, la végétation avoit été plus forte que dans la meilleure terre ; mais que cette végétation alloit déclinant chaque année, malgré qu'il poussât de belles feuilles tous les printemps.

Bonnet a donné un support, avec de la mousse, aux plantes qu'il a nourries par le seul moyen de l'eau : il a observé la végétation la plus vigoureuse ; et ce naturaliste ajoute que les fleurs en étoient plus odorantes et les fruits plus savoureux : on avoit l'attention de changer les supports avant qu'ils pussent s'altérer.

Tillet a fait quarante-quatre expériences sur des graines semées dans différens mélanges de terre : il ne les a pas arrosées ; il s'est servi de vases percés et enfouis dans la terre végétale, il a obtenu des fleurs et des fruits à plusieurs reprises.

Hales a observé qu'une plante qui pesoit trois livres avoit augmenté de trois onces après une forte rosée. Ne voit-on pas journellement élever des jacinthes et autres plantes bulbeuses, de même que des graminées, dans des soucoupes et des bouteilles où l'on n'entretient que de l'eau ?

Hassenfratz ayant repris ces expériences, n'a obtenu que des fleurs et jamais des fruits. Ce chymiste ayant déterminé la quantité moyenne de carbone fourni par les graines, s'est assuré que les plantes qui en provenoient en donnoient un peu moins que la graine, lorsqu'on les élevoit par le seul secours de l'eau : d'où il conclut que tout le carbone est fourni par la graine.

Il conclut que la différence de ses résultats comparés à ceux qu'avoit obtenus *Tillet*, ne provient que de ce que les vases de ce dernier étoient enfouis dans la terre, et en pompoient l'eau et le carbone pour les transmettre à la plante.

Toutes les plantes ne demandent pas la même quantité d'eau ; et la nature a varié les organes de ces divers individus d'après le besoin où ils sont de cet aliment : les plantes qui transpirent peu, telles que les mousses et les lichens, n'ont pas besoin d'une quantité considérable de ce liquide ; aussi sont-elles fixées sur des rochers arides et presque dépourvues de racines ; les plantes qui en demandent davantage ont des racines qui s'étendent au loin, et absorbent l'humidité par toute leur surface.

Les feuilles ont également la propriété d'absorber l'eau et de puiser dans l'atmosphère le même principe que la racine pompe dans la terre; mais les plantes qui vivent dans l'eau, et qui nagent, pour ainsi dire, dans l'élément qui leur sert de pâture, n'ont pas besoin de racines, elles pompent par tous leurs pores le liquide qui les baigne; et nous voyons que les *fucus*, les *ulva*, &c. en sont totalement dépourvus.

Plus l'eau est pure, plus elle est salutaire à la plante : *Duhamel* a tiré cette conséquence d'une suite d'expériences bien faites, par lesquelles il s'est assuré que l'eau imprégnée de sels étoit funeste à la végétation. *Hales* a fait absorber aux végétaux divers fluides en faisant des incisions à leurs racines et les plongeant dans l'esprit-de-vin, le mercure et diverses dissolutions salines; mais il s'est convaincu que c'étoit tout autant de poisons pour ces plantes. D'ailleurs, si ces sels étoient favorables à la plante, on retrouveroit ces substances dans l'individu qu'on arrose avec l'eau qui en est imprégnée, tandis que *Thouvenel* et *Cornette* ont prouvé que ces sels ne passoient pas dans le végétal. On doit néanmoins excepter les plantes marines, parce que le sel marin dont elles ont besoin, se décompose dans elles, et produit un principe qui leur paroît nécessaire, puisqu'elles languissent ailleurs.

Quoiqu'il soit prouvé que l'eau pure est plus propre à la végétation que l'eau chargée de sels, il ne faut pas croire pour cela qu'on ne puisse disposer l'eau d'une manière plus favorable au développement du végétal, en la chargeant des débris de la décomposition végétale et animale : si, par exemple, on charge l'eau des principes qui se dégagent par la fermentation ou la putréfaction, on présente alors à la plante des sucs déjà assimilés à sa nature, et on lui fournit des alimens préparés qui doivent en hâter l'accroissement. Indépendamment de ces sucs déjà formés, le gaz nitrogène qui fait un des alimens de la plante, et qui est fourni en abondance par l'altération des végétaux et des animaux, doit en faciliter le développement. La plante nourrie par les débris d'animaux et de végétaux, est comme l'animal qu'on met au lait pour toute nourriture ; ses organes ont moins de peine à travailler cette boisson que celle qui n'a pas reçu encore l'empreinte de l'animalisation.

Le fumier qu'on mêle avec les terres et qui s'y décompose, outre qu'il fournit les principes alimentaires dont nous venons de parler, favorise encore l'accroissement de la plante par la chaleur constante et soutenue que produit sa décomposition ultérieure; c'est ainsi que *Fabroni* dit avoir vu se développer des feuilles et des fleurs dans la seule partie d'un arbre qui étoit voisine d'un tas de fumier.

ARTICLE II.

Du carbone, principe nutritif de la plante.

Si des faits positifs ne prouvoient pas la nécessité du carbone dans la nutrition de la plante, nous n'aurions qu'à suivre un moment l'acte de la végétation pour nous en convaincre.

1°. L'analyse a démontré que l'eau de fumier contenoit du carbone et le charrioit dans les organes de la plante.

2°. *Hassenfratz* a prouvé qu'une plante élevée par le seul secours de l'eau, ne donnoit pas des fruits, et contenoit un peu moins de carbone que la graine dont elle est le développement.

3°. Les terres les plus riches en carbone, en

débris de la décomposition végétale, sont les plus propres à la végétation.

4°. L'eau colorée passe dans le tissu du végétal, et y dépose son principe colorant.

On peut donc considérer l'eau, non-seulement comme principe nutritif du végétal, mais comme servant de véhicule à un autre principe tout aussi essentiel à la plante, le carbone.

On peut déduire de ces principes une théorie exacte sur l'usage du fumier dans l'acte de la végétation.

ARTICLE III.

De la terre, et de son influence dans la végétation.

Quoiqu'il soit prouvé que l'eau et le carbone servent de nourriture à la plante, il ne faut pas regarder la terre comme inutile : elle ne l'est pas plus que le *placenta*, qui par lui-même ne fournit rien à la vie de l'enfant, mais qui prépare et dispose le sang de la mère à devenir une nourriture convenable ; elle ne l'est pas plus que les divers réservoirs que la nature a placés dans le corps de l'homme pour conserver les diverses humeurs et les livrer au besoin. La terre s'imbibe d'eau et la retient ; c'est un réservoir destiné par la nature à conserver le suc alimentaire dont la plante a sans cesse besoin, et à le fournir en proportion de ces mêmes besoins, sans qu'elle soit exposée à l'alternative, également meurtrière pour elle, d'être inondée ou desséchée.

Nous voyons même que dans la jeune plante ou dans l'embryon, la nature n'a pas voulu confier au seul germe, encore foible, le travail de la digestion. La semence est formée d'un parenchyme qui s'imbibe d'eau, la travaille et ne la transmet au germe que lorsqu'elle est réduite en suc ou humeur ; insensiblement cette semence se détruit, et la plante, assez forte par elle-même, fournit seule au travail de la digestion. C'est ainsi que nous voyons le *fœtus* nourri dans le sein de la mère par les humeurs de la mère elle-même ; mais, dès qu'il a reçu le jour, on lui donne pour nourriture une boisson moins animalisée, et peu à peu ses organes se fortifient et deviennent capables par eux-mêmes d'une nourriture plus forte et moins analogue.

Mais par-là même que la terre est destinée à transmettre à la plante l'eau qui lui sert de nourriture, la nature du sol ne peut pas paroître indifférente ; et elle doit varier selon que la plante a besoin d'une quantité d'eau plus ou moins considérable, selon qu'elle en demande plus ou moins dans un temps donné, et selon que ses racines doivent s'étendre plus ou moins. On sent déjà que toute terre n'est pas convenable pour toute plante, et que conséquemment un rejeton ne peut pas être anté indifféremment sur toutes sortes d'espèces.

Pour que la terre soit convenable, il faut, 1°. qu'elle puisse servir d'un support assez fixe pour que la plante ne soit pas ébranlée ; 2°. qu'elle permette aux racines de s'étendre au loin avec aisance ; 3°. qu'elle s'imprègne d'humidité, et puisse retenir l'eau suffisamment pour que la plante n'en manque pas au besoin : pour réunir ces diverses conditions, il est nécessaire de faire un mélange convenable des terres primitives, car aucune ne les possède en particulier : les terres siliceuses et calcaires peuvent être regardées comme dessicatives et chaudes ; les argilleuses, comme humides et froides ; et les magnésiennes, comme douées des propriétés moyennes. Chacune en particulier a des défauts qui la rendent impropre à la culture : l'argilleuse prend l'eau et ne la cède point, la calcaire la prend et la cède trop vîte; mais heureusement les propriétés de ces terres sont tellement opposées, qu'elles se corrigent par le mélange: c'est ainsi qu'en mêlant de la chaux dans une terre argilleuse on divise cette dernière, et on mitige la propriété desséchante de la chaux, en même temps qu'on corrige le pâteux de l'argille : c'est ainsi que l'engrais ne peut pas être fourni par une seule terre, et qu'il faut étudier le caractère de la terre qu'on veut bonifier avant de faire choix de l'engrais. *Tillet* a prouvé que les meilleures proportions d'une terre fertile pour les bleds, sont trois huitièmes d'argille, deux de sable, et trois de recoupes de pierre dure.

L'avantage du labour consiste à diviser la terre, à l'aérer, à détruire les mauvaises plantes et à les convertir en engrais en en facilitant la décomposition.

Avant les connoissances que nous avons acquises sur les principes constituans de l'eau, il étoit impossible d'expliquer et même de concevoir l'accroissement de la plante par l'eau et le carbone : en effet, si l'eau étoit un élément et un principe indécomposable, en entrant dans la nutrition de la plante elle ne donneroit que de l'eau, et le végétal ne nous présenteroit que ce liquide mêlé à du carbone;

mais en considérant l'eau comme formée par la combinaison des gaz oxigène et hydrogène, on conçoit sans peine que ce composé se réduit en principes, et que le gaz hydrogène devient principe du végétal, tandis que l'oxigène est poussé au-dehors par les forces même de la vie; aussi voit-on le végétal presque tout formé d'hydrogène : les huiles, les résines, le mucilage n'en sont presque que des aggrégés ; et nous voyons le gaz oxigène s'échapper par les pores lorsque la lumière en procure le dégagement. Cette décomposition de l'eau est prouvée non-seulement dans le végétal, mais même dans l'animal : *Rondelet* (*lib. de pisc. lib. 1, cap. 12*) cite un grand nombre d'exemples d'animaux marins qui ne peuvent vivre que d'eau par la constitution même de leurs organes : il dit avoir gardé pendant trois ans un poisson dans un vase qu'il tenoit plein d'eau très-pure ; il y prit un tel accroissement, qu'au bout de ce temps le vase ne pouvoit pas le contenir : il rapporte ce fait comme étant très-commun. Nous voyons aussi les poissons rouges qu'on élève dans des bocaux de verre, se nourrir et croître sans d'autre secours que celui d'une eau convenablement renouvellée.

ARTICLE IV.

De l'air atmosphérique, et de son influence dans la végétation.

Les plantes ne peuvent pas vivre sans air, mais elles ne demandent pas la même pureté que les animaux. Il paroît même que les plantes qui vivent dans l'air n'en changent pas la nature. Des végétaux couverts de cloches pendant six semaines, n'ont produit aucun changement dans le volume ni dans la nature de l'air qui y est enfermé.

Priestley, *Ingenhousz* et *Senebier* ont prouvé que l'air atmosphérique pouvoit servir à la plante, lors même qu'il ne contient presque que du gaz nitrogène.

ARTICLE V.

De l'acide carbonique, et de son influence dans la végétation.

L'acide carbonique répandu dans l'atmosphère ou dans l'eau, peut être encore regardé comme aliment de la plante, car elle a le pouvoir de l'absorber et de le décomposer

poser lorsqu'il est en petite quantité; la base de cet acide paroît même concourir à former la fibre végétale : car j'ai observé que cet acide prédominoit dans les *fungus* et autres plantes étiolées qui vivent dans les souterrains; mais qu'en faisant passer les végétaux fixés sur des étançons, d'une obscurité presqu'absolue à la lumière par des progrès et des nuances imperceptibles, cet acide disparoissoit presqu'en entier, et la fibre végétale augmentoit en proportion, en même temps que la résine et la couleur se développoient par l'oxigène du même acide. *Sennebier* a observé que les plantes qu'on arrosoit avec de l'eau imprégnée d'acide carbonique, transpiroient beaucoup plus de gaz oxigène, ce qui annonce une décomposition de l'acide carbonique.

On peut donc employer avec succès la végétation pour corriger l'air trop chargé d'acide carbonique, ou dans lequel le gaz nitrogène se trouve en trop grande proportion.

ARTICLE VI.

De la lumière et de son influence dans la végétation.

La lumière est absolument nécessaire à la plante : sans son secours elle s'étiole, languit et se meurt ; mais il n'est pas prouvé qu'elle entre comme aliment dans sa formation : on peut tout au plus la regarder comme un *stimulus*, comme un agent qui décompose les divers principes nutritifs, et sépare le gaz oxigène provenant de la décomposition de l'eau ou de l'acide carbonique, tandis que ses bases se fixent dans la plante elle-même.

Un effet bien immédiat de la fixation des diverses substances gazeuses et de la concrétion des liquides qui servent d'aliment à la plante, c'est une production sensible de chaleur, qui fait que les plantes participent peu de la température de l'atmosphère ; *Hunter* a vu qu'en tenant un thermomètre plongé dans le tronc d'un arbre sain, il indique constamment une chaleur supérieure de quelques degrés à celle de l'atmosphère au-dessous de la cinquante-sixième division de *Farenheit*, tandis que la chaleur végétale, dans un temps plus chaud, s'est toujours trouvée inférieure de quelques degrés à celle de l'atmosphère. Le même Physicien a aussi observé que la sève qui, hors de l'arbre, se geloit à 32 degrés, ne se geloit dans l'arbre qu'à 15 degrés de froid de plus. La chaleur végétale peut augmenter ou diminuer par diverses causes maladives; elle peut même devenir sensible au tact dans des temps très-froids, suivant *Buffon*.

La chaleur produite dans le végétal sain par les causes ci-dessus, tempère sans relâche la rigueur de l'atmosphère; l'évaporation qui se fait dans tout le corps de l'arbre, modère sans cesse l'ardeur dévorante du soleil; et on voit s'accroître les causes productrices de froid ou de chaleur, à mesure que le froid ou la chaleur extérieurs agissent avec plus ou moins d'énergie.

Les végétaux, ainsi que quelques insectes, transpirent du gaz oxigène; mais ces derniers paroissent avoir un besoin plus absolu d'air que les plantes.

Il paroît, par les observations de *Frédéric Garman* (*Ephém. des Cur. de la nat. année 1670*), que l'air peut être un véritable aliment pour les araignées; la larve du fourmillon, ainsi que celle de quelques insectes chasseurs qui vivent dans le sable, peut croître et se métamorphoser sans autre nourriture que l'air : on a observé qu'un grand nombre d'insectes, sur-tout à l'état de larve, pouvoient vivre dans le gaz nitrogène mêlé d'acide carbonique et transpirer de l'air vital : *Fontana* a observé que plusieurs insectes avoient cette propriété ; et *Ingenhouz*, qui a cru que la matière verte qui se forme dans l'eau et qui transpire du gaz oxigène à la lumière du soleil étoit une ruche d'animalcules, a ajouté à ces phénomènes. Les insectes ont de plus l'organe respiratoire distribué sur le corps comme le végétal. Voilà donc des points d'analogie très-étonnans entre les insectes et les plantes. L'analyse chymique ajoute encore à ces ressemblances, puisque les insectes et les végétaux donnent les mêmes principes, des huiles volatiles, des résines, des acides libres, &ç.

SECTION III.

DU RÉSULTAT DE LA NUTRITION, OU DES PRINCIPES DU VÉGÉTAL.

Les diverses substances qui servent d'aliment à la plante, se dénaturent par l'action de l'organisation du végétal, et il en résulte d'abord un fluide généralement répandu et connu sous le nom de *sève :* ce suc porté dans les diverses parties y reçoit des modifications infinies, et forme les diverses humeurs qui sont séparées et fournies par les organes : ce sont principalement de ces humeurs dont nous allons nous occuper. Nous tâcherons de suivre dans leur examen une marche assez naturelle, en les soumettant à l'analyse dans le même ordre que la nature nous les présente.

ACTICLE PREMIER.

Du Mucilage.

Le mucilage et les résines paroissent former la première altération des sucs alimentaires dans les végétaux : le premier principe se forme dans les terres riches en carbone ; le second, dans les terreins arides et frappés par la lumière. La plupart des semences se résolvent presque toutes en mucilage, et les jeunes plantes en paroissent toutes formées. Cette substance a la plus grande analogie avec le fluide muqueux des animaux : comme lui il est très-abondant dans le jeune âge, et c'est de lui que tous les autres principes paroissent sortir ; et dans le végétal comme dans l'animal il diminue à mesure que le corps peut se passer d'accroissement. Non-seulement le mucilage forme le suc nutritif de la plante et de l'animal, mais quand on l'extrait de l'un ou de l'autre, il devient pour nous l'aliment le plus sain et le plus nourrissant.

Le mucilage forme la base des sucs propres ou de la sève de la plante : il est quelquefois presque seul comme dans les *mauves*, les *graines de coing*, celles de *lin*, de *thlaspi*, &c. quelquefois il est combiné avec des substances insolubles dans l'eau qu'il y maintient dans un état d'émulsion, comme dans les *euphorbes*, la *célidoine*, les *convolvulus* et autres ; d'autres fois avec une huile, ce qui forme les *huiles grasses* ; souvent avec le sucre, comme dans les *graminées*, la *canne à sucre*, le *maïs*, la *carotte*, &c. On le trouve encore confondu avec des sels essentiels avec excès d'acide, comme dans le *berberis*, le *tamarin*, les *oseilles*, &c.

Le mucilage forme quelquefois l'état permanent de la plante, comme dans les *tremella*, les *conferva*, quelques *lichens* et la plupart des *champignons*. Cette existence sous forme de mucilage s'observe aussi dans quelques animaux, tels que les *méduses* ou *orties de mer*, les *holoturies*, &c.

Les caractères du mucilage sont d'être, 1°. insipide; 2°. soluble dans l'eau; 3°. insoluble dans l'alkool; 4°. susceptible de se coaguler par l'action des acides foibles; 5°. se charbonant au feu sans donner de la flamme, et exhalant une quantité considérable d'acide carbonique par la combustion. Le mucilage est encore susceptible de passer à la fermentation acide, quand il est délayé dans l'eau.

La formation du mucilage paroît presque indépendante de la lumière : les plantes qui croissent dans les souterrains en sont très-pourvues; mais la lumière est nécessaire pour le faire passer lui-même en d'autres états; car sans son secours, les mêmes plantes ne prennent presque point de consistance.

Ce qu'on appelle *gomme* ou *suc gommeux* dans le commerce, n'est autre chose que des mucilages desséchés : ces gommes sont au nombre de trois; elles coulent naturellement des végétaux qui les fournissent, ou bien on les en retire par incision.

1°. *De la gomme du pays, gummi nostras.* Cette gomme découle naturellement de quelques arbres de nos climats, tels que le *prunier*, le *cerisier*, l'*abricotier*, &c. Elle se présente d'abord sous forme d'un suc épais qui se fige par le contact de l'air, et perd le gluant et le pâteux qui caractérise ce suc quand il est encore liquide ; la couleur en est blanche, mais plus souvent jaune ou rougeâtre. Lorsqu'elle est pure elle peut remplacer la gomme arabique avec avantage, puisqu'elle est beaucoup moins chère.

2°. *De la gomme arabique.* La gomme arabique découle naturellement de l'*acacia* en Egypte et en Arabie : on prétend même que cet arbre n'est pas le seul à la fournir, et que celle du commerce est le produit de plusieurs. On trouve cette gomme dans le commerce en morceaux ronds, blancs et transparens, ridés à l'extérieur et creux dans l'intérieur : on en trouve aussi des morceaux ronds et tortillés en divers sens. Cette gomme se dissout aisément dans l'eau, et forme une gelée transparente qu'on appelle *mucilage.* On l'emploie beaucoup dans les arts et la médecine : c'est un remède adoucissant, sans odeur et saveur, très-propre à faire la base de toutes les pastilles et bombons usités comme adoucissans.

3°. *De la gomme adragant.* La gomme adragant est un suc à peu près de même nature que la gomme arabique : elle découle de l'adragant de Crète, petit arbrisseau qui n'a que trois pieds, et elle se trouve en petites larmes blanches et tortillées comme de petits vermisseaux. Elle forme avec l'eau une gelée plus épaisse que la gomme arabique, et peut servir aux mêmes usages.

Si l'on fait macérer quelque temps dans l'eau les racines de guimauve ou de consoude, les semences de lin, les pepins de coing, &c. on en extrait un mucilage semblable à la gomme arabique.

Toutes ces gommes distillées donnent de l'eau, un acide, un peu d'huile, peu d'ammoniaque et beaucoup de charbon. Cette ébauche d'analyse nous prouve qu'il n'entre dans le mucilage que de l'eau, de l'huile, de l'acide, du carbone et de la terre; ce qui fait voir que les divers principes des sucs alimentaires, tels que l'eau et le carbone, s'y sont à peine dénaturés.

Les gommes sont employées dans les arts et la médecine : dans les arts, on s'en sert pour donner de la consistance à certaines couleurs, pour coller le papier et l'empêcher par ce moyen de boire l'encre : on s'en sert encore pour donner du corps et de l'apprêt aux chapeaux, aux rubans, aux taffetas, &c. les étoffes trempées dans l'eau gommée y prennent du lustre et de l'éclat; mais l'eau et le toucher détruisent bientôt l'illusion, et ces procédés sont classés parmi ceux qui avoisinent la mauvaise foi. La gomme fait encore la base de presque tous les cirages qu'on emploie pour les souliers, les bottes, &c.

En médecine on ordonne les gommes comme adoucissantes; on en fait la base de plusieurs remèdes de ce genre; le mucilage de graines de lin et celui de pepins de coings calment bien les irritations.

ARTICLE II.

Des Huiles.

On est convenu d'appeller huile, ou suc huileux, des corps gras, onctueux, plus ou moins fluides, insolubles dans l'eau et combustibles.

Ces produits paroissent appartenir exclusivement aux animaux et aux végétaux; le règne minéral ne nous offre que des substances qui en ont à peine quelques propriétés, telles que l'onctueux.

On distingue les huiles, relativement à leur fixité, en *huiles grasses* et *huiles essentielles*: nous ne les connoîtrons dans cet article que sous le nom d'*huiles fixes* et *huiles volatiles*. La différence qui existe entre ces deux sortes d'huiles réside non-seulement dans leur volatilité plus ou moins grande, mais même dans la manière dont elles se comportent avec les divers réactifs : les huiles fixes sont insolubles dans l'alkool, les volatiles s'y dissolvent aisément ; les huiles fixes sont en général douces, tandis que les volatiles sont âcres et même caustiques.

Il paroît néanmoins que l'élément huileux est le même dans l'une et dans l'autre ; mais il est combiné avec le mucilage des huiles fixes, et avec l'esprit recteur ou l'arome dans les volatiles. En brûlant le mucilage des huiles fixes par la distillation, on les atténue de plus en plus ; on peut y parvenir encore par le moyen de l'eau qui le dissout ; en distillant l'huile volatile avec un peu d'eau à la chaleur douce du bain-marie, on en sépare l'arome, qu'on peut lui redonner en la redistillant avec la plante odorante qui l'a fournie.

Les principes constituans des huiles sont l'hydrogène et le carbone : le carbone prédomine dans les fixes dont il forme les trois-quarts ; l'hydrogène est plus abondant dans les volatiles. On peut expliquer par là les différences qu'on observe dans la pesanteur, l'inflammabilité, &c.

L'huile volatile se forme assez constamment

dans la partie la plus odorante de la plante : c'est la graine qui la fournit dans les *ombellifères*, ce sont les racines dans les *geum*, ce sont les tiges et les feuilles dans les *labiées*. Le rapport qui se trouve entre l'huile volatile et l'éther qui ne paroît être qu'une combinaison d'oxigène et d'alkool, prouve que les huiles volatiles pourroient bien n'être que la combinaison de la base fermentescible du sucre avec l'oxigène; nous concevrions d'après cela, comment il peut se former de l'huile dans la distillation du mucilage et du sucre ; nous ne serions plus surpris que les huiles volatiles soient âcres et corrosives, qu'elles rougissent le papier bleu, attaquent et détruisent le liége, et se rapprochent des propriétés de l'acide. Nous nous occuperons séparément des huiles fixes et des huiles volatiles.

PREMIÈRE DIVISION.

Des Huiles fixes.

Les huiles fixes sont presque toutes fluides ; mais la plupart peuvent passer à l'état solide, même par un froid modéré ; il en est même qui ont constamment une forme solide à la température de nos climats, telles que le beurre de cacao, la cire, le *pela* des Chinois. Elles se figent toutes à des degrés de froid différens ; celle d'olive, à 10 au-dessus de zéro ; celle d'amande, à dix au-dessous ; celle de noix ne se gèle point au froid de nos climats.

La dernière huile qui passe par l'expression de l'amande de la noix de Been, a la propriété de ne pas rancir et de ne pas geler, ce qui la rend précieuse pour les horlogers, les mécaniciens, &c.

Les huiles fixes ont une onctuosité très-marquée ; elles ne se mêlent ni à l'eau ni à l'alkool, se volatilisent à un degré supérieur à celui de l'eau bouillante, et s'enflamment quand elles sont volatilisées et qu'on leur applique un corps embrasé.

Les huiles fixes sont contenues dans les amandes des fruits à noyaux, dans les pepins, et quelquefois dans toutes les parties du fruit, comme dans l'olive et dans l'amande, dont toutes les parties peuvent en fournir.

C'est en général par expression qu'on fait couler l'huile des cellules qui la renferment ; mais chaque espèce demande une manipulation différente.

1°. L'huile d'olive se retire par expression du fruit de l'olivier : le procédé usité chez nous est très-simple : on écrase l'olive par le moyen d'une meule placée verticalement et qui tourne sur un plan horizontal; la pâte qui en provient est ensuite fortement exprimée par une presse, et la première huile qu'on retire de cette pression est ce qu'on appelle *huile-vierge*; on arrose ensuite le marc avec de l'eau bouillante, on exprime de nouveau, et l'huile qui surnage porte avec elle une partie du parenchyme du végétal et une grande partie de mucilage dont elle se débarrasse difficilement.

La différence dans l'espèce d'olive en apporte une dans l'huile qui en provient; mais les circonstances qui accompagnent la préparation en établissent encore: si l'olive n'est pas bien mûre, l'huile est amère; si elle l'est trop, l'huile est pâteuse. La manière d'extraire l'huile influe prodigieusement sur la qualité: les moulins à huile ne sont point tenus assez proprement; les meules et tous les outils sont imprégnés d'une huile rance qui ne peut que donner du goût à la nouvelle. Il est des pays où l'on est dans l'usage d'entasser les olives et de les laisser fermenter avant d'en retirer l'huile; alors celle qui provient est mauvaise: ce procédé n'est praticable que pour préparer l'huile qui est destinée aux savonneries ou à la lampe.

2°. L'huile d'amandes s'extrait de ce fruit par expression : pour cela, on prend les amandes sèches, on les secoue dans un sac de grosse toile, et on les frotte un peu rudement pour en ôter une poussière âcre qui se trouve à l'écorce; on les pile dans un mortier de marbre, on en fait une pâte qu'on met dans un gros linge et qu'on soumet à la presse.

Cette huile fraîche est verdâtre et trouble, parce que l'effort de la presse a fait passer du mucilage; en vieillissant elle se clarifie et devient âcre par la décomposition de ce même principe muqueux.

Quelques personnes jettent les amandes dans l'eau chaude, ou les exposent à la vapeur avant de les soumettre à la presse; mais cette addition d'eau dispose l'huile à rancir plus vîte.

On peut extraire par ce procédé l'huile de toutes les amandes, des noyaux et de toutes les graines.

3°. L'huile de lin s'extrait des graines que porte la plante de ce nom : mais comme elles contiennent beaucoup de mucilage, on les torréfie sur le feu avant de les soumettre à la presse : c'est cette préparation qui donne à l'huile un goût de feu désagréable; mais en même temps elle lui enlève la propriété de rancir et la rend une des huiles les plus siccatives. Toutes les graines mucilagineuses, tous les pepins et les semences de jusquiame et de pavot doivent être traités de cette manière.

Les Flamands retirent aussi, par un procédé semblable, l'huile d'une espèce de choux qu'ils appellent *colsa;* cette huile est connue sous le nom d'*huile de navette.*

Si on distille une huile grasse dans un appareil de vaisseaux convenable, on en retire du phlegme, de l'acide, une huile ténue qui passe plus épaisse vers la fin, beaucoup de gaz hydrogène mêlé d'acide carbonique, et on a un résidu charbonneux qui ne donne pas d'alkali. J'ai observé que les huiles volatiles fournissent plus de gaz hydrogène et les fixes plus d'acide carbonique : ce dernier produit dépend du mucilage. En distillant à plusieurs reprises la même huile, on l'atténue de plus en plus, elle devient très-limpide et très-volatile, avec la seule différence que l'odeur particulière qu'elle acquiert lui est communiquée par le feu. On peut hâter la volatilisation de l'huile en la distillant sur une terre argilleuse : par ce moyen on la débarrasse, en peu de temps, de sa partie colorante : les huiles pesantes et noires que nous fournissent les bitumes, distillées

distillées une ou deux fois sur de l'argille seule, telle que celle de murviel, en sont complètement décolorées. Les anciens chymistes préparoient *l'huile des philosophes* en distillant une brique qui étoit imprégnée d'huile.

1°. L'huile se combine aisément avec l'oxigène : cette combinaison est ou lente ou rapide ; dans le premier cas, il en résulte de la rancidité ; dans le second, c'est une inflammation.

L'huile fixe, exposée pendant quelque temps à l'air libre, absorbe le gaz oxigène et prend une odeur de feu toute particulière, un goût âcre et brûlé, en même temps qu'elle s'épaissit et se colore. Si on met l'huile dans un flacon en contact avec le gaz oxigène, elle rancit plus aisément, et l'oxigène est absorbé. *Scheele* avoit observé l'absorption d'une portion d'air avant que la théorie en fût bien connue. L'huile mise dans des vases fermés ne s'altère point.

Il paroît que l'oxigène combiné avec le mucilage forme la rancidité, et que combiné avec l'huile il forme l'huile siccative.

La rancidité des huiles est donc un effet analogue à la calcination ou oxidation des métaux : elle dépend essentiellement de la combinaison de l'air pur avec le principe extractif qui est naturellement uni au principe huileux ; nous pouvons porter cela à la démonstration, en suivant les procédés usités pour s'opposer à la rancidité des huiles.

A. Lorsqu'on prépare les olives pour la table, on cherche à les débarrasser de ce principe qui en détermine la fermentation, et on y procède de différentes manières : dans quelques endroits on les fait macérer dans l'eau bouillante chargée de sel et d'aromates; et, après vingt-quatre heures de digestion, on les trempe dans l'eau fraîche qu'on renouvelle jusqu'à ce que la saveur soit parfaitement adoucie. Quelquefois on se contente de faire macérer l'olive dans l'eau froide. Souvent on fait macérer ces fruits dans une lessive de chaux vive et de cendres, et on les passe ensuite à l'eau fraîche; mais de quelque manière qu'on les prépare, on les conserve dans une saumure chargée de quelque aromate, tels que la coriandre, le fenouil; quelques personnes les confisent entières, d'autres les fendent pour que l'extraction soit plus complète et qu'elles s'imprègnent mieux d'aromates.

Tous ces procédés tendent évidemment à extraire le principe mucilagineux soluble dans l'eau, et à préserver par ce moyen le fruit de la fermentation. Lorsque l'opération n'est pas bien faite, les olives fermentent et se dénaturent; si l'on traitoit l'olive avec l'eau bouillante pour en extraire le principe mucilagineux avant de la soumettre à la presse, on auroit de la belle huile sans danger de rancidité.

B. Lorsque l'huile est faite, si on l'agite fortement dans l'eau, on en dégage le principe mucilagineux, et on peut ensuite la conserver pendant long-temps sans qu'elle se dénature : je conserve de l'huile de marc d'olive préparée de cette manière, depuis plusieurs années, dans des bocaux découverts et sans altération.

C. La torréfaction qu'on fait subir à quelques graines mucilagineuses, avant d'en extraire l'huile, la rend moins susceptible de rancir, parce qu'on a détruit le mucilage.

D. Sieffert a proposé de faire fermenter les huiles avec des pommes ou des poires, pour enlever l'âcreté des huiles rances : par ce moyen on les dépouille du principe qui s'est combiné avec elles, et ce principe se porte sur d'autres corps.

On peut donc regarder le mucilage comme le germe de la fermentation.

Lorsque la combinaison de l'air pur est favorisée par la volatilisation de l'huile, il en résulte alors une inflammation ou combustion : pour mettre en jeu cette combinaison, il faut volatiliser l'huile par l'application d'un corps chaud, la flamme qui se produit est en état d'entretenir le degré de volatilité et de soutenir la combustion ; lorsqu'on établit un courant d'air dans le milieu de la mèche et de la flamme, alors la grande quantité de gaz oxigène qui passe nécessite une combustion plus rapide, une chaleur plus forte ; et delà vient que la lumière est plus vive et qu'il n'y a pas de fumée, elle est détruite et brûlée par la grande chaleur qui s'excite.

Les lampes de *Palmer* méritent encore une attention particulière : en faisant passer les rayons à travers une liqueur colorée en bleu, il imite au naturel la lumière du jour, ce qui prouve que les rayons artificiels ont besoin de se mêler avec les bleus pour imiter les naturels ; et les rayons du soleil qui traversent l'atmosphère peuvent bien ne devoir leur couleur qu'à leur combinaison avec la couleur bleue, qui paroît la couleur dominante dans l'atmosphère.

Si on jette de l'eau sur de l'huile enflammée, on sait qu'on ne parvient pas à l'éteindre, parce que l'eau se décompose dans cette expérience. Si on ramasse le produit de la combustion de l'huile, on trouve beaucoup d'eau, parce que la combinaison de son hydrogène avec l'oxigène en produit.

Lavoisier a prouvé qu'une livre d'huile contenoit,

Charbon, 12 onces 5 gros 5 grains.
Hydrogène, 3 2 67.

L'art de rendre les huiles siccatives, tient encore à la combinaison du gaz oxigène avec l'huile elle-même; il suffit pour cet effet de les faire bouillir avec des oxides. Si l'on fait chauffer une huile sur l'oxide rouge de mercure, il en résulte un bouillonnement considérable; le mercure est réduit, et l'huile devient très-siccative. On emploie ordinairement à cet usage les oxides de plomb ou de cuivre : il y a échange de principes dans ces opérations, le mucilage se combine avec le métal, tandis que l'oxigène s'unit à l'huile.

Les oxides de plomb sont préférés, parce qu'outre l'avantage commun d'oxider l'huile, ils ont encore la faculté de s'y dissoudre et de les porter à un état voisin de certaines préparations pharmaceutiques appellées Emplâtres.

On peut encore combiner l'huile avec les oxides métalliques par les doubles affinités, à la manière de *Berthollet* : il suffit de verser dans une dissolution de savon une dissolution métallique. Par ce moyen on prépare avec le sulfate de cuivre un savon de couleur verte ; et, avec celui de fer, un savon brun foncé assez éclatant.

Il paroît que dans les combinaisons des huiles fixes avec les oxides de plomb, il se dégage de ces huiles une matière qui surnage, que *Scheele* a appellée *principe doux*, et qui ne me paroît être que le mucilage.

2°. L'huile se combine avec le sucre, et il en résulte encore une espèce de savon qui peut aisément se délayer dans l'eau et s'y tenir en suspension ; la trituration des amandes avec le sucre et l'eau, forme le *lait d'amande*, l'*orgeat* et autres émulsions, &c. On les trouve dans cet état dans le végétal.

3°. L'huile s'unit facilement aux alkalis : il résulte de cette union un corps connu sous le nom de *savon ;* il suffit, pour faire cette composition, de mêler une dissolution alkaline avec de l'huile, et de rapprocher le mélange par le feu. Le savon médicinal se fait avec l'huile d'amandes douces et moitié de potasse ou alkali caustique.

Pour faire le savon du commerce, on peut faire bouillir une partie de bonne soude d'Alicante et deux de chaux vive dans une suffisante quantité d'eau ; on filtre la liqueur à travers une toile, et on la fait évaporer au point qu'une fiole qui contient huit onces d'eau pure, puisse coutenir onze onces de cette liqueur, qu'on nomme *lessive des savonniers*. Une partie de cette lessive et deux d'huile, cuites ensemble, forment du savon.

Dans presque tous les atteliers on prépare la lessive à froid : on mêle pour cela volume égal de soude d'Alicante pilée et de chaux vive qu'on a précédemment arrosée avec de l'eau; on jette par-dessus ce mélange de l'eau qui passe à travers, filtre et va se rendre dans un baquet; on passe de l'eau sur le mélange jusqu'à ce qu'il ne donne plus rien, et on fait trois sortes de lessives qui diffèrent par la force; la première eau qui passe est la meilleure, et la dernière ne contient presque rien. On mêle ensuite ces lessives avec l'huile dans des chaudières où le mélange est favorisé par l'action du feu; on met d'abord la lessive foible, peu à peu on ajoute de la plus forte, et on ne met la première qualité que vers la fin.

Lorsque la pâte savonneuse se sépare du liquide, on fait couler le dernier, et on ajoute de la lessive foible pour dissoudre le savon; on le coule ensuite dans les *mises* pour le laisser refroidir.

Pour faire le savon marbré on se sert de la soude en nature, de la couperose bleue, du cinabre, &c. selon la couleur qu'on veut obtenir.

On prépare encore un savon liquide vert ou noir en traitant par ébullition, une lessive de soude, de potasse ou même de cendres avec les marcs des huiles d'olive, de noix, de navette, les graisses, les huiles de poisson, &c. On en fait du savon noir en Picardie et du vert en Hollande. *Bullion* a proposé de faire des savons avec la graisse des animaux; mais dans ce cas il faut commencer par employer des lessives plus fortes.

A *Aniane* et aux environs de Montpellier, on prépare un savon mou avec une lessive de cendres caustiques et de l'huile de marc d'olive.

La dissolution de vieux chiffons d'étoffes de laine dans la soude, m'a fourni un savon d'un vert noirâtre, dont l'usage dans les teintures sur fil et coton m'a paru très-avantageux: comme il *animalise* ces matières végétales avec succès et en peu de temps, il est très-préférable à toutes les liqueurs savonneuses et animalisées qui ont été employées jusqu'ici; il est en même temps beaucoup plus économique: il dispose même ces matières à prendre des couleurs qui paroissoient ne pouvoir être fixées que sur des étoffes animales.

Instruction pour ceux qui voudront faire eux-mêmes le savon dont ils ont besoin. (*Extrait du rapport de Pelletier, Darcet et le Lièvre.*

On prépare des savons solides en unissant à des lessives caustiques de soude différentes huiles végétales ou graisses animales; deux opérations sont nécessaires pour faire cette combinaison : la première, de préparer les lessives de soude; la deuxième, de cuire le savon. Nous allons indiquer la manière de procéder à l'une et à l'autre de ces deux opérations. Il convient avant tout de se procurer les substances et ustensiles nécessaires; ces derniers ne sont pas en grand nombre : ils consistent, 1°. en un petit baquet en bois blanc d'environ neuf pouces de largeur sur autant de hauteur; ce baquet doit être percé à sa partie inférieure; il est destiné à couler les lessives (s'il étoit en bois de chêne, il coloreroit les lessives.) 2°. Il faudra avoir une petite bassine en cuivre, à cul rond, d'un pied de diamètre, sur sept à huit pouces de profondeur : à son défaut, on pourra se servir d'une marmite en fer ou d'un vaisseau en terre pouvant aller sur le feu : ce vase est destiné à cuire le savon. 3°. Une petite boëte sans couvercle, ou *mise*, pour recevoir le savon lorsqu'il est cuit; elle doit avoir dix pouces de longueur, quatre pouces de largeur, et six pouces de profondeur; un des côtés dans la longueur doit être à charnière et maintenu par des crochets, afin d'avoir la facilité d'ouvrir la boëte et d'en retirer le savon.

4°. Il faut encore avoir pour ce petit travail, une écumoire, une spatule en bois blanc et une ou deux terrines.

Pour ce qui regarde les substances nécessaires pour faire du savon solide, il faudra avoir, 1°. de la bonne soude, 2°. de la chaux, 3°. une petite quantité de sel marin, 4°. de l'huile d'olives.

DE LA MANIÈRE DE PRÉPARER LES LESSIVES.

Pour *saponifier* trois livres d'huile d'olives, par exemple, l'on prendra trois livres de soude et une livre de chaux; l'on commencera par pulvériser la soude, ensuite on arrosera la chaux avec une petite quantité d'eau, afin de la faire fuser : la chaux étant parfaitement fusée, on la mélangera avec la soude; on mettra ce mélange dans le baquet, au fond duquel on étendra un morceau de toile ; on aura aussi l'attention de former la champlure pratiquée à sa partie inférieure ; on versera alors sur le tout suffisante quantité d'eau pour que la matière soit bien imbibée et recouverte d'environ trois travers de doigts ; on remuera bien avec un bâton, et après quelques heures de repos on ouvrira la champlure pour laisser couler la lessive, on la recueillera et conservera séparément : c'est la *première lessive.*

On remettra de nouvelle eau dans le baquet ; on remuera la matière avec un bâton ; on laissera reposer pendant quelques heures ; on coulera ensuite pour en retirer *une deuxième lessive*, que l'on conservera de même séparément. On fera de la même manière *une troisième lessive*, en versant de nouvelle eau sur la soude restante ; celle-ci sera alors suffisamment épuisée.

DE LA CUITE DU SAVON.

On mettra dans la bassine trois livres d'huile d'olives avec environ une pinte et demie de la troisième lessive, on la placera sur un feu capable de faire bouillir le mélange ; on y ajoutera, toutes les deux ou trois minutes, un verre de la troisième lessive, on continuera le feu. On aura l'attention de remuer sans cesse la matière avec une spatule de bois depuis le commencement jusqu'à la fin; lorsqu'on aura employé la totalité de la troisième lessive on se servira de la deuxième en la mettant de distance en distance; on entretiendra l'ébullition; on prendra enfin une partie de la première lessive que l'on ajoutera de la même manière; c'est-à-dire, par petites quantités à des distances peu éloignées. Lorsqu'on s'appercevra que la matière ne sera plus liée et qu'elle ressemblera à de la crême tournée (jusqu'alors l'huile aura paru parfaitement unie à la lessive et aura acquis de la consistance), on y ajoutera environ deux à trois onces de muriate de soude (sel de cuisine) : à l'instant la pâte se grumelera et se séparera de la liqueur saline qui y sera en excès. On fera bouillir encore une demi-heure au moins depuis qu'on aura mis le sel; on retirera la bassine du feu et on la laissera refroidir un moment; on enlevera avec une écumoire la matière savonneuse; on mettra de côté la liqueur saline qui se trouvera au-dessous; on nettoiera aussi-tôt la bassine, et on y remettra la matière savonneuse avec une petite quantité d'eau (une chopine); on la chauffera de nouveau, et lorsqu'elle sera bien unie et presque au point de bouillir, on y ajoutera par partie ce qui sera resté de la première lessive; on fera bouillir pendant une heure; après ce temps, on retirera la bassine du feu et on la laissera refroidir comme la première fois; on séparera de même la pâte savonneuse de la liqueur saline; on rejettera cette dernière. Quant à la pâte savonneuse, on la remettra dans la bassine avec une pinte d'eau de fontaine; on fera chauffer, même bouillir un instant, pour que la pâte savonneuse devienne bien unie; on sera aussi très-attentif à la remuer dans ce dernier moment, pour éviter qu'elle ne brûle; alors on la coulera dans la boëte ou mise; et, afin que le savon ni adhère point, il sera nécessaire de frotter l'intérieur de la boëte avec de la chaux éteinte, d'en mettre même une légère couche au fond et par-dessus une feuille de papier. Le lendemain, le savon sera assez ferme pour être retiré de la mise; il doit peser environ six livres, plus ou moins: on le laissera dans un endroit sec jusqu'à ce qu'il ne pèse plus que cinq livres (c'est la quantité que trois livres d'huile d'olives doivent fournir pour que le savon soit de vente): il sera alors très-ferme et très-consistant.

Dans beaucoup de ménages, l'on dégraisse

les viandes, soit bœuf, veau ou mouton, &c. Ces graisses étant fondues et passées, peuvent servir à faire du bon savon; on les saponifiera de la même manière en les employant en place d'huile : on pourra de même faire du savon avec la graisse ou beurre rance salé; ce dernier doit auparavant être dessalé en le faisant bouillir avec de l'eau.

J'ai proposé, il y a quelques années, de faire usage d'une liqueur savonneuse qu'on peut préparer par-tout et à peu de frais : il n'est question que de verser une foible dissolution de soude sur de l'huile d'olive; il en résulte une liqueur laiteuse qu'on peut faire servir à dégraisser le linge. On peut employer au même usage une dissolution de potasse ou de salin et même de cendres, en la rendant caustique par la chaux.

Si on distille le savon il en résulte de l'eau, de l'huile et beaucoup d'ammoniaque; il reste dans la cornue une grande quantité de l'alkali employé pour faire le savon. L'ammoniaque qui se produit dans cette expérience me paroît provenir de la combinaison de l'hydrogène de l'huile avec le nitrogène, principe constituant de l'alkali fixe.

Le savon est soluble dans l'eau pure, mais il forme des grumeaux et se décompose dans l'eau chargée de sels terreux, parce que les acides se portent sur l'alkali du savon, tandis que la terre se combine avec l'huile et forme un savon qui nage à la surface.

Le savon se dissout aussi dans l'alkool à l'aide d'un peu de chaleur, et forme l'essence de savon qu'on aromatise comme on veut.

Les savons peuvent se charger d'une plus grande quantité d'huile et la rendre soluble dans l'eau ; de là vient leur propriété de dégraisser les étoffes, de blanchir le linge, &c. Ils sont employés comme fondans et résolutifs dans la médecine.

4°. Les huiles fixes s'unissent également aux acides : *Achard*, *Cornette* et *Macquer* se sont sur-tout occupés de ces combinaisons : *Achard* verse peu à peu de l'acide sulfurique concentré sur de l'huile fixe ; on triture ce mélange, et il en résulte une masse soluble dans l'eau et dans l'alkool.

L'acide nitrique fumant noircit sur le champ les huiles fixes, et enflamme celles qui sont siccatives ; alors il se décompose, et cette décomposition est d'autant plus rapide, que l'huile a plus d'affinité avec l'oxigène ; de là vient que l'inflammation des huiles siccatives est plus facile que celles des autres.

Cette inflammation laisse pour *résidu* une

grande quantité de carbone, tandis que le résidu de l'inflammation des huiles volatiles est presque nul.

Les acides dont les principes constituans sont très-adhérens entre eux, n'ont qu'une action très-foible sur l'huile, ce qui démontre que l'effet des acides sur les huiles, n'est dû sur-tout qu'à la combinaison de leur oxigène.

C'est en vertu de cette affinité marquée de l'huile avec l'oxigène, qu'est produit l'effet qu'ont les huiles de revivifier les métaux : alors l'oxigène s'unit à elles et quitte le métal, l'huile s'épaissit et se colore. Il s'ensuit encore de là que les huiles siccatives doivent être préférées pour ces usages, et on voit qu'en cela la pratique est d'accord avec la théorie.

SECONDE DIVISION.

Des Huiles volatiles.

L'HUILE fixe est unie au mucilage; la volatile, à l'esprit recteur ou arome; et c'est cette combinaison ou ce mélange qui fait leur principale différence. Mais ce qui les différencie sur-tout, c'est la proportion très-différente dans laquelle le carbone et l'hydrogène sont combinés

combinés dans l'un et dans l'autre : le carbone domine dans la *fixe*, et l'hydrogène dans la *volatile :* de là leurs différences pour la fixité, l'inflammabilité, leur décomposition par les acides, &c.

Elles sont caractérisées par une odeur forte plus ou moins désagréable ; elles sont solubles dans l'alkool et ont un goût piquant et âcre. Toutes les plantes aromatiques contiennent de l'huile volatile, à l'exception de celles dont l'odeur est très-fugace, telles que le jasmin, la violette, le lys, &c.

L'huile volatile est quelquefois distribuée dans toute la plante, comme dans l'angélique de Bohême ; quelquefois dans l'écorce, comme dans la cannelle. La mélisse, la menthe, la grande absinthe contiennent leurs huiles dans les tiges et les feuilles ; l'aunée, l'iris de Florence, la benoîte, dans la racine. Tous les arbres résineux en contiennent dans leurs jeunes rameaux. Le romarin, le thim, le serpolet ont leur huile dans les feuilles et les boutons des fleurs ; la lavande, la rose, dans le calice des fleurs ; la camomille, le citronnier, l'oranger, dans les pétales. Plusieurs fruits en contiennent dans toute leur substance, tels que le poivre, le genièvre, &c. les oranges et les citrons, dans le zest et l'écorce qui le recouvre. Les semences des plantes ombellifères, telles que l'anis, le fenouil ont les vésicules de l'huile essentielle rangées le long des lignes saillantes qui se trouvent sur l'écorce ; la noix muscade contient son huile essentielle dans son amande. Voyez l'*Introduction à l'étude du règne végétal*, par *Buquet*, pages 209 à 212.

La quantité d'huile volatile varie selon l'état de la plante : il y en a qui en fournissent plus lorsqu'elles sont vertes, d'autres quand elles sont sèches ; mais c'est le petit nombre. La quantité varie encore selon l'âge de la plante, le terrein où elle croît, le climat qu'elle habite, le temps auquel on l'extrait.

Les huiles volatiles diffèrent encore par la consistance ; il y en a de très-fluides, comme celles de lavande, de romarin, de rhue ; celles de cannelle et de sassafras sont plus épaisses. Il en est qui conservent constamment leur fluidité ; d'autres, que la moindre impression de froid fait passer à l'état concret, comme celles d'anis et de fenouil. Quelques-unes sont constamment sous forme concrète : telle est celle de rose, celle de benoîte, de persil et d'aunée.

Les huiles volatiles varient encore par la couleur : celle de rose est blanche ; celle de lavande ; d'un jaune clair ; celle de cannelle, d'un jaune rembruni ; celle de camomille, d'un beau bleu ; celle de mille-feuille, aigue-marine ; celle de persil, verte, &c.

La pesanteur est encore différente dans les diverses espèces : celles de nos climats sont en général plus légères et surnagent l'eau, d'autres sont à-peu-près de même pesanteur, et d'autres sont plus pesantes, telles que celles de sassafras et de girofle.

L'odeur des huiles essentielles varie comme celle des plantes qui les produisent.

La saveur des huiles volatiles est chaude en général, mais la saveur de la plante n'influe pas toujours sur celle de l'huile : par exemple, celle qu'on retire du poivre n'a aucune acrimonie, et celle que fournit l'absinthe n'a pas d'amertume.

Nous connoissons deux moyens pour extraire les huiles volatiles : l'expression et la distillation.

1°. On retire par expression celles qui sont, pour ainsi dire, à nud, contenues dans des loges saillantes et visibles, et de nature très-fluide : telles sont celles de *citron*, d'*orange*, de *cédrat*, de *bergamotte* : il suffit de presser l'écorce de ces fruits pour en faire jaillir l'huile qui y est contenue. On peut donc se la procurer en exprimant fortement les écorces contre une glace inclinée : en Provence et en Italie on les frotte contre une rappe, on déchire par ce moyen les vésicules, et l'huile coule dans le vaisseau destiné à la recevoir; cette huile laisse déposer le parenchyme qu'elle a entraîné et se clarifie par le repos.

Si on frotte un morceau de sucre contre ces vésicules, il s'imbibe de ces huiles volatiles et forme un *oleo-saccharum* soluble dans l'eau et très-propre à aromatiser certaines liqueurs.

2°. La distillation est le moyen le plus généralement employé pour extraire les huiles volatiles : pour cet effet, on met la plante ou le fruit qui contient l'huile dans la chaudière de l'alambic, on y verse dessus une quantité d'eau suffisante pour qu'elle baigne la plante, et on porte l'eau à l'ébullition; l'huile qui se volatilise à ce degré de chaleur, monte avec l'eau et se ramasse à la surface dans un récipient particulier, appellé *récipient italien*, qui laisse échapper l'eau excédente par un bec placé sur le ventre, et dont l'orifice est plus bas que celui du goulot; de sorte que par ce moyen l'huile se ramasse dans le goulot sans pouvoir s'échapper.

L'eau qui passe par la distillation est plus ou moins chargée d'huile et du principe odorant de la plante, et forme ce qui est connu sous le nom d'*eau distillée*. Ces eaux doivent être reversées dans la cucurbite, lorsqu'on doit distiller de suite la même nature de plante, parce qu'étant saturées d'huile et d'arome elles contribuent à augmenter le produit ultérieur.

Lorsque l'huile est très-fluide ou très-volatile, il faut ajouter le serpentin à l'alambic, et avoir la précaution d'y entretenir l'eau à une température très-froide; lorsqu'au contraire l'huile est épaisse, il faut supprimer le serpentin et entretenir l'eau du réfrigérant à une température modérée; on peut distiller par la première méthode les huiles de menthe, de mélisse, de sauge, de lavande, de camomille, &c. et par la seconde, celles de rose, d'aunée, de persil, de fenouil, de cumin, &c.

On peut aussi extraire l'huile de girofle par la distillation, *per descensum*, qu'on détermine en appliquant le feu par-dessus.

Les huiles volatiles sont très-sujettes à être falsifiées; et elles le sont, ou par leur mélange avec des huiles grasses, ou par leur mélange entre elles, comme avec celle de térébenthine qui est moins chère, ou par leur mélange avec l'alkool : dans le premier cas, on reconnoît aisément la fraude; 1°. par la distillation, parce que les volatiles montent à la chaleur de l'eau bouillante; 2°. en imbibant un papier de trace de ce mélange et l'exposant à une chaleur suffisante pour volatiliser l'huile volatile; 3°. par le moyen de l'alkool, qui se trouble et devient laiteux par l'insolubilité de l'huile fixe.

Les huiles volatiles qui ont une odeur très-forte, telles que celles de thim et de lavande, sont souvent sophistiquées par des huiles de térébenthine. Dans ce cas on decouvre la fraude en imbibant un peu de coton de ce mélange, et le laissant exposé à l'air assez long-temps pour que l'odeur de la bonne huile se dissipe et qu'il ne reste que la mauvaise. On peut encore y parvenir en se frottant la main avec ce mélange; on développe par ce moyen l'odeur particulière de la térébenthine. On falsifie encore les huiles en faisant digérer dans l'huile d'olive la plante qui devroit la fournir; c'est de cette manière qu'on prépare celle de camomille.

Les huiles très-légères, telles que celles de cédrat, de bergamotte, sont souvent mélangées d'un peu d'alkool: on reconnoît aisément la fraude en en versant quelques gouttes sur de l'eau qui blanchit tout de suite, parce que l'alkool abandonne l'huile pour s'unir à ce liquide.

Les huiles volatiles sont susceptibles de s'unir à l'oxigène, aux alkalis et aux acides.

1°. Les huiles volatiles absorbent l'oxigène avec plus de facilité que les fixes; elles se colorent par cette absorption, s'épaississent et passent à l'état de résine; et lorsqu'elles se sont épaissies à ce point, elles ne sont plus susceptibles de fermenter, et garantissent de toute putréfaction les corps qui en sont pénétrés et bien imprégnés; c'est là-dessus surtout qu'est fondée la théorie des embaumemens. L'action des acides sur ces huiles les fait passer à l'état de résine; et il n'y a de différence entre l'huile volatile et la résine, que celle qui est fournie par cette addition d'oxigène.

Toutes les huiles, en prenant le caractère de la résine par cette combinaison d'oxigène, laissent précipiter des crystaux en aiguilles qui ne sont que du camphre : *Geoffroy* le cadet les a observés dans l'huile de matricaire, de marjolaine et de térébenthine. *Acad. 1721, page 163.*

Lorsque l'huile s'altère par la combinaison de l'oxigène, elle perd peu à peu son odeur et sa volatilité : pour ramener cette huile altérée à son premier état, on la distille ; il reste dans le vaisseau une matière épaisse qui n'est que la résine toute formée, séparée par ce moyen de l'huile non altérée.

2°. Les acides ne se comportent pas également avec les huiles volatiles : 1°. l'acide sulfurique concentré les épaissit, mais s'il est foible il en fait des savonules ; 2°. l'acide nitrique les enflamme quand il est concentré, mais lorsqu'il est affoibli il les fait passer peu à peu à l'état de résine : *Borrichius* paroît être le premier qui ait fait enflammer l'huile de térébenthine avec l'acide nitrique sans acide sulfurique : *Homberg* a répété cette expérience délicate avec les autres huiles volatiles : l'inflammation est d'autant plus facile à produire, que l'huile est plus siccative ou avide d'oxigène, et que l'acide est plus facile à décomposer ; 3°. l'acide muriatique réduit les huiles à l'état savonneux ; l'acide muriatique oxigéné les épaissit.

3°. *Starkey* paroît être un des premiers qui ait essayé la combinaison de l'huile volatile avec l'alkali fixe ; son procédé, long et compliqué, sent l'alchymie ; et la combinaison qui en provenoit a été connue sous le nom de *savon de Starkey*. Le procédé de ce chymiste n'étoit si long que parce qu'il employoit du carbonate de potasse ; mais si l'on triture à chaud dix parties d'alkali caustique ou de *pierre à cautère* avec huit parties d'huile de térébenthine, le savon se forme instantanément et devient très-dur : ce procédé est de *Geoffroy. Mémoires de l'Acad. des sciences, année 1725.*

DU CAMPHRE.

On retire le camphre d'une espèce de laurier qui croît dans la Chine et au Japon ; quelques voyageurs assurent que les vieux arbres le contiennent en si grande abondance, qu'en fendant ces arbres on en trouve de grosses larmes très-pures qui n'ont besoin d'aucune rectification : pour extraire le camphre on choisit d'ordinaire les racines des arbres, et à leur défaut toutes les autres parties. On les met avec de l'eau dans un alambic de fer qu'on couvre de son chapiteau ; on ajuste dans le chapiteau des cordes de riz, on lutte les jointures et on distille ; une portion du camphre se sublime et s'attache aux pailles de l'intérieur du chapiteau, tandis qu'une autre portion est emportée par l'eau jusques dans le récipient. Les Hollandois purifient le camphre en le mêlant avec une once de chaux vive par livre, et procèdent à la sublimation dans de grands récipiens de verre.

Le camphre ainsi purifié est une substance blanche, concrète, crystalline, d'une odeur et d'une saveur fortes, soluble dans l'alkool, brûlant avec une flamme blanche sans laisser de résidu, se rapprochant des huiles volatiles sous beaucoup de rapports, mais en différant par quelques propriétés, telles que celles de brûler sans résidu, de se dissoudre paisiblement dans les acides, et sans se décomposer ni s'altérer lui-même, et de se volatiliser à une douce chaleur, sans se dénaturer.

On retire aussi le camphre de la distillation des racines de zédoaire, du thim, du romarin, de la sauge, de l'inula-helenium, de l'anémoné pulsatilla, &c. Et il est à observer que toutes ces plantes fournissent beaucoup plus de camphre, lorsque par une dessication de plusieurs mois on a laissé passer la sève à l'état concret ; le thim et la menthe poivrée desséchés lentement donnent beaucoup de camphre, tandis que lorsque ces plantes sont fraîches elles fournissent de l'huile volatile; la plupart des huiles volatiles, en passant à l'état de résine, laissent aussi précipiter beaucoup de camphre. *Achard* a encore observé qu'on dégageoit une odeur de camphre lorsqu'on mêloit une huile volatile de fenouil avec les acides ; la combinaison de l'acide nitrique affoibli avec l'huile volatile d'anis, lui a donné une grande quantité de crystaux qui avoient presque tous les propriétés du camphre ; il a obtenu un précipité semblable en versant de l'alkali végétal sur du vinaigre saturé de l'huile volatile d'angélique.

Il paroît, d'après tous ces faits, que la base du camphre forme un des principes constituans de quelques huiles volatiles ; mais il est à l'état liquide, et ne se concret que par la combinaison de l'oxigène.

Le camphre est susceptible de crystallisation, suivant *Romieu*, soit dans la sublimation, soit lorsqu'il est précipité lentement de l'alkool, soit lorsqu'on en charge l'alkool ; il se précipite en filets déliés, il crystallise en lames hexagones attachées à un filet commun, et se sublime en pyramides hexagones ou en crystaux polygones.

Le camphre ne se dissout pas dans l'eau, mais lui communique son odeur et brûle à sa surface. *Romieu* a observé que des parcelles de camphre, d'un tiers ou d'un quart de ligne de diamètre, mises sur un verre d'eau pure, se meuvent en tournant ; et il paroît que c'est un effet électrique, car le mouvement cesse si on touche l'eau avec un corps qui fasse conducteur; et il continue si on la touche avec un corps qui isole, tels que le verre, le soufre, la résine : *Bergen* a observé que le camphre ne tournoit pas sur l'eau chaude.

Les acides dissolvent le camphre sans l'altérer et sans se décomposer : l'acide nitrique le dissout paisiblement, et c'est cette dissolution qu'on a appellée *huile de camphre.* Le camphre précipité de sa dissolution dans les acides par les alkalis augmente en poids, en dureté, et devient beaucoup moins combustible, selon les expériences de *Kosegarten.* En distillant de l'acide nitrique à plusieurs reprises sur cette substance, elle acquiert toutes les propriétés d'un acide qui crystallise en parallélipipèdes.

Pour retirer l'*acide camphorique* il ne s'agit donc que de distiller de l'acide nitrique sur le camphre à plusieurs reprises et en grande quantité : *Kosegarten* a distillé huit fois sur le camphre de l'acide nitrique, et a obtenu un sel en crystaux parallélipipèdes, qui rougit le sirop violat et la teinture de tournesol; il a une saveur amère et diffère de l'acide oxalique, en ce qu'il ne précipite pas la chaux dissoute dans l'acide muriatique.

Avec la potasse il forme un sel qui crystallise en hexagones réguliers.

Il donne avec la soude des crystaux irréguliers.

Avec l'ammoniaque il forme des masses crystallines, qui présentent des crystaux en aiguilles et en prismes.

Avec la magnésie il produit un sel blanc pulvérulent qui se redissout dans l'eau.

Il dissout le cuivre, le fer, le bismuth, le zinc, l'arsenic et le cobalt. La dissolution du fer donne une poudre d'un jaune blanc qui est insoluble.

Cet acide forme avec le manganèse des crystaux dont les plans sont parallèles, et qui ressemblent en quelque façon aux basaltes.

L'acide camphorique, ou plutôt le radical de cet acide, existe dans plusieurs végétaux, puisqu'on extrait le camphre des huiles du thim, du cinnamomum, de la térébenthine, de la menthe, de la matricaire, du sassafras, &c. *Dehne* en a tiré de la coquelourde, et *Cartheuser* a fait connoître plusieurs autres plantes qui en contiennent.

L'alkool dissout le camphre avec aisance; on peut l'en précipiter par l'eau seule : cette dissolution est connue dans les pharmacies sous le nom *d'esprit-de-vin camphré*, et *d'eau-de-vie camphrée* lorsque l'eau-de-vie en est le dissolvant.

Les huiles fixes et volatiles se dissolvent aussi à l'aide de la chaleur ; ces dissolutions laissent précipiter des crystaux en végétation, semblables à ceux qui se forment dans les dissolutions de sel ammoniac, composés d'une cote moyenne où adhèrent des filets très-fins. Cette observation est de *Romieu*. Voyez *Acad. des Sciences*, *1756*.

Le camphre est un des grands remèdes que possède la médecine ; il est résolutif appliqué sur les tumeurs inflammatoires ; il est anti-spasmodique, anti-septique sur-tout dissous dans l'eau-de-vie : en Allemagne et en Angleterre on en porte la dose jusqu'à plusieurs gros par jour ; en France nos médecins pusillanimes ne le prescrivent qu'à quelques grains : il calme les ardeurs des voies urinaires ; on le donne trituré avec le jaune d'œuf, le sucre, &c.

On a cru aussi que son odeur dissipoit les insectes destructeurs des étoffes.

ARTICLE III.

Des Résines.

On appelle *résines* des substances inflammables solubles dans l'alkool, donnant d'ordinaire beaucoup de suie par leur combustion : elles peuvent aussi se dissoudre dans les huiles, mais pas du tout dans l'eau.

Les résines ne paroissent être que des huiles rendues concrètes par leur combinaison avec l'oxigène : leur exposition à l'air et la décomposition des acides sur elles le démontrent évidemment.

Les résines sont en général moins suaves que les baumes ; elles fournissent plus d'huile volatile et ne donnent point de sel acide à la distillation.

Parmi les résines connues il y en a de très-pures et parfaitement solubles dans l'alkool, telles que le *baume de la Mecque*, celui de *Copahu*, les *térébenthines*, le *tacamahaca*, l'*élémi*; les autres sont moins pures et contiennent un peu d'extrait qui fait qu'elles ne se dissolvent pas en totalité dans l'alkool : telles sont le *mastic*, la *sandaraque*, le *gayac*, le *ladanum* et le *sang-dragon*.

1°. *Le baume de la Mecque* est un suc

fluide qui s'épaissit et brunit en vieillissant; il découle des incisions faites à l'amyris opobalsamum; on le connoît sous les divers noms de *baume de Judée*, *d'Egypte*, du *Grand-Caire*, de *Syrie*, de *Constantinople*, &c.

Son odeur est forte et tire sur celle du citron; sa saveur est amère et aromatique.

Ce baume distillé à l'eau bouillante, donne beaucoup d'huile volatile.

Il est balsamique et on le donne incorporé avec le sucre, ou mêlé avec le jaune d'œuf; il est aromatique, vulnéraire et cicatrisant.

2°. *Le baume de Copahu* découle dans l'Amérique méridionale près de Tolu, d'un arbre appellé *cobaïba*; il donne les mêmes produits et a les mêmes vertus que le précédent.

3°. *La térébenthine de Chio* découle du térébinthe qui fournit les pistaches; elle est fluide et d'un blanc jaunâtre tirant sur le bleu.

Cette plante croît en Chypre, à Chio, et est commune dans le midi de la France; on ne retire la térébenthine que du tronc et des plus grosses branches; on commence à faire les incisions par le bas, et on monte insensiblement jusqu'au haut.

Cette térébenthine distillée sans addition au *bain-marie*, fournit une huile volatile très-blanche,

blanche, très-limpide, très-odorante. Au degré de l'eau bouillante, on peut en extraire une huile plus pesante; et le résidu, qu'on appelle *térébenthine cuite*, distillé au feu de réverbère, donne un acide foible, un peu d'huile brune et consistante, et beaucoup de charbon.

La térébenthine de Chio est très-rare dans le commerce.

La térébenthine de Venise s'extrait du Mélèse : elle a une couleur jaune claire et limpide; une odeur forte et aromatique, et une saveur amère.

L'arbre qui la fournit est le mélèse qui donne la manne; on pratique pendant l'été des trous de tarière au tronc et vers le bas des arbres, dans lesquels on met de petites gouttières qui conduisent le suc dans des baquets destinés à le recevoir. On ne retire la résine que des arbres qui sont dans la plus grande vigueur; les vieux présentent souvent dans leur tronc des dépôts de résine assez considérables.

Cette térébenthine fournit les mêmes principes que celle de Chio.

On emploie cette térébenthine en médecine pour déterger les ulcères du poumon, des reins, &c. on l'incorpore avec du sucre, ou on la délaie avec un jaune d'œuf, afin de la rendre plus miscible aux potions aqueuses : c'est avec elle qu'on fait le savon de *Starkey*, dont nous avons parlé à l'article des huiles volatiles.

La résine connue dans le commerce sous le nom de *résine de Strasbourg*, est un suc résineux de la consistance d'une huile fixe, d'un blanc jaunâtre, d'un goût amer et d'une odeur plus agréable que les précédentes.

Elle découle du Sapin à feuille d'If, très-commun dans les montagnes de la Suisse : cette résine se ramasse dans des vessies qui paroissent sous l'écorce dans les plus fortes chaleurs; les paysans percent ces vésicules avec la pointe d'un cornet qui se remplit de ce suc, et qu'ils vuident à mesure dans un vaisseau plus grand.

Le baume du Canada ne diffère de la térébenthine du sapin que par son odeur qui est plus suave ; on le retire d'une espèce de sapin qui croît dans le Canada.

L'huile de térébenthine est sur-tout employée dans les arts : elle est le grand dissolvant de toutes les résines ; et, comme elle s'évapore, elle les laisse appliquées sur le corps sur lequel on a étendu le mélange : comme la base de tous les vernis est fournie par les résines, l'alkool ou l'huile de térébenthine doivent en être les dissolvans.

4°. *La poix* est un suc résineux de couleur jaune, tirant plus ou moins sur le brun ; elle est fournie par un sapin nommé *picea* ou *epicia ;* on incise l'écorce jusqu'au bois, et on rafraîchit la plaie, lorsque les bords deviennent calleux ; un arbre vigoureux en fournit souvent quarante livres.

La poix fondue et exprimée à travers des sacs de toile en est plus pure ; on la coule dans des barils, et c'est alors *la poix blanche*, *poix de Bourgogne.*

La poix blanche mêlée avec du noir de fumée, forme de la *poix noire.*

La poix blanche tenue en fusion se dessèche. On peut en faciliter le desséchement par le vinaigre, qu'on fait bouillir et évaporer sur cette substance tenue en fusion sur le feu : elle devient très-sèche, et on l'appelle alors *colophane.*

La combinaison de diverses résines colorées par le cinabre et le minium, forme ce qu'on appelle *cire d'Espagne.* Pour faire cette cire, on prend demi-once gomme lacque, deux gros térébenthine, autant de colophane, un gros cinabre et autant de minium ; on fait fondre la lacque et la colophane, on ajoute ensuite la térébenthine, et on y mêle les principes colorans.

5°. Le *mastic* est en larmes blanches farineuses, d'une odeur peu forte, d'une saveur amère et astringente ; le mastic découle naturellement de l'arbre qui le fournit, mais on en facilite la sortie par des incisions ; le petit Térébinthe et le Lentisque donnent celui du commerce.

Le mastic ne fournit point d'huile volatile lorsqu'on le distille avec l'eau ; il se dissout presque en totalité dans l'alkool.

On emploie le mastic en fumigations, on le fait mâcher pour fortifier les gencives, on en fait la base de plusieurs vernis siccatifs.

6°. La *sandaraque* est un suc résineux concret, en larmes sèches, blanches, transparentes, d'une saveur amère et astringente : on la retire de presque toutes les espèces de *genévrier*, et elle se trouve entre le bois et l'écorce.

La sandaraque est presque entièrement soluble dans l'alkool, avec lequel elle forme un vernis très-blanc et très-siccatif; c'est pour cela qu'on l'appelle aussi *vernis*.

7°. Le *ladanum* est un suc résineux noir, sec et friable, d'une odeur forte, d'une saveur aromatique assez désagréable. Il transude des feuilles et des branches d'une espèce de *ciste* qui vient dans l'isle de Candie. *Tourne-*

fort, dans son voyage du Levant, nous dit que, lorsque l'air est chaud et que la résine sort par les pores du ciste, les paysans promènent sur ces arbrisseaux une espèce de rateau composé de plusieurs lanières de cuir fixées à une lame de bois; le suc se prend aux courroies et on les ratisse avec un couteau : c'est-là le ladanum pur, qui est très-rare. Celui qu'on connoît sous le nom de *ladanum in tortis* est altéré par un sable ferrugineux très-fin, qu'on y ajoute pour en augmenter le poids.

8°. *Le sang-dragon* est une résine, d'une couleur rouge foncée lorsqu'il est en masse, et d'un rouge plus brillant lorsqu'il est en poudre; il n'a ni odeur ni saveur.

Il se retire du *drakena* dans les isles Canaries, d'où il découle sous la forme de larmes pendant la canicule; on en retire encore du *pterocarpus draco* : on expose les fruits à la vapeur de l'eau chaude, le suc suinte en gouttes, on le ramasse et on l'enveloppe dans des feuilles de roseau.

Le sang-dragon qu'on trouve dans les boutiques en pains orbiculaires applatis, est une composition de diverses gommes qu'on met sous cette forme après leur avoir donné la couleur avec un peu de sang-dragon.

Le sang-dragon se dissout dans l'alkool, et la dissolution est rouge ; on précipite cette résine en rouge.

Le sang-dragon bouilli avec l'eau, la colore en rouge et s'y dissout en partie.

Le sang-dragon est employé en médecine comme astringent.

9°. Goudron et autres principes résineux du pin.

L'arbre connu sous le nom de *pin* est un de ceux dont la culture présente le plus d'avantages.

Il croît dans les terres arides et sablonneuses, au milieu des rochers : il couronne très-agréablement la cime des montagnes ; il s'approprie des terres qu'aucun autre végétal ne réclame, il pousse vîte, ne demande presqu'aucune culture ; et ses services, ses produits sont aussi variés qu'utiles.

Les arbres jeunes, la dépouille des branches dans tous les âges, forment une grande ressource pour les échalas.

Le bois de *pin* est très-propre au chauffage ; la flamme en est vive, et il n'a d'autre inconvénient que de fournir beaucoup de fumée.

On s'éclaire, dans tous les pays où le *pin*

abonde, avec les morceaux de bois de cet arbre les plus riches en résine.

Le tronc de ces arbres est très-convenable pour former des planches : on en fait encore des corps de pompe, des tuyaux pour la conduite des eaux, des poutres, des bordages pour les ponts des vaisseaux, des pièces de mâts, &c.

Son fruit est un aliment qui n'est pas indifférent : plusieurs animaux domestiques en sont très-friands.

On forme avec le bois de *pin* un charbon précieux pour les travaux de la métallurgie.

Ces arbres, parvenus à une certaine force, fournissent une récolte annuelle de douze à quinze livres de résine, qui, modifiée par quelques préparations, forme le *galipot*, le *brai sec*, le *brai gras*, le *noir de fumée*.

Les arbres tombant de vétusté, ceux qui sont arrachés ou coupés par le vent, les copeaux provenant des équarrissages ou autres travaux, les racines, &c. fournissent encore une grande quantité de *goudron*.

On ne sauroit donc trop presser le propriétaire de cultiver un arbre aussi précieux.

Il suffit d'en répandre le fruit sur les terres qui lui sont propres, pour en assurer la production.

Il faut avoir l'attention de ne semer les pommes de pin que dans les endroits qui sont à l'abri du soleil ; car le soleil fait périr les jeunes *plants*. De là vient qu'on ne fait pas de coupe réglée, et que dans les forêts de pin on ne coupe que çà et là pour assurer une reproduction non interrompue.

Mais non-seulement cet arbre n'est pas aussi abondant qu'il devroit l'être ; mais, dans plusieurs départemens de la République où il croît en abondance, on néglige de tirer parti des principes résineux qu'il peut fournir.

Il importe donc, sous tous les rapports, d'ouvrir les yeux de l'agriculteur sur ce genre de culture. Il importe de lui observer que son intérêt se lie à l'intérêt public, et qu'en approvisionnant nos atteliers et nos arsenaux de la résine qui leur est nécessaire, il s'approprie une branche d'industrie de plus.

Il ne s'agit que de lui faire connoître le procédé simple par lequel on extrait et on prépare les divers principes du pin.

Procédés pour extraire les principes résineux du Pin.

Tous les pins fournissent du suc résineux ; mais tous n'en fournissent pas une égale quantité.

Parmi lès espèces de pin, les plus riches en résine sont les suivantes :

Pin Cipre. Pin de Canada à trois feuilles.

Pin gris. Pin de Canada à feuilles courtes et recourbées, de même que les cônes.

Pin blanc. Pin à cinq feuilles, dont les cônes sont longs : le pin maritime paroît une variété de celui-ci.

Pin rouge. Pin de Canada, à deux feuilles, dont les cônes ont la figure d'un œuf, et sont d'une moyenne grosseur.

Le terrein, l'âge, la grosseur influent moins sur la quantité de résine que l'exposition et l'épaisseur de l'écorce : les pins exposés au midi, et frappés par le soleil, fournissent beaucoup : ceux qui sont revêtus d'une écorce très-dure donnent moins. Les pins trop rapprochés l'un de l'autre n'ont presque pas de résine ; il faut qu'il y ait entre eux un intervalle de douze pieds. Au reste, la disposition du terrein et leur position par rapport au soleil doivent varier cette distance. On a soin de couper les jeunes branches qui croissent sur la tige ; et par ce moyen l'arbre s'élève plus haut, et les troncs sont plus exposés au soleil.

Les pins élevés dans les terres grasses et dans les saisons pluvieuses, ne fournissent pas une résine d'aussi bonne qualité.

Les jeunes pins fournissent de la résine comme les vieux ; mais son extraction les énerve.

La résine coule sur-tout pendant l'été.

Les pins fournissent pendant vingt à vingt-cinq ans, et on commence à extraire la résine à l'âge de vingt.

Le suc résineux ne découle presque que du corps ligneux, et suinte entre le bois et l'écorce ; les couches ligneuses extérieures fournissent plus que les intérieures ; il ne transude à travers l'écorce que quelques gouttes de belle résine. Les racines fournissent aussi beaucoup de suc. Les nœuds contiennent plus de résine que le reste de l'arbre ; les racines, plus que les branches, &c. la partie ligneuse voisine des entailles ou cicatrices en fournit encore davantage.

Lorsque les pins sont âgés d'environ vingt ans, ils ont acquis une circonférence de trois à quatre pieds ; ils sont assez robustes pour permettre la soustraction d'une partie du suc résineux qui circule dans les diverses parties de l'arbre.

Le suc résineux commence à couler au printems ; et c'est dans cette saison qu'on entaille les arbres pour en retirer le produit.

Il découle fluide jusqu'en automne. En général il commence à couler dans le courant de mai (vieux style), et finit en septembre.

Pour faciliter cet écoulement et le déterminer sur un seul point, on choisit au pied de l'arbre et tout près de la terre, dans la partie exposée au midi et dans l'endroit qui paroît le plus riche en résine et le plus disposé à la laisser couler, un espace de trois pouces de large sur six à huit de longueur; on emporte l'écorce avec une coignée, et on enlève un copeau de bois avec une herminette: la résine coule de suite, et on la voit transuder en gouttelettes transparentes à travers les fibres ligneuses; elle découle sur l'écorce de la partie inférieure de l'arbre, et se rend dans un trou pratiqué au pied pour la recevoir, ou dans un baquet qu'on y a placé pour cet usage.

Lorsque l'écoulement se ralentit, on agrandit la plaie vers la partie supérieure, et on enlève une nouvelle couche de la partie ligneuse; on est obligé de la rafraîchir de quinze en quinze jours.

L'entaille est donc agrandie progressivement; et à la fin de l'année, elle a un pied de longueur. On cesse le travail dès que le retour des froids fige la résine et en arrête l'écoulement.

Le printems suivant, on rafraîchit de nouveau la plaie; et au bout de cinq à six ans, elle a acquis une hauteur de cinq à six pieds.

Lorsqu'elle est parvenue à cette hauteur, on fait une nouvelle entaille au pied de l'arbre, presque à côté de l'ancienne, et on l'élève successivement et parallèlement à la première.

Pendant que celle-ci fournit de la résine, la première se cicatrise de telle manière qu'on peut faire le tour de l'arbre, et opérer sur les anciennes cicatrices.

Il faut avoir la précaution, quand on rafraîchit la plaie, d'enlever des copeaux très-minces.

Il faut que l'ouvrier soit muni d'instrumens bien affilés. Ces précautions importent à la santé de l'arbre et à la quantité de résine.

Un seul homme peut soigner de deux mille cinq cents à deux mille huit cents pieds d'arbre; il verse dans des barils, la résine ramassée dans les vases qu'on a placés au pied de l'arbre pour la recevoir, et on la distribue dans le commerce.

Celle de la ci-devant Guienne est connue sous le nom de *Galipot;* celle de Provence, sous le nom de *Périnne-Vierge*. En Provence on est dans l'usage, dans quelques cantons, de pratiquer une petite fosse au fond de celle qui reçoit la résine, et on sépare les deux fosses par des branches de romarin qu'on met sur l'orifice de la seconde. La partie la plus fluide de la résine filtre à travers, et se rend dans la petite fosse ; on connoît cette résine sous le nom de *Bijon*.

Un arbre sain fournit douze à quinze livres de résine chaque année.

Depuis l'automne jusqu'au printems, la petite quantité de résine qui s'écoule de l'arbre se fige sur la surface, d'où on la détache avec des ratissoires de fer emmanchées au bout d'un bâton : cette résine est connue à Bordeaux sous le nom de *Barras*.

Pour former cette résine jaune connue dans le commerce sous le nom de *brai-sec*, et en Provence sous le nom de *rase*, on dispose sur un fourneau une chaudière de cuivre dont les bords sont renversés de quelques pouces ; on pratique sur une partie des bords une gouttière de six à huit pouces de long, et on place sous la gouttière une auge creusée dans un tronçon de pin, et qu'on remplit d'eau.

On met la résine liquide et solide qu'on a extraite du pin, dans la chaudière ; ce suc entre en fusion à une chaleur modérée : lorsqu'il est fondu, on y verse de l'eau dessus ; la résine se gonfle, et une partie coule dans l'auge ; l'ouvrier la reporte continuellement dans la chaudière, il brasse et mêle bien le tout, et continue cette manœuvre jusqu'à ce que toute l'eau soit dissipée. La fonte de la résine devient vers la fin plus tranquille, la couleur en devient jaune; et, dans cet état, on la verse dans une autre auge où elle se filtre à travers de la paille, pour se rendre dans des moules qu'on a pratiqués avec soin dans le sable.

Ces moules sont des trous ronds dont les côtés sont bien battus, bien unis; et les pains de résine qui en prennent la forme pèsent jusqu'à 200 livres.

Si, au lieu de cuire la résine dans une chaudière découverte, on la cuit dans un alambic avec de l'eau, il passe une espèce d'huile de térébenthine qui se nomme *eau de rase*, et qui est très-inférieure à la véritable huile de térébenthine.

Si l'on met le galipot dans des auges formées par un assemblage de planches, et qu'on les expose au soleil, la partie qui suinte à travers les fentes est connue sous le nom de *térébenthine de soleil*.

On appelle *térébenthine de chaudière* le galipot fondu dans un vase de cette nature.

On a même classé parmi les térébenthines le galipot le plus fluide; mais cette qualité est la plus mauvaise de toutes, elle est inférieure à celle des melèses, et sur-tout à celle des sapins.

L'arbre vivant ne fournit pas toute sa résine par les entailles qu'on a pratiquées sur son corps : mais dès qu'il est mort, on le soumet à une opération par laquelle on en extrait jusqu'au dernier atôme : et c'est cette résine, qu'on tire de l'arbre mort, qu'on appelle *goudron.*

Pour extraire le goudron, il n'est question que d'appliquer aux parties de bois qui le contiennent, une chaleur suffisante pour le ramollir et le faire couler, sans toutefois l'enflammer ni le volatiliser.

On remplit ces vues, en disposant le bois de pin, coupé par petits morceaux, en un tas, dont on recouvre les côtés avec de la terre, du gazon ou des briques; on chauffe toute la masse par le feu qu'on applique à la partie supérieure, et on reçoit toute la résine qui s'écoule vers le fond dans des rigoles qui la portent au-dehors.

Les fours dans lesquels s'opère cette combustion étouffée présentent des formes et des dimensions différentes. Mais il est dans tous les procédés connus, des principes et des usages communs que nous allons rapprocher.

Pour extraire le goudron, on choisit le cœur de l'arbre, les nœuds et toutes les veines résineuses.

On préfère les parties rouges.

On rejette l'écorce et les feuilles, comme fournissant du goudron de qualité inférieure.

On fait usage des pailles à travers lesquelles on a passé le brai sec, des copeaux qu'on a détachés pour rafraîchir les entailles des arbres.

On fait servir à la préparation du goudron, les arbres épuisés de résine et sur-tout de vétusté, ceux qui sont coupés ou déracinés par le vent, les copeaux qui proviennent des divers travaux qu'on fait sur ce bois.

Le goudron est d'autant meilleur, que les arbres qui le fournissent sont plus résineux, qu'on met plus d'attention à rejetter les écorces et les jeunes branches, et qu'on prend plus de moyens pour s'opposer à la combustion et à la volatilisation de la résine.

Pour obtenir du bon goudron, il est encore bien essentiel de ne pas employer le bois trop vert ou trop sec, et il est un degré de demi-siccité qu'il est bien à propos de saisir.

On peut couper le bois en tout temps, mais c'est sur-tout en automne qu'on le prépare pour ces usages, et c'est pendant l'hiver qu'on distille le goudron.

Il

Il faut encore diviser le bois en parties minces et égales, pour retirer dans le même temps toute la résine qui peut y être contenue.

La conduite du feu mérite encore une très-grande attention ; 1°. un feu trop actif brûle et dissipe la résine ; 2°. une chaleur trop forte la volatilise, et produit du goudron trop sec ; 3°. une chaleur étouffée et foible n'extrait qu'une partie de la résine, et laisse dans ce produit le principe aqueux qui étoit dans le végétal.

Un fourneau chargé avec du bois bien rouge et bien résineux fournit le quart en poids de goudron ; mais ordinairement on n'en retire que dix à douze pour cent.

Les divers fourneaux qui sont usités pour l'extraction du goudron, me paroissent présenter tous quelques avantages et des inconvéniens.

Dans les montagnes de la ci-devant Provence, les fourneaux ont la forme de grandes cruches, dont une partie est enfoncée en terre : ils ont dix-huit pouces de diamètre dans le bas, cinq pieds dans le ventre, et deux dans le haut.

On coupe le bois en pièces de dix-huit pouces de long sur un pouce et demi de large ;

on les arrange par lits, de manière qu'elles forment des grilles, dont on remplit les vuides par des copeaux ou d'autres morceaux qu'on y élève perpendiculairement.

Du côté de Bordeaux, on fait une fosse circulaire de trente-six jusqu'à quarante-huit pieds de circonférence ; on y forme un âtre avec des briques posées de champ et bien cimentées, et on pratique un petit canal dans le centre pour recevoir le goudron et le transmettre dans une *recette* qu'on appelle *cave*, dans laquelle on a soin de tenir de l'eau pour que le goudron s'y épure ; on vuide la cave à mesure qu'elle se remplit, pour déposer le goudron dans des barriques dans lesquelles s'en fait le transport. On garnit l'âtre du fourneau avec du bois coupé en petits morceaux; on l'élève à la hauteur de huit à dix pieds. On couvre les côtés du bûcher avec du gazon et des mottes de terre, et on allume la partie supérieure du cône dans laquelle on a disposé une couche de bois plus sec. La chaleur se communique par-tout : et, lorsque le feu se ralentit, on ouvre des registres en enlevant quelques mottes sur divers points des côtés, pour faciliter l'aspiration.

Lorsque l'opération est terminée, on ferme toutes les ouvertures ; et, quelques jours après, on retire le charbon qui s'est formé.

Les fourneaux usités dans la Louisiane, diffèrent peu de celui que nous venons de décrire : seulement le sol n'en est pas couvert de briques; et la seule pente du terrein, fortement battue, détermine l'écoulement du goudron, qui, par le moyen de rigoles très-prolongées, va se rendre dans des réservoirs pratiqués dans la terre.

Le procédé qui est usité dans le Valais pour extraire le goudron, y est pratiqué par tous les paysans : et, comme il nous présente tous les moyens convenables pour éviter la déperdition du goudron et l'obtenir de bonne qualité, nous le décrirons avec le plus grand soin, en y apportant les changemens peu considérables que l'observation et l'expérience rendent nécessaires.

On construit un fourneau d'une forme semblable à celle d'un œuf posé sur le petit bout. On peut en varier les dimensions selon la quantité de bois qu'on a à brûler; il doit être en général deux fois plus haut que large. Les plus grands peuvent avoir dix pieds de hauteur, cinq de diamètre, et deux et demi à l'ouverture supérieure.

Pour construire le fourneau, on commence par tracer les dimensions de la base, et on élève, des murs en pierre jusqu'aux deux tiers de la hauteur totale. On garnit le dedans en pierres de taille bien jointes, ou, à défaut, en briques, posées de champ et bien cimentées. Le fond est creux, et doit avoir la forme de l'intérieur d'une coque d'œuf. A cinq pouces du fond, on doit pratiquer un trou de dix-huit lignes de diamètre, qui va s'ouvrir en dehors et au-dessous du fourneau, en observant une pente de six à huit pouces, et on y adapte un gros tuyau de fer, tel qu'un canon de fusil de fort calibre, pour conduire le goudron dans les barils destinés à le recevoir.

A vingt ou vingt-cinq pouces du fond du fourneau, on place des barres de fer parallèles, capables de supporter le bois, et de laisser couler dans le bas le goudron que la chaleur dégage.

On termine la construction du fourneau avec du moëllon et de la terre; et on conserve, à la partie supérieure, une ouverture de deux pieds et demi de diamètre, pour pouvoir charger commodément le fourneau.

On l'enduit avec soin au-dedans et au-dehors, et on a la précaution de boucher les fentes ou gerçures à mesure qu'elles se forment.

Il est inutile d'observer qu'on peut substituer aux matériaux que nous venons d'indiquer, tous ceux qu'on aura sous la main.

Il est encore avantageux de pratiquer quelques trous dans les parois du fourneau ; on peut s'en servir à propos pour faciliter l'aspiration et graduer à volonté la chaleur.

Lorsqu'on a établi un fourneau de cette manière, un homme entre dedans, et dispose le bois coupé en liteaux de deux pouces de large sur dix-huit de long, par couches sur la grille ; il en remplit avec soin toute la capacité ; il porte la plus grande attention à ce qu'il n'y ait pas de vuides, et il charge le haut du fourneau avec des copeaux secs.

On ferme l'ouverture supérieure avec des pierres plates, ou des lames de tôle ou de cuivre, de manière qu'il ne reste qu'une ouverture ou cheminée de quatre pouces de diamètre. Alors, on allume les copeaux ; et, lorsque le feu est bien établi, on ferme cette ouverture avec une pierre plate qu'on recouvre de terre. La distillation s'établit, le goudron coule dans le bas ; il remplit le fond jusqu'au trou ; et alors il s'écoule par ce conduit, et se rend au-dehors dans le baril.

Si la distillation s'arrête, il faut r'ouvrir l'ouverture, et même établir des courans par les côtés.

Si la fumée se fait jour à travers les parois, on l'arrête en y appliquant de la terre détrempée, du gazon ou autres matières.

On n'ouvre le fourneau que lorsqu'il est refroidi; alors, on enlève le charbon qui résulte de l'opération; on retire les matières impures et grossières qui se sont ramassées dans le fond, et l'on recharge de suite le fourneau.

On doit voir que la construction d'un pareil fourneau qui n'est ni pénible, ni coûteuse, ni difficile, ne donne lieu à aucune déperdition; que le goudron doit y être plus pur, parce que, le fourneau étant solidement construit, les matériaux ne peuvent pas se mêler avec lui, et que, d'ailleurs, cette résine conserve tous les principes que les autres fourneaux découverts laissent perdre.

Les frais d'établissement d'un semblable fourneau ne peuvent pas balancer les avantages qu'il nous présente. D'ailleurs, c'est au milieu des bois qu'on le bâtit, et conséquemment au milieu des matériaux. En outre cet établissement est stable, permanent, tandis que dans les autres on est obligé de démolir et de reconstruire à chaque opération.

Lorsqu'on portera dans la préparation du goudron les précautions que nous avons indiquées, la qualité le disputera à celui du

Nord. Le goudron de la partie des Landes, appellée le *Maransin*, qui est connu dans le commerce sous le nom de *gaze*, est de première qualité.

On en récolte dans les landes environ douze cents barriques par an, malgré que la majeure partie des forêts de pins ne soit pas travaillée.

On forme encore une autre préparation résineuse qu'on connoît dans le commerce sous le nom de *brai-gras*, en remplissant le fourneau par des lits alternatifs de bois vert, de copeaux secs, et de résine ou brai-sec, et terminant la couche supérieure par des copeaux secs. On bouche le canal par où le suc pourroit s'écouler, et on allume le fourneau.

On a grand soin d'étouffer le feu, et de produire une chaleur morte qu'on entretient pendant sept à huit jours. La résine fond, se mêle avec la sève, coule au fond du fourneau. Lorsque l'opération est faite, on ouvre le canal, et le *brai-gras* coule.

On emploie quelquefois comme *brai-gras* le goudron qui provient d'arbres très-résineux.

En mêlant le brai-sec avec du bois très-résineux, et n'ouvrant le canal de décharge que lorsque la substance résineuse est cuite, on obtient du brai-gras.

Pour former du *noir de fumée*, on met dans des marmites de fer les petits morceaux de rebut de toutes les résines; on place la marmite au milieu d'un cabinet bien fermé et tendu de toutes parts de toile ou de papier; on allume ces morceaux de résine : il s'en dégage une fumée épaisse qui se porte sur les parois, et c'est ce qu'on appelle *noir de fumée*. On ne doit faire cette opération que dans des endroits isolés. Ce noir est employé dans la peinture, teinture, imprimerie, vernis, &c.

ARTICLE IV.

Des Baumes.

QUELQUES auteurs appellent *baumes*, des substances inflammables fluides; mais il en est qui sont secs : d'autres donnent ce nom aux résines les plus odorantes. *Bucquet* a affecté cette dénomination aux seules résines qui ont une odeur suave qu'elles peuvent communiquer à l'eau, et qui sur-tout contiennent des sels acides odorans et concrets, qu'on peut en extraire par la décoction ou la sublimation : il paroît donc qu'il y a dans ces substances un principe acide qui ne se trouve point dans les résines ; ce sel acide est soluble dans l'eau et l'alkool. Comme l'analyse nous démontre une différence assez frappante entre les baumes et les résines, nous devons les traiter à part.

Les substances qu'on appelle *baumes* sont donc les résines unies avec un sel acide concret : nous en connoissons trois principaux ; le *benjoin*, le *baume de Tolu* ou du *Pérou* et le *storax calamite*.

1°. Le *benjoin* est un suc épaissi, d'une odeur suave, qui devient plus forte par le frottement et la chaleur.

On en connoît deux variétés, le *benjoin amigdaloïde* et le *benjoin commun :* le premier est formé par les plus belles larmes de ce baume liées entre elles par un *gluten* ou suc de même nature, mais plus brun, ce qui offre dans sa cassure l'aspect du *nougat*. Le second n'est que le suc lui-même sans mélange de ces belles larmes très-pures. Il nous est apporté du royaume de Siam et de l'isle de Sumatra ; mais nous ne connoissons point l'arbre qui le fournit.

Le benjoin mis sur les charbons, se fond, s'enflamme promptement et répand en brûlant une odeur forte et aromatique ; mais si on se contente de l'échauffer sans exciter l'inflammation, alors il se boursouffle et laisse échapper une odeur plus suave, quoique très-forte.

Le benjoin écrasé et bouilli avec l'eau, fournit un sel acide qui crystallise par refroidissement en longues aiguilles : on peut encore extraire ce sel par sublimation, il se volatilise à un degré de chaleur moindre que l'huile même de benjoin. Ce sel est connu sous le nom de *fleurs de benjoin* ou *acide benzoïque sublimé*. Ni l'un ni l'autre de ces deux procédés ne sont économiques ; et dans les préparations de ces objets en grand, je commence par distiller le benjoin et fais passer dans un vaste récipient tous les produits confondus ; alors je les fais bouillir dans l'eau, et, par ce moyen, j'obtiens une bien plus grande quantité de sel de benjoin, parce que dans cet état l'eau attaque et dissout tout ce qui y est contenu, tandis que la trituration la plus complète ne facilite point cette dissolution.

Scheele a proposé d'extraire l'acide benzoïque par l'eau de chaux : il décompose ensuite ce benzoate par l'acide muriatique, et sépare l'acide du benjoin en le faisant crystalliser dans la dissolution du muriate de chaux.

L'acide benzoïque sublimé a une odeur

aromatique très-pénétrante et qui excite la toux, sur-tout lorsqu'on ouvre les vaisseaux sublimatoires pendant qu'ils sont chauds; il rougit le sirop de violettes et fait effervescence avec les carbonates alkalins; il s'unit aux terres et aux alkalis, de même qu'aux métaux, et forme des benzoates sur lesquels *Bergmann* et *Scheele* nous ont fourni quelques connoissances.

L'acide benzoïque brunit avec le temps, ce qui tient à la présence d'une portion d'huile qui s'oxide, et dont on peut le débarrasser en le mêlant avec du charbon et le sublimant ensuite par l'application d'une chaleur suffisante. (*Pelletier*).

L'alkool dissout le benjoin en totalité, et ne laisse que ce qui peut être contenu d'étranger dans ce baume : on peut le précipiter par le moyen de l'eau; et c'est alors ce qu'on appelle *lait virginal*.

Le benjoin est employé en médecine comme aromatique; mais on l'emploie peu en nature, parce qu'il est peu soluble. On se sert de sa teinture ou de l'acide volatil : ce dernier est un bon incisif, qu'on donne dans les embarras pituiteux du poumon, des reins, &c. On le donne dans des extraits, ou en dissolution dans l'eau.

On emploie le benjoin en fumigations contre des tumeurs indolentes : l'huile est aussi un excellent résolutif, et on l'applique en friction sur les membres affectés de rhumatismes froids et de paralysie.

2°. Le *baume de Tolu*, *du Pérou* ou de *Carthagène*, a une odeur douce et agréable. Il est sous deux états dans le commerce, en *coque* ou *fluide ;* si on ramollit le coco par l'eau bouillante, alors le baume en découle sous forme fluide.

L'arbre qui le fournit est le *toluïfera* de *Linné :* il en vient dans l'Amérique méridionale dans un pays appellé *Tolu*, entre Carthagène et le Nom de *Dieu*.

Le baume fluide donne beaucoup d'huile volatile lorsqu'on le distille à l'eau bouillante.

On peut en extraire un sel acide, très-analogue à celui du benjoin, par les mêmes procédés ; mais ce sel sublimé est pour l'ordinaire plus brun, parce qu'il est sali par une portion d'huile qui se volatilise à un feu moindre que celle du benjoin.

Ce baume est soluble dans l'alkool : on peut l'en précipiter par le secours de l'eau.

Ce baume est très-employé dans la médecine, comme aromatique, vulnéraire et anti-putride ; on le prescrit trituré avec le sucre ou mêlé à quelque extrait. On en prépare un sirop, en le broyant avec le sucre et faisant digérer à une chaleur douce, ou en le dissolvant dans l'alkool, y laissant fondre le sucre et laissant dissiper l'alkool par le repos.

On le falsifie en faisant macérer, sur les bourgeons du peuplier à odeur de baume, l'huile distillée du benjoin, et y ajoutant un peu de baume naturel.

3°. *Le storax* ou *styrax calamite* est un suc d'une odeur très-forte, mais fort-agréable : on en connoît deux variétés dans le commerce; l'un est en larmes rougeâtres et nettes, l'autre en masses d'un rouge noirâtre, molles et grasses.

La plante qui le fournit s'appelle *Liquidambar orientale ;* on a cru pendant long-temps que c'étoit le *styrax folio mali cotonæi C. B.* lequel est connu en Provence, dans le bois de la Chartreuse de Montrieu, sous le nom d'*alibousier*, et qui, au rapport de *Duhamel*, donne un suc très-odorant qu'il a pris pour du storax.

Il se comporte à l'analyse comme les précédens, et présente les mêmes phénomènes.

On l'envoyoit autrefois dans des cannes ou roseaux : de-là son nom de *storax calamite.*

Ces trois baumes font la base de ces pastilles odorantes qu'on brûle dans la chambre des malades, pour masquer ou tromper la mauvaise odeur : on enveloppe ces baumes par le moyen de mucilages; on y ajoute du charbon et du nitrate de potasse pour faciliter la combustion.

ARTICLE V.

Des Gommes-résines.

Les gommes-résines sont un mélange naturel d'extrait et de résine; ces sucs ne découlent guère naturellement, mais bien à l'aide des incisions que l'on fait à la plante. Il est quelquefois blanc comme dans le Tithymale, le Figuier; quelquefois jaune comme dans la Chélidoine; de sorte qu'on peut considérer ces substances comme une véritable émulsion dont les principes constituans varient par les proportions.

Les gommes-résines sont solubles, partie dans l'eau, partie dans l'alkool.

Un caractère des gommes-résines, c'est de rendre trouble l'eau dans laquelle on les fait bouillir.

Cette classe est assez nombreuse; mais nous ne parlerons que des principales espèces et sur-tout de celles qui sont usitées dans les arts et la médecine.

1°. *L'oliban* ou *encens* est une gomme résine, en larmes d'un blanc jaunâtre et transparentes. On en connoît deux espèces dans le commerce : l'une qui est en petites larmes très-pures, et qu'on appelle *encens mâle;* l'autre en grosses larmes et impures, connue sous le nom d'*encens femelle.*

On ne connoît point l'arbre qui le fournit; quelques auteurs pensent qu'il vient du *cèdre à feuilles de ciprès.*

L'oliban contient trois parties de résine et une de matière extractive : lorsqu'on le fait bouillir dans l'eau, la dissolution est blanche et trouble, comme celle de tous les sucs de cette classe : lorsqu'il est frais, il fournit un peu d'huile volatile.

L'oliban est employé dans la médecine comme résolutif; mais son grand usage est dans nos temples, où il a été adopté pour le culte qu'on y rend à la divinité.

On l'emploie dans les hôpitaux pour masquer l'air puant qui s'en exhale. *Achard* a prouvé que ce procédé étoit de nul effet, il ne trompe que le nez.

2°. *La scammonée* est d'un gris noirâtre,

d'une saveur amère et âcre, et d'une odeur forte et nauséabonde.

On en connoît deux variétés dans le commerce : l'une vient d'Alep et l'autre de Smyrne ; la première est plus pâle, plus pure ; la seconde, noire, pesante et mêlée de corps étrangers.

On l'extrait du *convolvulus scammonia* : c'est principalement de la racine qu'on la retire ; on pratique, à cet effet, des incisions à la tête de cette même racine ; on la recueille dans des coquilles de moule, celle-là est en belles larmes d'un jaune foncé ; mais presque toute celle du commerce se retire par l'expression des racines.

D'après les résultats des analyses de *Geoffroy* et de *Cartheuser*, il paroît que les proportions des principes varient dans les diverses espèces qu'on analyse ; le dernier a retiré presque moitié d'extrait, tandis que le premier n'en a trouvé qu'un sixième.

La scammonée est employé en médecine comme purgative à la dose de quelques grains : triturée avec le sucre et les amandes, elle forme une émulsion purgative très-agréable ; adoucie par le suc de Réglise ou de Coings, elle forme le *diagrède*.

3°.

3°. *La gomme gutte* a une couleur d'un jaune rougeâtre : elle n'a pas d'odeur, mais sa saveur est âcre et caustique ; la gomme gutte fut envoyée à *Clusius* en 1603 ; elle vient du royaume de *Siam*, de la *Chine* et de l'isle de *Ceylan*, en cylindres plus ou moins gros ; l'arbre qui la fournit est appellé *Coddam-Pulli. Herman*, témoin oculaire, rapporte qu'il découle un suc laiteux et jaunâtre de l'incision que l'on fait à ces arbres, que ce suc s'épaissit à la chaleur du soleil, et que lorsqu'on peut le manier on en forme de grandes masses orbiculaires.

Geoffroy a extrait cinq sixièmes de résine de la gomme gutte. *Cartheuser* lui avoit attribué plus de parties extractives que de résineuses.

La gomme gutte est quelquefois employée comme purgatif, à la dose de quelques grains ; mais le grand usage qu'on en fait est dans la peinture, où la beauté de sa couleur l'a fait employer.

4°. *L'assa-fœtida* se trouve en larmes d'un blanc jaunâtre ; mais le plus souvent, sous la forme de pains formés par l'amas de plusieurs larmes ; il a une saveur âcre et amère, l'odeur en est des plus désagréables.

La plante qui fournit ce suc, s'appelle *ferula assa-fœtida*.

Cette plante croît en Perse, et on retire le suc de sa racine par expression, suivant *Kœmpfer* ; il est fluide et blanc en sortant de la plante, et exhale une odeur détestable quand il est récent : ce suc, en se desséchant, perd son odeur et se colore ; il en conserve néanmoins assez pour mériter le nom de *stercus diaboli*.

Les Indiens trouvent son odeur agréable ; ils l'emploient comme assaisonnement, et l'appellent le *manger des dieux* ; ce qui nous prouve mieux que tous les raisonnemens, qu'il ne faut pas disputer des goûts.

Cartheuser y a trouvé un tiers de résine.

C'est un médicament fondant et discussif, mais sur-tout un anti-hystérique des plus efficaces.

5°. L'*aloès* est un suc d'un rouge brun et d'une amertume considérable : on en distingue de trois espèces, l'*aloès succotrin*, l'*aloès hépatique* et l'*aloès caballin* ; ils ne diffèrent que par le degré de pureté. *Jussieu* qui a vu préparer ces trois variétés à *Morviedro* en Espagne, assure qu'on les retire toutes de l'*aloès vulgaris* : la première variété s'obtient par des incisions qu'on fait aux feuilles; on lui donne le temps de déposer toutes ses impuretés; on décante, de dessus le marc, la liqueur qu'on laisse épaissir au soleil, et on la met dans des sacs de cuir pour l'expédier sous le nom d'*aloès succotrin.* Par l'expression de ces mêmes feuilles, on en extrait un suc qui, clarifié de la même manière, forme l'*aloès hépatique;* et par une pression plus forte, on retire l'*aloès caballin.*

L'aloès succotrin ne contient qu'un huitième de résine, selon *Boulduc;* l'aloès hépatique en contient moitié de son poids.

L'aloès est fort employé en médecine comme purgatif, tonique, fondant et vermifuge.

6°. *La gomme ammoniaque* est quelquefois en petites larmes, blanches à l'intérieur, jaunes à l'extérieur; mais elles sont souvent réunies en masse et ressemblent au benjoin amigdalin.

L'odeur en est fétide et la saveur âcre, amère, et un peu nauséabonde.

Ce suc vient des déserts de l'Afrique; et quoiqu'on ne connoisse pas la plante qui le fournit, on présume qu'elle est dans la classe des ombellifères, d'après la forme des graines qu'on y trouve.

La gomme ammoniaque est très-employée

en médecine; c'est un très-bon fondant, on la donne en pilules, incorporée avec le sucre, ou dans quelque extrait; on peut même la faire dissoudre dans l'eau; ce liquide se trouble et devient d'un blanc jaunâtre : elle entre dans tous les emplâtres fondans et résolutifs.

DU CAOUTCHOUC, OU GOMME ÉLASTIQUE.

La gomme élastique est une de ces substances qu'il est difficile de classer : elle brûle comme les résines; mais sa mollesse, son élasticité, son indissolubilité dans les menstrues qui attaquent les résines, ne nous permettent pas de la comprendre dans la classe de ces substances.

L'arbre qui la fournit est connu sous le nom de *siringa* par les Indiens du Para; les habitans de la province d'Esmeraldas, province de Quito, l'appellent *hhevé*, et ceux de la province de Maïnas, *caoutchouc*.

Richard a prouvé que cet arbre étoit de la famille des *euphorbes*; et *Dorthes* a observé que les *coccus* qui sont revêtus d'un duvet qui ressemble à de petites pailles, étoient recouverts d'une gomme très-analogue à la gomme élastique. Ces insectes se nourrissent sur l'euphorbe; mais ceux qui viennent ailleurs donnent le même suc.

Nous devons à *la Condamine* une relation et des détails exacts sur cet arbre (*Mémoires de l'Académie des sciences, année 1751*). Cet académicien nous dit, d'après *Fresnau*, ingénieur à Cayenne, que le caoutchouc est un arbre fort haut. On fait des incisions sur l'écorce, on reçoit dans un vaisseau le suc blanc et plus ou moins liquide qui en découle, on l'applique couche par couche sur des moules de terre, on le laisse sécher au soleil ou au feu, on y pratique toutes sortes de dessins; et, lorsqu'il est sec, on écrase le moule qu'on fait sortir par morceaux.

Cette gomme est très-élastique et susceptible de s'étendre beaucoup.

La gomme élastique exposée au feu se ramollit, se boursouffle, et brûle en donnant une flamme blanche; on s'en sert même pour s'éclairer dans la Cayenne.

Elle n'est pas du tout soluble dans l'eau ni dans l'alkool. Mais *Macquer* nous a appris que l'éther en étoit le vrai dissolvant; et, sur cette propriété, il a fondé l'art de faire des sondes de gomme élastique, en appliquant des couches de cette dissolution sur un moule de cire jusqu'à ce qu'elles aient l'épaisseur convenable.

Frossard a prouvé que l'éther ne dissolvoit le caoutchouc que lorsqu'il contient un peu d'eau.

Pelletier a observé que, si après avoir ramolli la gomme élastique par l'eau bouillante, on la coupe en petits morceaux pour la ramollir encore par une seconde ébullition, il est facile alors d'en opérer une dissolution complète dans l'éther par une simple digestion à froid.

Berniard, à qui nous devons des observations importantes sur cette matière, n'a trouvé que l'éther nitrique qui eût la propriété de dissoudre la gomme élastique; le sulphurique bien pur ne l'a pas attaquée sensiblement.

Si on met la gomme élastique en contact avec une huile volatile, telle que celle de térébenthine, et même si on l'expose à la vapeur, elle se gonfle, se ramollit et devient très-pâteuse; on peut alors l'étendre sur le papier ou en enduire des étoffes; mais cet enduit conserve cette qualité visqueuse pendant long-temps, et ne la perd qu'à la longue. Le mélange de l'huile volatile et de l'alkool forme un meilleur dissolvant que l'huile pure, et le vernis se dessèche plus vîte.

On peut dissoudre avec avantage la gomme élastique dans la cire jaune fondue et bouillante; on l'y met peu à peu, et la cire s'en sature. Cette dissolution portée sur des étoffes avec un pinceau, y forme un vernis souple, peu gluant, peu écailleux, et dont on peut tirer un grand parti.

Fabroni nous a encore appris que le pétrole distillé plusieurs fois dissolvoit le caoutchouc à froid.

Les huiles siccatives peuvent encore le dissoudre à l'aide de la chaleur; mais ce vernis se gerce.

Berniard a conclu de ses recherches, que la gomme élastique est une huile grasse, colorée par une matière dissoluble dans l'alkool, et salie par la fumée à laquelle on expose cette gomme pour la dessécher.

Si on rend l'huile de lin très-siccative en la faisant digérer sur les oxides de plomb, qu'on l'applique ensuite avec un pinceau sur un corps quelconque, et qu'on la fasse dessécher au soleil ou à la fumée, il en résultera une pellicule d'une consistance assez ferme, d'une transparence marquée, brûlant à la manière de la gomme élastique, et susceptible d'une extension et d'une élasticité étonnantes. Si on abandonne cette huile bien siccative dans un vase très-large, la surface s'épaissit et forme une membrane qui a la plus grande analogie avec la gomme élastique : une livre de cette huile étendue sur une pierre et exposée à l'air pendant six à sept mois, y a acquis presque toutes les propriétés de la gomme élastique. On s'en est servi pour faire des sondes, des seringues; on en a enduit des taffetas, &c.

Il est quelquefois des gommes résines qu'on débarrasse de leur principe extractif pour les approprier à divers usages; tel est le but du procédé usité pour faire la *glu :* on prépare la glu avec différentes substances, telles que les baies de guy, les prunes de sébeste, &c. Mais la meilleure est celle qui se fait avec l'écorce de *houx :* au mois de juin ou de juillet on pèle ces arbres, on jette la première écorce et on prend la seconde; on fait bouillir cette écorce dans l'eau de fontaine pendant sept à huit heures, on en fait des masses que l'on met dans la terre et que l'on couvre de cailloux en faisant plusieurs lits les uns sur les autres, après avoir préalablement fait égoutter l'eau : on les laisse fermenter pendant quinze jours, jusqu'à ce qu'elles se résolvent en une matière pâteuse et collante, on les retire et on les pile jusqu'à ce qu'on puisse les manier comme de la pâte; après cela on les lave dans l'eau courante; on met cette pâte dans des vaisseaux de terre, où elle reste trois à quatre jours pour qu'elle jette son écume : on la met ensuite dans un autre vaisseau, et on la garde pour l'usage.

On emploie encore à titre de glu la composition suivante : prenez une livre de glu, une livre de graisse de volaille, ajoutez une once de vinaigre, demi-once d'huile et autant de térébenthine, faites bouillir quelques minutes le mélange ; et lorsque vous voudrez vous en servir, réchauffez-la. On peut empêcher qu'elle ne se gèle en hiver, en y mêlant un peu de pétrole.

DES VERNIS.

Le père *d'Incarville* nous a appris que l'arbre qui fournit le vernis de la Chine, s'appelle *tsichou* chez les Chinois. Cet arbre prend par boutures : lorsqu'on veut en planter on entoure la branche qu'on a choisie avec de la terre qu'on assujettit avec de la filasse ; on a soin d'humecter cette terre, il y pousse des racines, on la scie ensuite dessous et on la transplante : ces arbres sont de la grosseur de la jambe.

Le vernis se retire en été ; si c'est un arbre cultivé il en fournit trois récoltes. On l'extrait par des incisions qu'on pratique à l'arbre ; et, lorsque le vernis qu'on reçoit dans des coquilles ne coule point, on y introduit quelques soies de cochon humectées avec de l'eau ou de la salive, et le vernis coule ; lorsque l'arbre est épuisé on en entoure la cime d'une petite botte de paille, on y met le feu, et tout ce qui reste de vernis se précipite dans le bas et tombe par les entailles faites au pied de l'arbre.

Ceux qui recueillent le vernis partent avant le jour et placent leurs coquilles sous les incisions : on ne laisse les coquilles que trois heures en place, parce que le soleil feroit évaporer le vernis.

Le vernis exhale une odeur qu'on se garde bien de respirer : elle donne ce qu'on appelle des *clous de vernis.*

Le vernis, quand il sort, ressemble à de la poix : exposé à l'air, peu à peu il se colore et acquiert un beau noir.

Le suc qui sort des incisions qu'on fait aux feuilles et aux tiges du *rhus toxicodendron* a les mêmes propriétés. Celui qu'on cultive dans nos climats fournit un suc blanc et laiteux qui se colore en noir et s'épaissit dès qu'il a le contact de l'air ; la couleur en est du noir le plus brillant, et on pourroit introduire aisément parmi nous ce genre précieux d'industrie, puisque l'arbre vient à merveille dans notre climat et qu'il résiste aux froids de l'hiver.

Pour faire le vernis brillant on le fait évaporer au soleil, on lui donne du corps avec le fiel de porc évaporé et le sulfate de fer.

Les Chinois emploient l'huile de thé, qu'ils rendent siccative en la faisant bouillir avec l'orpiment, le réalgar et l'arsenic.

Les vernis dont les arts font le plus d'usage ont tous pour base les résines; et on peut réduire aux principes suivans ce qui regarde cet art précieux.

Vernir un corps c'est appliquer sur ce corps une couche d'une matière qui doit avoir la propriété de le garantir de l'influence de l'air et de l'eau et de lui donner du luisant.

Il faut donc qu'une couche de vernis ait la propriété, 1°. d'empêcher l'action de l'air, parce qu'on vernit les bois et les métaux pour les préserver de la rouille et de la pourriture; 2°. de n'être pas attaqué par l'eau, sans cela l'effet des vernis ne seroit que momentané; 3°. de ne pas altérer les couleurs qu'on veut conserver par ce moyen.

Il est donc nécessaire qu'un vernis puisse s'étendre commodément, qu'il ne laisse pas de pores, qu'il ne s'écaille pas, qu'il soit inattaquable par l'eau, et qu'il soit transparent : or, les seules résines réunissent ces propriétés.

Les résines doivent donc faire la base des vernis : mais il est question de les disposer à ces usages : et à cet effet il faut les dissoudre, les diviser le plus possible, et les combiner de façon que les vices de celles qui sont susceptibles de s'écailler soient corrigés par les autres.

On peut dissoudre les résines par trois agens: 1°. par l'huile fixe; 2°. par l'huile volatile; 3°. par l'alkool; et c'est ce qui forme trois espèces de vernis, *vernis gras*, *vernis à l'essence*, et *vernis à l'esprit-de-vin.*

Avant de dissoudre une résine dans une fixe, il faut la rendre *siccative*, c'est-à-dire, qu'il faut lui donner la propriété de sécher facilement. A cet effet on la fait bouillir avec des oxides métalliques. Pour aider la dessication de ce vernis, il est nécessaire d'y ajouter de l'huile de térébenthine.

Les vernis à l'essence sont une dissolution de résine dans l'essence de térébenthine. On applique le vernis, et l'essence se dissipe. on ne les emploie que pour vernir les tableaux.

Lorsqu'on dissout les résines par l'alkool, alors les vernis sont très-siccatifs et sujets à se gercer; mais on y remédie en ajoutant à la composition un peu de térébenthine qui leur donne de l'éclat et du liant.

Pour colorer les vernis on emploie les résines colorées, telles que la gomme-gutte, le sang-dragon, &c.

Pour lustrer les vernis on se sert de la pierre-ponce porphyrisée trempée dans l'eau, on la passe avec un linge; on frotte l'ouvrage avec un drap blanc imbibé d'huile et de tripoli; on essuie ensuite avec des linges doux; et, quand il est sec, on décrasse avec de la poudre d'amidon et on frotte avec la paume de la main.

ARTICLE VI.

Des Fécules.

La fécule ne paroît être qu'une légère altération du mucilage; elle n'en diffère que parce qu'elle est insoluble à l'eau froide, et se précipite dans ce liquide avec une promptitude incroyable. Si on la met dans de l'eau chaude, elle forme un mucilage et en reprend tous les caractères; il paroît que la fécule n'est que le mucilage dépourvu de calorique : en effet, une jeune plante est toute mucilage ; les vieilles ou les fruits faits donnent plus de fécule, les jeunes fournissent plus de mucilage, parce que la chaleur est plus forte dans les jeunes que dans les vieilles, d'après *Hunter*.

Il est peu de plantes qui ne contiennent pas de la fécule : *Parmentier* nous a donné une liste de toutes celles qui lui en ont fourni. (Voyez *ses recherches sur les végétaux nourrissans.*) Mais les semences des graminées, de même que les racines que les botanistes appellent *bulbeuses*, sont celles qui en contiennent le plus.

Pour extraire la fécule il suffit de broyer la plante dans l'eau ; la fécule entraînée par ce liquide se précipite. Nous ne nous occuperons ici que des fécules qui sont employées dans les arts ou la pharmacie : telles sont celles de *brione*, de *pommes de terre*, la *cassave*, le *sagou*, le *salep*, l'*amidon*, &c.

1°. C'est de la racine de *brione* qu'on extrait la fécule qui porte son nom : on enlève l'écorce des racines, on les rape et on les soumet à la presse ; le suc qui découle par expression est coloré par une fécule qui le blanchit et se précipite, on décante le suc et on la fait sécher. Cette fécule est fortement purgative, par rapport à une portion d'extrait qui lui reste unie ; mais on peut lui enlever cette vertu purgative en la lavant soigneusement dans l'eau : si on passe de l'eau sur le marc resté sous la presse, on en extrait une grande quantité, et celle-ci n'est pas purgative, parce que la pression en a fait sortir l'extrait qui jouit de cette vertu. *Baumé* a proposé de substituer cette fécule à l'amidon : on pourroit aussi employer à cet usage celle qu'on peut extraire des racines du Glayeul et de l'Arum.

2°. Ce qui est connu généralement sous le nom de *farine de pomme de terre*, n'est que la fécule de ce fruit, obtenue par des procédés ordinaires et faciles : on écrase ce fruit bien lavé, ayant soin d'en bien déchirer le tissu ; on met cette pulpe sur un tamis et on passe de l'eau dessus qui entraîne la fécule et la laisse déposer dans le fond du vase ; on décante l'eau qui surnage, elle est colorée par l'extrait de la plante et une partie du parenchyme qui y est resté suspendu ; on lave le dépôt à plusieurs reprises, on le met à sécher ; la couleur blanchit à mesure, et la fécule sèche est très-blanche et très-fine.

Comme cette fécule est devenue d'un usage

commun depuis quelque temps, on a fait connoître plusieurs instrumens plus ou moins propres à broyer la pomme de terre : on a proposé des rapes tournant dans des cylindres, des meules armées de pointes de fer, &c.

3°. La *cassave* des Américains s'extrait des racines du manioc : cette plante contient un poison âcre et très-dangereux dont il faut soigneusement la débarrasser. Les Américains prennent la racine fraîche du manioc, la dépouillent de sa peau, la rapent et l'enferment dans un sac de jonc d'un tissu très-lâche qu'ils suspendent à un bâton ; on attache à sa partie inférieure un vaisseau très-pesant, qui sert de contre-poids et exprime la racine, en même temps qu'il en reçoit le suc qui découle ; ce suc est un poison des plus terribles : on met la racine bien épuisée dans les mêmes sacs, et on l'expose à la fumée pour la sécher ; on la passe par un tamis, et c'est alors ce qu'on appelle *cassave*. Pour l'approprier à ses usages et la convertir en aliment, on l'étend sur un fer ou une brique chauds ; et, lorsque la surface qui repose immédiatement sur la brique est d'un jaune roussâtre, on la retourne pour la cuire de l'autre côté : c'est ce qu'on appelle *pain de cassave*.

Le

Le suc exprimé a entraîné avec lui la fécule la plus fine qui se dépose bientôt ; et cette fécule, connue sous le nom de *moussache*, est employée pour faire les pâtisseries.

L'extrait vénéneux, que presque toutes ces racines riches en fécule contiennent, doit engager à apporter le plus grand soin dans la préparation des fécules ; il pourroit, sans une attention scrupuleuse, en résulter les plus terribles événemens. On doit toujours avoir présent à l'esprit dans la préparation de ces substances, que le poison est à côté de l'aliment.

4°. On a approprié encore aux usages domestiques une fécule qu'on tire de la moëlle de plusieurs *palmiers farineux*, et on connoît cette préparation sous le nom de *sagou*. C'est *aux Moluques* que se fait cette préparation : on ne fait servir que la moëlle des palmiers du moyen âge ; les jeunes donnent peu de fécule : on délaie leur moëlle dans l'eau et on laisse précipiter la fécule qui en est extraite, et qui blanchit le liquide ; cette fécule desséchée forme de petits grains qui, étant réduits en poudre et mis dans l'eau tiède, donnent une pulpe ou un mucilage très-nutritif.

Parmentier a proposé de faire du sagou avec les pommes de terre, d'après l'idée où il est que les fécules sont absolument identiques, et que ce principe est un dans la nature : pour cet effet, il propose de délayer peu à peu dans une chopine d'eau chaude ou de lait une cuillerée de fécule de pommes de terre ; on entretient un feu doux sous le poëlon, et on remue sans discontinuer pendant demi-heure : on peut y ajouter du sucre et des aromates tels que la cannelle, l'écorce de citron, le safran, l'eau de fleur d'orange, l'eau rose, &c.

On peut encore préparer le sagou de pommes de terre avec de l'eau de veau, de l'eau de poulet, ou du bouillon ordinaire ; on peut varier cette préparation de mille manières. C'est un aliment très-sain, dont on peut tirer le plus grand parti comme restaurant.

5°. Les bulbes de toutes les espèces d'*orchis* peuvent être employées à faire le *salep* ; il ne s'agit que de leur enlever par la décoction leur principe extractif et faire sécher le résidu, qui, dans cette opération, est devenu transparent.

Pour en procurer la dessication la plus prompte, on les enfile et on les fait sécher à l'air : ou bien on se contente de frotter ces bulbes dans l'eau froide ou chaude, et de les faire sécher au four. Ce dernier procédé a été communiqué par *Jean Moult* au docteur *Perceval.*

Cette fécule pulvérisée et délayée dans l'eau, forme une gelée très-nourrissante.

6°. La fécule est encore un des principes constituans des semences des graminées; et, lorsqu'on les a écrasées et réduites en farine, il suffit de les délayer dans l'eau pour en précipiter la fécule : mais dans les arts on connoît un autre procédé pour se la procurer; il consiste à détruire par la fermentation la partie extractive et le principe glutineux avec lesquels elle est intimement unie; c'est cette science qui forme *l'art de l'amidonnier*. Le procédé de l'amidonnier consiste donc à faire fermenter les gruaux, les recoupettes, la farine de bled gâté, &c. dans de l'eau acide qu'on appelle *eau sûre*. Lorsque la fermentation est achevée, au bout de dix ou quinze jours, on retire la fécule qui s'est précipitée au fond de l'eau; on la met dans des sacs de crin, et on verse dessus de la nouvelle eau qui entraîne la fécule la plus fine; on lave à plusieurs reprises, et on dépouille l'amidon de tout principe étranger.

Les usages de ces fécules sont très-multipliés.

1°. Ce sont des alimens très-sains, et en eux

réside une bonne partie de la vertu nutritive des graminées; celles que l'homme s'est appropriées pour sa nourriture en contiennent beaucoup. Ces fécules délayées dans l'eau chaude forment une gelée très-nourrissante: on peut voir dans l'ouvrage de *Parmentier* que c'est réellement le véritable aliment qui nous convient. Quelques-unes même sont uniquement consacrées à cet usage, telle que la Cassave.

Dans les pays septentrionaux, les *lichens* forment presque la seule nourriture de l'homme et des animaux qui ne sont pas carnivores; et ces lichens, suivant les expériences de l'académie de Stockholm, donnent par la simple mouture un excellent amidon : les Rennes, les Cerfs et les autres bêtes fauves du nord de l'Europe se nourrissent du *lichen rangiferinus*. Les Islandois font un gruau très-délicat avec la fécule du *lichen Islandicus*.

2°. En faisant bouillir l'amidon dans l'eau et le colorant avec un peu d'azur, on forme l'*empois* dont on se sert pour donner au linge du lustre, de la roideur, de la force et un coup-d'œil agréable.

3°. On fait encore servir les fécules à poudrer nos têtes; et cet usage, qui en entraîne une prodigieuse consommation, pourroit être rempli par de l'amidon fait avec des plantes moins précieuses que les graminées; alors les objets de luxe ne le disputeroient plus à nos premiers besoins.

ARTICLE VII.

Du Gluten.

C'est sur-tout dans l'analyse des graminées qu'on a trouvé le principe glutineux que des propriétés analogues à celles des substances animales ont fait nommer *matière végéto-animale* par quelques chymistes. C'est à *Beccari* que nous devons la découverte de cette substance; et, depuis lui, on a enrichi l'analyse des farines de plusieurs faits importans.

Pour faire l'analyse d'une farine, on a employé des procédés simples et incapables de décomposer ni de dénaturer un seul des principes constituans : on forme une pâte avec de la farine et de l'eau, on malaxe cette pâte sous l'eau, et on la pétrit dans les mains jusqu'à ce qu'elle ne trouble plus l'eau; il reste alors une matière tenace, ductile et très-élastique, qui devient de plus en plus gluante à mesure que l'eau qui l'imprègne s'évapore. Dans cette même opération la fécule s'est précipitée au fond de l'eau, tandis que la matière extractive, sucrée et albumineuse s'est dissoute et peut s'obtenir par l'évaporation du liquide.

Si on tire en sens contraire la matière glutineuse, elle s'alonge et revient à son premier état dès qu'on l'abandonne à elle-même; elle forme une membrane très-mince, transparente, et qui présente à l'œil un rézeau qui imite le tissu des membranes des animaux.

Beccari a observé que les proportions de la matière glutineuse varioient prodigieusement dans les diverses semences des graminées: celles du froment en contiennent le plus: on ne l'a jamais trouvée dans les plantes potagères qui servent à notre nourriture. La matière glutineuse varie aussi dans le même grain, selon la nature du terrein où il a végété: les lieux humides n'en donnent presque point.

La matière glutineuse exhale une odeur séminale très-caractérisée; la saveur en est fade; elle se gonfle sur les charbons, se dessèche très-bien à un air sec et à une chaleur douce; alors elle devient semblable à de la colle forte, elle casse net comme cette substance: si dans cet état on la met sur les charbons ardens, elle s'agite et brûle à la manière des substances animales: à la distillation elle fournit du carbonate d'ammoniaque.

Le gluten frais exposé à l'air s'y pourrit avec facilité ; et, lorsqu'il retient un peu d'amidon, ce dernier passe à la fermentation acide et retarde la putréfaction du gluten ; de sorte qu'il en résulte un état voisin de celui du fromage.

L'eau n'attaque point la partie glutineuse ; si on la fait bouillir avec ce fluide, elle perd son extensibilité et sa vertu collante : c'est d'autant plus surprenant, que c'est ce liquide lui-même qui lui avoit développé ces propriétés, puisque dans la farine ce principe est sans cohérence, et qu'en le privant d'eau par la dessication, on lui enlève sa propriété élastique et sa qualité collante.

Les alkalis la dissolvent à l'aide de l'ébullition : cette dissolution est trouble, et dépose du gluten non élastique par l'addition des acides.

L'acide nitrique dissout le gluten avec activité : cet acide en dégage d'abord du gaz nitrogène, comme des substances animales ; il s'échappe ensuite du gaz nitreux, et le résidu rapproché donne des crystaux d'acide oxalique.

Les acides sulfurique et muriatique le dissolvent aussi. *Poulletier* a observé qu'on pouvoit retirer des sels à base d'ammoniaque de ces combinaisons dissoutes dans l'eau ou l'alkool, et évaporées à l'air libre.

Si on fait dissoudre le gluten dans les acides végétaux à plusieurs reprises, et qu'on l'en précipite par les alkalis, on le ramène à l'état de fécule : suivant *Macquer,* si on distille à une chaleur douce du vinaigre sur cette substance, on la ramène à l'état de mucilage.

Cette substance a donc un caractère d'animalité très-décidé. C'est à ce gluten que la farine de froment doit la propriété de faire une bonne pâte avec l'eau et la facilité avec laquelle elle *lève. Rouelle* a trouvé une substance glutineuse analogne à celle-là, dans les fécules vertes des plantes qui donnent à l'analyse de l'ammoniaque et de l'huile empyreumatique : le suc exprimé des plantes herbacées lui en a fourni ; tel est celui de la bourrache, celui de la cigüe, celui de l'oseille, &c.

Le gluten se détruit quelquefois par la fermentation des farines, et alors elles n'ont plus les mêmes qualités bienfaisantes, parce qu'elles ne peuvent plus lever et former un bon pain.

La farine est donc composée de trois principes : l'un amilacé, l'autre sucré, et l'autre animal. Lorsque, par une division convenable, ces principes sont mélangés, et qu'on en facilite la fermentation par les moyens connus, chacun de ces principes susceptible d'une fermentation différente, se décompose à sa manière : le principe sucré éprouve la fermentation spiritueuse ; le glutineux, la putréfaction animale ; l'amilacé, la fermentation acide : de sorte qu'on peut considérer la fermentation panaire comme la réunion des trois différentes. Mais lorsque les premiers phénomènes de la fermentation se sont bien développés, et que déjà les principes bien mélangés, bien assimilés, sont dénaturés, alors on arrête la fermentation par la cuisson, et le pain devient plus léger par ces opérations préliminaires.

Comme la bonté des farines paroît dépendre de la proportion du principe glutineux, il seroit possible de donner à toutes les mêmes qualités en leur fournissant le *gluten* qui leur manque ; et on pourroit le tirer, pour cet effet, des substances animales.

L'art de faire le pain ne fut connu à Rome que vers l'an 585 : les armées romaines, au retour de Macédoine, amenèrent des boulangers grecs en Italie. Avant ce temps, on ne mangeoit à Rome que de la bouillie ; ce qui, au rapport de *Pline*, faisoit appeller les Romains des *mangeurs de bouillie*. Voyez *Aubry*.

ARTICLE VIII.

Du Sucre.

Le sucre est encore un principe constituant du végétal, assez répandu dans un assez grand nombre de végetaux : l'*érable*, le *bouleau*, le *froment*, le *bled de Turquie* en fournissent. *Margraaf* en a retiré des racines de *poirée*, de *betterave*, de *chervi*, de *panais*, de même que des *raisins secs*. Le procédé de ce chymiste consiste à faire digérer ces racines rapées et très-divisées dans de l'alkool: cette liqueur dissout le sucre, et l'enlève à l'extrait qui se précipite.

Dans le Canada, on extrait le sucre de l'*érable* (*Acer montanum candidum*), par des entailles qu'on fait dans le corps ligneux de l'arbre lui-même. On met au commencement du printemps, à l'approche de la nuit, de la neige au pied de l'arbre, pour faire couler le sucre par les ouvertures qu'on a pratiquées. Deux cents livres produisent par l'évaporation quinze livres de sucre brunâtre.

Les Indiens retirent aussi du sucre de la moëlle du *bambou* : il suinte même naturellement des tiges de bambou une liqueur qui n'est qu'un mélange de sucre et d'extrait.

Mais le sucre dont on fait un si grand usage est fourni par la *canne à sucre* (*arundo saccharifera*) qu'on élève dans l'Amérique méridionale : lorsque cette tige est mûre, on la coupe et on l'écrase, en la faisant passer entre des cylindres de fer placés perpendiculairement et mus par l'eau ou par des animaux ; le suc qui coule par cette forte expression est reçu dans une table creuse placée sous les cylindres ; c'est ce suc qu'on nomme *vezou* ; et la canne ainsi desséchée, est connue sous le nom de *bagasse*. Le vezou est plus ou moins sucré suivant le terrain où a végété la canne et la constitution qui a régné : il est aqueux lorsque le terrain ou le temps ont été humides ; il est gluant dans les circonstances contraires.

Le vezou est porté dans des chaudières, où on le fait bouillir avec une lessive de cendres rendue caustique par la chaux : on écume soigneusement ; et lorsque la dissolution est bien rapprochée, on l'appelle alors *sirop*. On fait encore bouillir ce sirop avec de la chaux et de l'alun ; lorsque le sirop est suffisamment cuit, il est versé dans une bassine appellée *rafraîchissoir* ; là, on le remue avec une spatule de bois, et, lorsqu'il se forme une croûte à la surface, on la brise. On verse ensuite le tout dans des baquets de bois pour hâter le refroidissement : on le coule encore tiède dans des barriques posées perpendiculairement au-dessus d'une cîterne et percées à leur fond de plusieurs trous bouchés avec des cannes ; le sirop qui ne s'est pas condensé se filtre par les cannes et tombe dans la cîterne. Ce qui reste dans les barriques, après que le sirop s'est écoulé, se nomme *sucre* brut ou *moscouade*. Ce sucre est jaune et gras : on le purifie dans les isles de la manière suivante : on le cuit en sirop ; on le verse dans des formes coniques de terre percées à leur sommet d'un petit trou qu'on tient bouché ; chaque cône renversé sur sa pointe est reçu dans un pot de terre qui l'assujettit ; on remue le sirop contenu dans les cônes et on laisse crystalliser. Au bout de quinze à seize heures on débouche la pointe des cônes pour laisser couler le *gros sirop ;* on enlève la base de ces pains de sucre ; on remet en place du sucre blanc pulvérisé, et on recouvre le tout d'une couche d'argille délayée dans l'eau ; cette eau s'infiltre à travers, entraîne le sirop qui est mêlé avec le sucre, et coule dans un pot qu'on a substitué au premier ; c'est alors ce qu'on appelle *sirop fin*. On a soin de rafraîchir et de ramollir la terre lorsqu'elle se déssèche. On enlève ensuite ces pains de sucre; on les meta sécher dans une étuve où ils passent huit à dix jours, après quoi on les réduit en poudre pour en faire des *cassonades*, qu'on expédie en Europe pour y être purifiées encore.

Le travail de nos raffineries consiste à dissoudre la cassonade dans de l'eau chargée de chaux; on y ajoute du sang de bœuf pour aider la clarification; et quand la liqueur commence à bouillir on diminue la chaleur et on enlève soigneusement les écumes; on la rapproche ensuite par un feu très-vif, et, comme elle se gonfle, on y jette un peu de beurre pour modérer ce mouvement. Lorsque la cuisson est parfaite on éteint le feu, et on verse la liqueur dans des formes où on l'agite pour mêler avec le sirop le grain qui se forme. Lorsque le tout est refroidi on débouche les formes, on recouvre les pains d'une couche d'argille détrempée, et on renouvelle cette couche jusqu'à ce que le sucre soit bien dégagé de son sirop; les pains étant sortis des formes, on les porte dans une étuve qu'on chauffe par degrés juqu'au cinquantième degré de *Réaumur;* ils restent dans cette étuve huit jours, après quoi on les enveloppe avec du papier bleu.

La chaux et les alkalis employés à la purification du sucre servent sur-tout à prévenir la dégénération acide qui s'opposeroit à la crystallisation du sucre.

Les divers sirops traités par les moyens indiqués fournissent des sucres de moindre qualité : les dernières portions qui ne fournissent plus de grain se vendent sous le nom de *mélasse :* les Espagnols achètent la mélasse de nos raffineries pour sucrer leurs confitures.

Une dissolution de sucre beaucoup moins rapprochée que celle dont nous venons de parler laisse précipiter, par le repos, des crystaux qui affectent la forme de prismes tétraèdres, terminés par des sommets dihèdres; c'est ce qu'on appelle *sucre candi.*

Le sucre est très-soluble dans l'eau, il se boursouffle au feu, noircit et exhale une odeur particulière connue sous le nom d'*odeur de caramel.*

Le sucre est très-employé dans les usages domestiques : il fait la base des sirops, et est servi sur nos tables pour masquer l'aigreur des fruits et des sucs; il corrige l'amertume du café, et sert de base à une foule de préparations pharmaceutiques.

Le sucre est un aliment excellent : c'est par une suite d'un vieux préjugé qu'on s'imagine qu'il donne des vers aux enfans.

Il y a quelques années que le célèbre *Bergmann* nous a appris à extraire du sucre un acide particulier, en combinant l'oxigène de l'acide nitrique avec un de ses principes constituans. La découverte de l'acide de sucre a été consignée dans une thèse soutenue à Upsal, le 13 juin 1776, par *Arvidson*, sous la présidence de *Bergmann*.

Pour faire l'acide du sucre ou *acide oxalique*, on met neuf parties d'acide nitrique avec une de sucre dans une cornue, on chauffe légèrement pour aider l'action de l'acide, il se décompose rapidement sur le sucre, il se dégage une quantité considérable de gaz nitreux; et, lorsque cette décomposition est achevée, on soutient la distillation au bain de sable jusqu'à ce que le résidu soit assez rapproché; alors on laisse refroidir: il se forme dans la liqueur des crystaux qu'on peut séparer, et qui affectent la forme d'un prisme tétraèdre terminé par un sommet dihèdre. En rapprochant de nouveau le liquide dans lequel cet acide a crystallisé, on peut en obtenir encore. Ces divers crystaux sont dissous de nouveau dans l'eau, et évaporés pour être purifiés de tout l'acide nitrique qu'ils contiennent. On avoit cru d'abord que c'étoit une modification de l'acide nitrique, et *Bergmann* a été forcé d'entrer dans les plus grands détails pour lever tout doute à ce sujet; mais les connoissances qu'on a aujourd'hui des principes constituans de l'acide nitrique, et les phénomènes multipliés de ce genre qu'il nous présente lorsqu'on le fait agir sur plusieurs corps, nous dispensent de revenir sur cet objet.

L'eau froide dissout moitié de son poids de cet acide, et l'eau bouillante en prend parties égales.

Cet acide combiné avec la potasse forme un sel en crystaux prismatiques, hexaèdres, applatis, rhomboïdaux, terminés par un sommet dihèdre. Pour que la crystallisation ait lieu, il faut que l'un des principes soit en excès. Ce sel est très-soluble dans l'eau.

Le même acide forme, avec la soude, un sel qu'il est bien difficile d'emmener à crystallisation, et qui verdit le sirop de violettes.

Cet acide versé sur de l'ammoniaque fournit, par une légère évaporation, de superbes crystaux prismatiques tétraèdres, terminés par un sommet dihèdre, dont une des faces est plus grande et occupe trois angles de l'extrémité. (Voyez *mes Mémoires de Chymie.*) Ce sel est très-avantageux dans l'analyse des

eaux

eaux minérales, il développe dans le moment la présence d'un sel à base de chaux, parce que l'oxalate de chaux est insoluble dans l'eau.

Cet acide attaque et dissout la plupart des métaux, mais il a plus d'action sur les oxides que sur les métaux eux-mêmes, et il enlève les oxides à leurs premiers dissolvans : c'est ainsi qu'il précipite le fer de la dissolution de sulfate de fer en une substance du plus beau jaune, dont on peut tirer parti dans la peinture.

Il précipite le cuivre en une poudre blanche, qui se colore en un beau verd clair par la dessication.

Le zinc est précipité en blanc.

Cet acide précipite encore le mercure et l'argent, mais ce n'est qu'après quelques heures de repos.

On peut voir, dans le Mémoire de *Bergmann*, des détails sur la combinaison de cet acide avec les diverses bases.

On peut extraire cet acide, par le moyen de l'acide nitrique, de plusieurs substances végétales, telles que les gommes, le miel, l'amidon, le gluten, l'alkool, &c. et de plusieurs substances animales, d'après la découverte de *Berthollet*, telles que la soie, la laine, la lymphe.

Morveau, qui a fait un très-beau travail

sur l'acide du sucre, a prouvé que tout le sucre n'entroit pas dans la confection de l'acide, mais seulement un de ses principes; et il prétend que c'est une huile atténuée qui se trouve dans plusieurs corps.

Comme d'après les expériences de *Scheele*, *Westrumb*, *Hermstadt*, &c. l'acide du sel d'oseille ne diffère pas du tout de celui du sucre, on les a confondus sous la même dénomination; et ce qui est connu dans le commerce sous le nom de *sel d'oseille*, est un *oxalate acidule de potasse.*

Ce sel d'oseille est préparé en Suisse, au Hartz, dans les forêts de Thuringe, &c. On le tire du suc de l'oseille qu'on appelle *alleluya.* *Junker*, *Boërhaave*, *Margraaf*, &c. nous ont décrit le procédé usité pour l'extraire : on exprime le suc de l'oseille, on le filtre, on l'étend avec de l'eau, on évapore jusqu'à consistance de crême, on le recouvre d'huile pour empêcher la fermentation, et on l'abandonne à la cave pendant six mois.

Suivant *Savary*, cinquante livres de cette plante fournissent vingt-cinq livres de suc, qui ne donnent que deux onces et demi de sel. Six parties d'eau bouillante en dissolvent une de ce sel. Il paroît crystalliser en parallélipipèdes très-alongés, selon *Romé de Lisle.*

Nous devons à *Baunach* des renseignemens précis sur le procédé usité dans la Suabe pour extraire le sel d'oseille du *rumex acetosa foliis sagittatis.* LINNÉ. On extrait le sucre de cette plante qu'on clarifie par le moyen de l'argille ; on le rapproche dans des chaudières et on fait crystalliser. Outre le sel d'oseille, ce suc contient du sulfate et du muriate de potasse.

Margraaf avoit observé que l'acide nitrique digéré sur le sel d'oseille donnoit du nitre.

La terre calcaire a la propriété d'en dégager l'alkali ; et, dans cette opération, l'acide carbonique de la craie s'unit à l'akali du sel et forme un carbonate de potasse.

Ls sel d'oseille s'unit aux bases sans céder la sienne ; de sorte qu'il en résulte des sels à trois parties. Voyez l'*Encyclopédie méthodique, tome 1, pages 200 et 201.*

On peut obtenir l'acide oxalique pur par la distillation, comme l'indique *Savary ;* ou bien en s'emparant de l'alkali par l'acide sulfurique et distillant pour dégager cet acide, comme le propose *Wiégleb ;* ou bien encore, et ceci est indiqué par *Scheele*, en saturant cet acide en excès par l'ammoniaque, et versant dans la dissolution du nitrate de barite ;

l'acide nitrique s'empare des deux alkalis; l'acide oxalique s'unit à la barite et se précipite : on s'empare ensuite de la barite par l'acide sulfurique, et l'acide oxalique reste à nud.

Scheele a encore proposé un autre moyen pour obtenir l'acide oxalique pur; il consiste à dissoudre le sel dans l'eau et à y verser du sel de saturne; il s'y forme un précipité, la liqueur qui surnage contient l'alkali du sel d'oseille uni à une portion de vinaigre; on lave le précipité, et on y verse de l'acide sulfurique qui s'unit au plomb; on filtre, on évapore et on obtient l'acide oxalique en crystaux prismatiques semblables à ceux de l'acide du sucre.

Scheele a prouvé l'identité de l'acide du sel d'oseille avec celui qu'on extrait du sucre; à cet effet, il fit dissoudre dans l'eau froide de l'acide du sucre jusqu'à saturation, il y versa peu à peu de la dissolution bien saturée de potasse; durant l'effervescence, il vit se former de petits crystaux transparens qui se trouvèrent être un vrai sel d'oseille.

Hoffmann a prouvé que le suc et les crystaux du *berberis vulgaris* contiennent l'acide oxalique combiné avec la potasse.

Et le célèbre *Scheele* a démontré que la

terre de la rhubarbe étoit une combinaison de l'acide oxalique avec la chaux.

ARTICLE IX.

De l'Acide végétal.

On a regardé pendant long-temps les acides végétaux comme plus foibles que les autres; et l'on a été dans cette opinion jusqu'à ce qu'on ait observé que l'acide oxalique pouvoit enlever la chaux à l'acide sulfurique : les principaux caractères qui pourroient établir une ligne de démarcation entre les acides végétaux et les autres, sont, 1°. leur volatilité, il n'en est point qui ne se dissipe à une chaleur médiocre; 2°. leur propriété de laisser après la combustion un résidu charbonneux, et d'exhaler en brûlant une odeur empyreumatique; 3°. la nature de leur base acidifiable qui est en général huileuse et composée d'hydrogène et de carbone.

Mais les acides végétaux sont-ils de nature identique? Et ne peut-on pas les considérer comme des modifications d'un seul et même acide?

Si l'on part du même principe que le célèbre *Monro*, qui ne regarde comme identique que les acides qui forment exactement les mêmes sels avec la même base (*Trans. philos. vol. 57, page 479*), il n'est pas douteux que tous les acides connus doivent être considérés comme des êtres très-différens entre eux ; mais il me paroît que cette manière de procéder est vicieuse, puisque dans ce cas les divers degrés de saturation d'un même principe par l'oxigène établiroient diverses espèces d'acides. La combustion lente ou rapide du phosphore, apporte dans l'acide des modifications suffisantes pour donner des sels neutres phosphoriques différens, d'après les expériences de *Sage* et *Lavoisier*: doit-on pour cela établir deux espèces d'acide phosphorique? En suivant la méthode de *Monro*, qui est celle de presque tous les chymistes, on peut multiplier à l'infini les acides végétaux : mais en rapprochant les expériences de *Hermstadt*, *Crell*, *Scheele*, *Westrumb*, *Berthollet*, *Lavoisier*, &c. on peut voir que les acides végétaux ne sont que la modification d'un seul qui ne varie que par les proportions dans l'hydrogène et le carbone qui en sont le radical.

1°. *Scheele* a obtenu du vinaigre en traitant le sucre et la gomme avec le manganèse et l'acide nitrique : il a observé que le tartre se comportoit comme le sucre dans la dissolution du manganèse par l'acide nitrique, et qu'on trouvoit du vinaigre après la décomposition des éthers.

2°. *Crell*, en faisant bouillir le résidu d'alkool nitrique (esprit de nitre dulcifié), avec beaucoup d'acide nitrique, en ayant soin d'adapter des vaisseaux pour en concentrer la vapeur, a saturé avec de l'alkali ce qui a passé dans le récipient, et a obtenu du nitrate et de l'acétite de potasse : en séparant ce dernier par l'alkool, on peut en retirer du vinaigre par le procédé ordinaire.

3°. Le même chymiste, en faisant bouillir l'acide oxalique pur avec douze à quatorze parties d'acide nitrique, a observé que le premier acide disparoît, et qu'on trouve dans le récipient de l'acide nitreux, de l'acide acéteux, de l'acide carbonique, du gaz oxigène, &c. et dans la cornue, de l'acide sulfurique concentré.

4°. En saturant le résidu de l'alkool nitrique, avec la craie, on obtient un sel insoluble qui, traité avec l'acide sulfurique, donne un vrai acide tartareux.

5°. En faisant bouillir une partie d'acide oxalique et une partie et demie de manganèse avec suffisante quantité d'acide nitrique, le manganèse est presque entièrement dissous, et il passe dans le ballon du vinaigre et de l'acide nitreux.

6°. En faisant bouillir de l'acide tartareux et du manganèse avec de l'acide sulfurique, le manganèse se dissout, et on trouve du vinaigre et de l'acide sulfurique.

7°. En faisant digérer, pendant quelques mois, de l'acide tartareux et de l'alkool, tout se change en vinaigre, et l'air des vaisseaux n'est plus qu'un mélange d'acide carbonique et de gaz nitrogène.

Crell conclut de ces faits que les acides tartareux, oxalique et acéteux, ne sont que des modifications d'un même acide.

On peut lire dans le Journal de physique, septembre 1787, un Mémoire de *Hermstadt*, sur la conversion des acides oxaliques et tartareux en acide acéteux.

1°. En faisant passer l'acide muriatique oxigéné à travers l'alkool bien pur, il se produit de l'éther, et l'acide muriatique oxigéné reprend son caractère d'acide ordinaire : l'éther distillé fournit ensuite, 1°. de l'éther, 2°. de l'alkool muriatique, 3°. du vinaigre mêlé avec l'acide muriatique régénéré.

2°. L'acide nitrique distillé plusieurs fois de suite sur les acides oxalique et tartareux, les convertit totalement en acide acéteux.

3°. Deux parties d'acide oxalique, trois parties d'acide sulfurique, et quatre de manganèse, mêlées avec une partie et demie d'eau, et distillées ensemble, donnent de l'acide acéteux qui a besoin d'être recohobé et redistillé pour être bien pur.

4°. Si l'on fait bouillir de l'acide sulfurique sur l'acide oxalique ou sur le tartareux, ces deux derniers ne sont pas détruits, comme l'a cru *Bergmann*, mais ils sont convertis en acide acéteux. Il est prouvé, par les expériences de *Hermstadt*, que l'acide sulphureux qui passe dans le récipient lors de la préparation de l'éther, est mêlé de beaucoup d'acide acéteux.

Il paroît donc démontré que les acides tartareux, oxalique et acéteux, ne diffèrent que par la proportion de l'oxigène : dans les expériences ci-dessus les acides minéraux se décomposent toujours, et en saturant le radical de leur oxigène, ils forment constamment de l'acide acéteux. Si la saturation n'est pas exacte, il en résulte un acide oxalique ou tartareux ; c'est ce qui est encore prouvé par une belle expérience de *Hermstadt :* si l'on met trois parties d'acide nitrique fumant dans une cornue tubulée, qu'on y adapte l'appareil des gaz pour retenir les produits de l'opération, et qu'on verse peu à peu sur l'acide nitrique une partie de bon alkool, à chaque goutte qui tombera sur l'acide le mélange s'échauffera, et il passera dans le flacon une grande quantité de bulles; l'opération finie, si on a eu soin de rassembler les gaz on les trouvera composés de gaz nitreux, d'un peu d'acide carbonique et d'environ un douzième d'air acide acéteux de *Priestley;* le résidu fournit de l'acide oxalique et de l'acide acéteux. L'acide oxalique disparoît si on continue l'opération, il se forme de l'éther, et l'acide acéteux persiste et augmente.

Hermstadt est encore parvenu à convertir en acides oxalique, tartareux et acéteux, l'acide des tamarins, le citrique, le marc du raisin, le jus de prunes, ceux de pommes, de poires, de groseilles, d'épine-vinette, d'oseille et autres.

Il paroît, d'après toutes ces expériences, que l'oxigène combiné avec l'hydrogèue et le carbone, forme l'acide oxalique; et que la saturation plus exacte de ces principes par l'oxigène forme l'acide tartareux et l'acéteux.

Il paroît que les acides végétaux peuvent être considérés sous deux points de vue très-différens : la plupart existent dans la plante, mais leurs propriétés et leurs caractères acides y sont masqués par leur combinaison avec d'autres principes, tels que les huiles, les terres, les alkalis, &c. D'un autre côté, on extrait, de certains végétaux, plusieurs acides qui n'y existent point en nature : dans ce cas, la plante ne contient que le radical, et le réactif dont on se sert pour la traiter fournit l'oxigène.

La simple distillation de la plupart des végétaux suffit pour développer un acide qui étoit masqué par des substances huileuses, alkalines ou terreuses.

1°. *Acide pyro-muqueux.* Tous les végétaux contenant un suc sucré donnent à la distillation un acide particulier, connu sous le nom d'*acide pyro-muqueux.*

Pour préparer cet acide, on met dans une cornue la quantité de sucre sur laquelle on veut opérer ; on a soin de prendre une cornue très-ample, parce que la matière se boursouffle, et on y adapte un récipient d'une assez grande capacité pour pouvoir condenser les vapeurs : il se dégage, à la première impression du feu, une quantité étonnante d'acide carbonique et de gaz hydrogène ; il reste dans le récipient une liqueur brune dont la plus grande partie est un acide foible, rougissant le papier bleu, et coloré par une portion d'huile : on trouve dans la cornue un charbon spongieux. *Schrickel* a recommandé de rectifier sur de l'argille le produit de la première distillation, afin de purifier l'acide : *Morveau* l'a redistillé sans intermède; l'acide qu'il a obtenu n'avoit qu'une légère teinte jaune; la pesanteur spécifique étoit de 10,115, le thermomètre marquant 20 degrés.

Cet acide s'élevant à la même température que l'eau, il n'est guère possible de le concentrer par la distillation, mais on y parvient par la gelée : c'est de cette manière que *Schrickel* a préparé l'acide dont il s'est servi pour en essayer les combinaisons.

Cet acide existe dans tous les corps susceptibles de passer à la fermentation spiritueuse, tandis qu'ils ne contiennent que le radical de l'acide oxalique. L'acide pyro-muqueux est combiné dans le végétal avec des huiles, et y est à l'état savonneux.

Cet acide concentré a une saveur très-piquante; il rougit fortement les couleurs bleues végétales : si on l'expose au feu dans des vaisseaux ouverts, il se volatilise et ne laisse qu'une tache brune; si on le calcine dans des vaisseaux clos, il laisse un résidu plus considérable, de la nature du charbon de sucre.

Cet acide attaque promptement les carbonates terreux et alkalins, et forme des sels différens des oxalates : suivant *Schrickel* cet acide dissout l'or; il dit avoir fait l'expérience en présence de *Fred. Aug. Cartheuser*. *Lemery* a prétendu que l'esprit du miel rectifié avoit cette propriété : cette opinion est encore établie dans les ouvrages de *Depré*, d'*Ettmuller*, *&c.* *Neumann* s'étoit élevé contre cette assertion; et les expériences de *Morveau* confirment celles de ce dernier.

L'argent n'est pas attaqué par cet acide, mais le mercure l'est à l'aide d'une longue digestion. Voyez *Morveau*.

Cet acide corrode le plomb et forme un sel à crystaux alongés très-styptiques; il donne avec le cuivre une dissolution verte, il dissout l'étain en partie, et forme des crystaux verts avec le fer.

2°. *Acide pyro-ligneux.* On donne le nom d'*acide pyro-ligneux* à l'acide qu'on retire du bois par la distillation : on savoit depuis long-temps que les bois les plus durs donnoient un principe acide mêlé avec une portion d'huile qui en masquoit les propriétés en partie; mais personne ne s'étoit occupé de déterminer les qualités particulières de cet acide, lorsque *Goettling* publia (*dans le recueil de Crell, en 1779*,) une suite de recherches sur l'acide du bois et sur l'éther qu'on peut en former.

Morveau, pour obtenir cet acide, distille dans une cornue de fer, au fourneau de réverbère, de petits morceaux de hêtre bien secs; il change de récipient lorsque l'huile commence à monter, et rectifie le produit par une seconde distillation. Cinquante-cinq onces de copeaux bien secs ont donné dix-sept onces d'acide rectifié, nullement empyreumatique, dont la pesanteur spécifique étoit à celle de l'eau distillée : : 49 : 48.

Cet acide rougit fortement les couleurs bleues végétales. Une once a pris vingt-trois onces et demie d'eau de chaux pour sa saturation complète.

Il soutient assez bien le feu lorsqu'il est engagé dans une base alkaline; mais, à un feu très-fort, il brûle comme tous les acides végétaux.

Il ne précipite point en noir les dissolutions martiales.

Cet acide s'unit aux alkalis, aux terres et aux métaux; il ne cède même pas la chaux et la barite pour se combiner avec les alkalis caustiques.

L'action de l'acide pyro-ligneux sur les substances métalliques et sur l'alumine, peut être comparée à celle de l'acide acéteux, et paroît suivre le même ordre.

Cet acide dissout près de deux fois son poids d'oxide de plomb.

3°. *Acide citrique.* L'acide du citron est à nud dans le fruit ; il manifeste ses propriétés aigres sans aucune préparation : néanmoins cet acide est toujours mêlé avec un principe mucilagineux, susceptible de s'altérer par la fermentation. *Georgius* a annoncé (*dans les mémoires de Stokholm, pour l'année 1774*) un procédé pour purifier cet acide de cet excès de mucilage sans en altérer les propriétés : il remplit une bouteille de ce jus de citron, il la bouche avec du liége et la conserve à la cave ; l'acide s'est conservé quatre ans sans se corrompre ; les parties mucilagineuses s'étoient précipitées en flocons, et il s'étoit formé sous le bouchon une croûte solide ; l'acide étoit devenu aussi limpide que de l'eau. Pour déphlegmer l'acide il l'expose à la gelée : il observe que le froid ne soit pas trop fort, car alors tout se prendroit en une seule masse ; et, quoique l'acide dégelât le premier, cela entraîneroit toujours quelque inconvénient. Pour le concentrer avec plus d'avantage, on peut séparer les glaçons à mesure qu'ils se forment; les premiers sont doux, les derniers ont un peu de saveur aigre; par ce moyen on réduit la liqueur à moitié. Cet acide ainsi concentré est huit fois plus fort; il n'en faut que deux gros pour saturer un gros de potasse.

L'acide citrique ainsi purifié et concentré, se conserve pendant plusieurs années dans une bouteille; et il sert pour tous les usages, même pour en faire de la limonade.

Les personnes qui ont essayé les combinaisons de l'acide citrique, n'ont employé que cet acide embarrassé de son principe mucilagineux : tel est le résultat des expériences de *Wenzell*, qui n'a obtenu que des produits gommeux. Mais *Morveau* ayant saturé cet acide purifié avec des crystaux de potasse, a trouvé au bout de quelque temps un sel non déliquescent.

Les combinaisons de cet acide sont peu connues.

4°. *Acide malique.* L'acide malique a été annoncé, en 1785, par *Scheele*, et publié dans les Annales de *Crell* : pour l'obtenir, on sature le jus de pomme avec l'alkali, on y verse ensuite

ensuite de la dissolution acéteuse de plomb, jusqu'à ce qu'elle n'occasionne plus de précipité; on édulcore le précipité, on verse dessus de l'acide sulfurique affoibli, jusqu'à ce que la liqueur prenne une saveur acide, franche, sans mélange de doux; on filtre le tout pour séparer l'acide du sulfate de plomb; cet acide est très-pur, il est toujours en liqueur, et ne peut pas être mis à l'état concret.

Il s'unit aux trois alkalis, et forme avec eux des sels neutres déliquescens. Saturé de chaux il donne de petits crystaux irréguliers, qui ne sont solubles que dans l'eau bouillante; il se comporte avec la barite comme avec la chaux.

Il forme avec l'alumine un sel neutre peu soluble dans l'eau; et, avec la magnésie, un sel déliquescent.

Il diffère de l'acide citrique: 1°. en ce que l'acide citrique, saturé de chaux et précipité par l'acide sulfurique, crystallise; celui-ci est incrystallisable: l'acide malique traité avec l'acide nitrique, donne de l'acide oxalique; l'acide citrique n'en donne point. 2°. Le citrate de chaux est presque insoluble dans l'eau bouillante; le malate de chaux est plus soluble. 3°. L'acide malique précipite les dissolutions de nitrate de plomb, de mercure et d'argent ; l'acide citrique n'y produit aucun changement. 4°. Si l'on fait bouillir un instant les dissolutions de nitrate d'ammoniaque et de malate de chaux, ce dernier sel est décomposé et il se précipite du nitrate de chaux; ce qui prouve que l'affinité de l'acide malique avec la chaux est plus foible que celle de l'acide citrique.

Le célèbre *Scheele* qui a fait connoître cet acide, a présenté le tableau suivant des fruits qui le fournissent pur ou mêlé avec d'autres acides.

Les sucs exprimés des fruits,

De l'épine-vinette. *Berberis vulgaris.* Du sureau. *Sambucus nigra.* Du prunier épineux. *Prunus spinosa.* Du sorbier des oiseleurs. *Sorbus aucup.* Du prunier des jardins. *Prunus domestic.*	Fournissent beaucoup d'acide malique, et peu ou point d'acide citrique.

Du grosellier à fruits velus. *Ribes grossularia.* Du grosellier rouge. *Ribes rubrum.* De l'airelle mirtille. *Vaccinium mirtillus.* De l'alisier commun. *Cratœgus aria.* Du cerisier. *Prunus cerasus.* Du fraisier. *Fagaria vesca.* De la ronce sans épine. *Rubus chamemorus.* Du framboisier. *Rubus idœus.*	Paroissent contenir moitié de l'un et moitié de l'autre.
De l'airelle canneberge. *Vaccinium oxycacos.* De l'airelle à fruits rouges. *Vaccinium vitis idœa.* Du mérisier à grappe. *Prunus padus.* De la douce amère. *Solanum dulcamara.* De l'églantier. *Cynosbatos.* Du citronnier.	Beaucoup d'acide citrique, peu ou point de malique.

Suivant le même chymiste, le jus des raisins verds, ainsi que celui du tamarin, ne contiennent que l'acide citrique.

Scheele a aussi démontré l'acide malique dans le sucre : si on verse de l'acide nitrique affoibli sur du sucre, et qu'on distille jusqu'à ce que le mélange commence à tourner au brun, on précipitera tout l'acide oxalique par l'addition de l'eau de chaux, et il restera un autre acide que l'eau de chaux ne précipite point : pour obtenir cet acide pur, on sature la liqueur par la craie, on la filtre, on y ajoute de l'alkool qui y occasionne un coagulé; ce coagulé bien lavé dans l'alkool est redissout dans l'eau distillée; on décompose le malate de chaux par l'acétite de plomb, et on dégage enfin l'acide malique par l'acide sulfurique; l'alkool évaporé laisse une substance plutôt amère que douce qui est déliquescente, et ressemble à la matière savonneuse du jus de citron; si on distille dessus un peu d'acide nitrique, on en obtient encore de l'acide malique et de l'acide oxalique.

En traitant plusieurs autres substances par l'acide nitrique, on en obtient aussi de l'acide malique et de l'acide oxalique : telles sont la gomme arabique, la manne, le sucre de lait, la gomme adragant, l'amidon, la fécule de pommes de terre. L'extrait de la noix de galle; l'huile de graine de persil; l'extrait aqueux d'aloès; ceux de coloquinte, de rhubarbe, d'opium, outre les deux acides, ont fourni beaucoup de résine à *Scheele*.

Ce célèbre chymiste, en traitant quelques substances animales avec de l'acide nitrique très-concentré, en a retiré de l'acide oxalique et de l'acide malique; la colle de poisson, le blanc d'œuf, le jaune d'œuf et le sang, traités de la même manière donnent les mêmes produits.

Il est peu de végétaux qui ne nous présentent quelque acide plus ou moins développé : nous voyons, par exemple, tous les fruits, doux dans leur principe, s'aigrir insensiblement, et finir par perdre cette saveur et devenir sucrés ; il en est quelques-uns qui conservent constamment un goût acide et forment une classe particulière.

Il est des plantes qui contiennent un principe acide répandu dans tout le parenchyme ou le corps du végétal : telles sont le giroflier jaune, la bardane, la filipendule, le cresson d'eau, l'herbe à Robert, &c. Ces plantes rougissent sensiblement le papier bleu.

Il en est d'autres où le principe acide n'existe que dans une partie de la plante, comme, par exemple, dans les feuilles de la grande valériane, les fruits de l'alkekenge, du cornouiller, l'écorce de bourdaine, la racine d'aristoloche.

Monro a communiqué quelques expériences à la Société royale de Londres, en 1767, qui prouvent que certains végétaux contiennent des acides presque à nud, ceux même où l'on est le moins tenté de les soupçonner.

1°. Ayant pelé et coupé en morceaux deux douzaines de pommes d'été, il versa dessus de l'eau, dans laquelle il avoit fait dissoudre auparavant deux onces de soude, et laissa le tout en repos pendant six jours. La liqueur filtrée, évaporée et abandonnée pendant dix jours, fournit un beau sel crystallisé en petits feuillets ronds, transparens, posés de champ.

2°. Le jus de mûre clarifié avec le blanc d'œuf et saturé de soude, a donné un sel pulvérulent sans figure régulière, qui, par des dissolutions et évaporations répétées, a enfin laissé des crystaux alongés, les uns plus minces, les autres plus épais et qui s'entre-croisent.

3°. Il a obtenu, de la pêche et de l'orange, avec la soude, de petits crystaux cubiques ou rhomboïdaux.

4°. La prune verte lui a donné, après plusieurs dissolutions et crystallisations, un sel neutre qui s'est crystallisé, sans évaporation, en grosses lames hexagones, et partie en larges rhombes ; ce sel avoit une saveur chaude, et étoit soluble dans trois ou quatre fois son poids d'eau froide.

5°. La groseille rouge lui a donné, par évaporation et refroidissement, de petits crystaux rhomboïdaux fort durs, ne s'altérant point à l'air, et dont la saveur ressemble à celle du sel neutre résultant de la combinaison de l'acide citrique avec la même base.

La groseille verte a produit une croûte saline formée de petits crystaux rhomboïdaux et couverts d'écailles minces brillantes.

6°. Le raisin verd a donné à *Monro*, au moyen des dissolutions répétées, un sel neutre en petits crystaux cubiques, rhomboïdaux ou parallélogrammatiques, superposés et s'entre-croisant les uns les autres.

Celui de ciguë a donné à *Baumé* un sel en petits crystaux irréguliers, presque sans saveur, mais rougissant l'infusion de tournesol.

7°. *Rinmann* (dans son Histoire du Fer) met les fruits du sorbier et du prunelier au nombre des substances qui peuvent décaper ce métal à cause de leur acide.

Lorsqu'en décomposant quelques végétaux par l'acide nitrique, on a obtenu, pour dernier résultat, un acide, on a cru qu'il existoit tout formé dans le végétal; on s'est imaginé que l'acide n'avoit fait que détruire ou séparer certains principes qui le masquoient; mais une analyse plus exacte nous a prouvé que l'acide employé à cette opération ne faisoit que se décomposer, désorganiser le végétal, briser les liens qui retenoient les principes; et que la base oxigène de cet acide, en s'unissant à un principe du végétal, formoit un acide particulier ; c'est ce qui résulte des preuves combinées de *Lavoisier*, de *Morveau*, &c.*

C'est à une semblable cause que nous devons attribuer la formation des acides acéteux, carbonique, &c. et même la rancidité des huiles et les altérations de quelques autres principes du végétal. Ici l'air extérieur fournit l'oxigène qui se fixe sur la plante ; et lui donne une nature acide.

L'acide oxalique n'existe pas en nature dans le sucre ; l'acide camphorique n'est point dans le camphre ; il en est de même de plusieurs autres, qu'on extrait par l'action de quelques acides qu'on décompose sur les végétaux ou par la fermentation des végétaux eux-mêmes. Nous parlerons de ces divers acides en traitant de leurs radicaux.

ARTICLE X.

Des Alkalis.

L'ALKALI est encore contenu dans la plante : *Grosse* et *Duhamel* ont prouvé qu'on peut l'extraire par le moyen des acides : *Margraaf* et *Rouelle* ont ajouté de nouvelles preuves à l'assertion de ces deux chymistes ; et ils ont tous assuré, d'après cela, que l'alkali étoit à nud dans les végétaux : mais ces expériences prouvent tout au plus que leur combinaison est telle, que les acides minéraux peuvent la rompre. L'alkali y est quelquefois presque à nud, puisqu'on ne l'a trouvé combiné qu'avec l'acide carbonique, dans l'*helianthus annuus*. Mais l'alkali est souvent combiné avec le principe huileux.

Lorsqu'on veut extraire l'alkali, on détruit par la combustion tous les principes auxquels il peut être uni, et on le dégage des résidus de la combustion par la lixivation : c'est-là le procédé usité pour faire le *salin*, comme nous l'avons déjà observé.

Le séjour dans l'eau enlève aux bois la propriété de donner de l'alkali par leur combustion, parce que l'eau dissout les composés qui peuvent le contenir.

Les plantes marines fournissent une autre nature d'alkali, connue sous le nom de *soude*; les végétaux ont la propriété de décomposer le sel marin et d'en retenir la base alkaline. Toutes les plantes douces peuvent donner plus ou moins de soude, si on les élève sur les bords de la mer; mais elles y périssent en peu de temps.

On trouve encore de l'ammoniaque dans les plantes : la partie glutineuse des graminées en contient qu'on peut dégager par le moyen des acides nitrique, muriatique, sulfurique, &c. d'après *Poulletier*. Et il suffit de triturer le sel essentiel d'absinthe avec l'alkali fixe pour en séparer l'alkali volatil; cet alkali paroît être un des principes des *tétradinames*, puisqu'on peut l'en extraire par la simple distillation.

Les alkalis sont encore à l'état de sel neutre dans les végétaux : ils sont combinés avec l'acide sulfurique dans les vieilles *borraginées* et dans quelques plantes aromatiques astringentes. Le sulfate de potasse paroît exister dans presque tous les végétaux, puisque les potasses du commerce en contiennent toutes plus ou moins : l'analyse du tabac m'en a fourni considérablement.

Le *tamarisc* fournit le sulfate de soude en si grande abondance, qu'en le retirant de ses cendres on peut le donner très-pur et en beaux crystaux à 30 liv. le quintal.

Le *grand tournesol*, la *pariétaire* et les *borraginées* contiennent du nitrate de potasse.

Les muriates de soude et de potasse sont fournis par les plantes marines.

Nous retrouvons encore les alkalis, combinés avec les acides de la végétation, tels que l'oxalique, le tartareux, &c.

Il paroît que les divers sels sont le produit de la végétation et le résultat du travail particulier de l'organisation du végétal : deux plantes qui croissent dans le même terrain donnent des sels très-différens, et chaque plante fournit constamment la même espèce. En outre, *Homberg* a vu (*Mémoires de l'Académie, année 1669*) se développer les mêmes sels dans des terres bien lessivées et arrosées avec de l'eau distillée.

On doit donc classer les sels parmi les principes des végétaux, et ne plus les regarder comme contenus accidentellement dans la plante. Je ne nierai cependant pas que la combustion du végétal ne puisse donner lieu à la formation de quelques-uns, et augmenter ou diminuer la proportion de plusieurs autres ; la combustion doit former des combinaisons qui n'existent pas dans la plante, et détruire plusieurs de celles qui y existoient; l'air atmosphérique employé à cette opération s'unit à certains principes et donne naissance à plusieurs résultats ; le gaz nitrogène se précipite en torrens, dans le foyer de la combustion, et se combine avec des bases terreuses pour former des alkalis, et augmenter conséquemment la proportion de ceux qui existent naturellement dans les plantes.

ARTICLE XI.

Des principes colorans.

L'OBJET de la teinture est d'enlever à un corps son principe colorant pour le porter sur un autre et l'y fixer d'une manière durable. La suite des manipulations nécessaires à cet effet, forme l'*art de la teinture*. Cet art est un des plus utiles et des plus merveilleux qu'on connoisse; et, si quelqu'un peut inspirer un noble orgueil à l'homme, c'est celui-là. Non-seulement il a procuré le moyen de suivre et d'imiter la nature dans la richesse et l'éclat des couleurs; mais il paroît l'avoir surpassée en donnant plus d'éclat, plus de fixité et plus de solidité aux couleurs fugaces et passagères dont elle a revêtu tous les corps qui composent ce globe. D'ailleurs, l'art de la teinture est établi sur des procédés que la nature ne connut jamais; nulle part l'homme ne s'est montré plus créateur et plus indépendant, que dans l'extraction, la formation, la combinaison et l'application des couleurs.

La suite de ces opérations qui forment l'*art de la teinture*, sont absolument dépendantes des principes chymiques: et, quoique jusqu'ici le hazard, ou de bien foibles combinaisons suggérées par la comparaison de quelques faits, aient enrichi cette partie d'excellentes recettes et de quelques principes, il n'en est pas moins vrai qu'on n'y fera des progrès et qu'on n'y acquerra des bases solides qu'en analysant les opérations et les ramenant à des principes généraux que la seule chymie peut fournir. La nécessité d'établir des principes est même démontrée par l'incertitude et le tâtonnement continuel qu'on voit régner dans les atteliers. Quelque foible variété dans la nature des matières premières déroute l'artisan, à tel point qu'il est hors d'état de se redresser par lui-même : de-là, des pertes continuelles et une décourangeante alternative de succès et de revers.

Si jusqu'ici la chymie a fait peu de progrès dans la teinture, cela dépend de plusieurs causes que nous allons développer.

La première cause de ce peu de progrès tient à la difficulté de bien connoître la nature, les propriétés et les affinités des principes colorans : pour extraire le principe de la couleur, il faut savoir connoître quel est son dissolvant; il faut savoir si ce principe est pur ou mélangé avec d'autres parties du végétal; si le principe de la couleur est un, ou le résultat de la confusion de plusieurs couleurs réunies;

il faut connoître ses affinités avec telle et telle étoffe, car on sait que telle couleur prend sur la laine, et n'altère même pas la blancheur du coton. Il faut connoître son affinité avec le mordant, puisque l'alun est le mordant de quelques couleurs et ne l'est pas des autres. Il faut encore savoir quelle peut être l'action de tous les corps qui peuvent agir sur cette couleur appliquée sur une étoffe, afin de chercher le moyen de l'en garantir, &c.

La seconde cause qui a retardé l'application de la chymie à la teinture, c'est la difficulté où se trouve le chymiste de pouvoir travailler en grand : le préjugé qui règne en despote dans les atteliers, en écarte le chymiste comme un innovateur dangereux ; et le proverbe si accrédité *qu'expérience passe science,* contribue encore à écarter la lumière des atteliers. Il est très-vrai qu'un teinturier borné à la simple pratique, fera sans contredit une plus belle écarlate qu'un chymiste qui n'aura que des principes ; comme un simple artisan en horlogerie fera mieux une montre que le plus célèbre méchanicien : et, en ce cas, on peut dire *qu'expérience passe science :* mais, s'il s'agit de résoudre quelque problême, d'expliquer quelque phénomène, et de reconnoître quelque vice dans les détails compliqués de l'opération, l'homme à routine n'y connoîtra plus rien.

Une autre cause du peu de progrès de la chymie dans la teinture, c'est que presque tous les ouvrages qui en parlent se bornent à des détails et à la description des procédés usités dans les ateliers : ces ouvrages ont, sans contredit, leur avantage, mais ils n'avancent pas d'un pas la science ; ils ne font que présenter la carte d'un pays sans indiquer ni ses rapports ni sa nature. A la vérité il a été difficile jusqu'aujourd'hui de faire mieux, parce que l'action de la lumière et la décomposition de l'air, des acides, et de tous les agens étoient des faits qu'on ignoroit ; et qu'on ne connoissoit point les sels et les combinaisons à 3, à 4 et à 5 principes, ce qui complique les phénomènes que nous présentent les opérations des végétaux.

Berthollet est jusqu'ici le seul chymiste qui ait considéré la teinture sous tous ses rapports : il a lié tous les faits connus à une doctrine lumineuse ; et a plus fait, pour les progrès de la science, que tous les volumes de *recettes* et de *procédés* qu'on avoit publiés avant lui.

Pour faire des progrès dans la teinture, il faut donc partir d'après ces principes ; et je vais tracer un plan qui me paroît remplir l'objet qu'on peut se proposer. Nous examinerons :

1°. La manière dont se développent et se forment les couleurs dans les divers corps.

2°. La nature des combinaisons de ces mêmes couleurs dans ces corps, et les moyens les plus propres pour les extraire.

3°. Les procédés les plus avantageux pour les appliquer.

1°. Les couleurs sont toutes formées dans la lumière solaire : la propriété qu'ont les corps d'absorber tel ou tel rayon et de renvoyer les autres, forme les nuances de couleur dont ils sont décorés ; c'est-là ce qui résulte des expériences du célèbre *Newton*.

D'après ce principe, on peut donc considérer l'art de colorer les corps sous deux points de vue très-différens : car on peut déterminer et décider des couleurs sur un corps, en changeant sa forme et la disposition de ses pores, de façon que par-là il acquière la propriété de réfléchir un rayon différent de celui qu'il renvoyoit avant ces opérations méchaniques : c'est ainsi que par la trituration on change la couleur de beaucoup de corps ; et on doit rapporter ici tous les effets dépendans des reflets et de la réfrangibilité des rayons. Cette coloration ne ne dépend, comme l'on voit, que du changement qu'on apporte sur la surface des corps et dans la disposition des pores. Les phénomènes de la réfrangibilité tiennent à la densité des corps et à leur gravité spécifique, d'après *Newton* et *Delaval*.

On peut encore déterminer une couleur sur un corps, en y transportant un corps tout coloré ou une substance qui ait la vertu de réfléchir tel rayon connu ; et c'est ce qui forme principalement la teinture.

Mais de quelle manière les corps colorés qu'on trouve dans les trois règnes acquièrent-ils la propriété de réfléchir constamment un rayon connu ? C'est une question fort délicate sur laquelle je vais rassembler quelques faits qui pourront y répandre quelque jour.

Il paroît que les trois couleurs éminemment primitives dans les arts, celles qui forment toutes les autres par leur combinaison, et conséquemment les seules dont on doive s'occuper, le bleu, le jaune et le rouge, se développent le plus souvent dans les corps des trois règnes par une absorption plus ou moins grande d'oxigène qui se combine avec les divers principes de ces corps.

Dans le minéral, la première impression du feu ou le premier degré de calcination développe une couleur bleue quelquefois parsemée de jaune; c'est ce qu'on observe, lorsqu'on expose du plomb, de l'étain, du cuivre, du fer et autres métaux fondus, à l'action de l'air, pour en hâter le refroidissement; c'est ce qu'on voit dans les lames d'acier qu'on colore en bleu en les exposant au feu.

Les métaux acquièrent la propriété de réfléchir la couleur jaune, en se combinant avec une plus grande quantité d'oxigène: aussi voit-on paroître cette couleur dans presque tous, à mesure que la calcination avance; le *massicot*, la *litharge*, l'*ocre*, l'*orpin*, le *précipité jaune* en sont des preuves.

Une plus forte combinaison d'oxigène paroît décider le rouge; de-là le *minium*, le *colchotar*, le *précipité rouge*, &c.

Cette marche n'est pas uniforme pour tous les corps du règne minéral, parce qu'il est très-naturel de penser que ces effets doivent être modifiés par la base minérale avec laquelle se combine l'oxigène: c'est ainsi que, dans quelques-uns, nous voyons se développer la couleur noire presque aussi-tôt que la bleue; et cela doit être, parce qu'il y a une bien petite différence entre la propriété de ne renvoyer que le rayon le plus foible et celle de n'en réfléchir aucun.

Ce qui peut ajouter du poids aux observations que nous venons de donner, c'est que les métaux par eux-mêmes sont presque sans couleur, et qu'ils n'en acquièrent que par leur calcination, c'est-à-dire, par la fixation et la combinaison de l'oxigène.

Les effets de la combinaison de l'oxigène sont aussi marqués dans le végétal que dans le minéral : nous n'avons qu'à suivre, pour nous en convaincre, la manière dont on prépare et développe les couleurs bleues principales, telles que l'*indigo*, le *pastel*, le *tournesol*, &c.

L'indigo s'extrait d'une plante connue sous le nom d'*anillo* par les Espagnols et d'*indigotier* par les François; c'est l'*indigo-fera tinctoria* de *Linné*. On la cultive à Saint-Domingue, aux Antilles et dans les Indes Orientales; on coupe les tiges tous les deux mois, et la racine dure deux ans. On met la plante à fermenter dans une cuve appellée *trempoire* ou *pourriture*, on la remplit d'eau : au bout de quelque temps l'eau s'échauffe, bouillonne et se colore en bleu. On la fait passer dans une seconde cuve qu'on appelle *batterie* : là, on bat fortement l'eau avec un moulin à palettes pour condenser la substance de l'indigo. Dès que l'eau devient limpide on la fait couler, puis on fait passer le dépôt dans une troisième cuve qu'on appelle *reposoir*; là, il se dessèche, et on l'en tire pour former des pains qu'on introduit dans le commerce.

Le *pastel* est une couleur qu'on extrait également dans le haut Languedoc; la plante qui le fournit est le *glastum isatis tinctoria* de *Linné*. On en fait fermenter les feuilles, après les avoir écrasées; on facilite la fermentation en les mouillant avec l'eau la plus infecte qu'on puisse se procurer. La *Vouëde* se prépare en Normandie comme le pastel. Les drapeaux de *tournesol* se fabriquent au *Grand-Gallargues*, en imbibant des chiffons avec le suc du *croton tinctorium*, et les exposant ensuite à la vapeur de l'urine ou du fumier.

On prépare encore l'*orseille* par la fermentation du *lichen*: dans tous ces cas il y a fixation d'oxigène et combustion d'un principe du végétal: l'analyse a démontré que le carbone étoit très-abondant dans ces préparations qui développent une couleur bleue ou noire. La plupart de ces couleurs sont encore susceptibles de passer au rouge par une plus grande quantité d'oxigène; c'est ainsi que le tournesol rougit à l'air et par l'action des acides, parce que l'acide se décompose sur le mucilage qui est l'excipient de la couleur.

Il n'en est pas de même lorsque l'oxigène est fixé sur une fécule, car la fécule étant saturée d'oxigène ne permet pas la décomposition de l'acide; de-là vient que l'indigo ne rougit pas avec les acides, mais qu'au contraire il peut s'y dissoudre. C'est encore par la même raison que nous voyons se développer du rouge dans les végétaux où l'acide réagit sans cesse, comme dans les feuilles des *oxalis*, de la vigne vierge, de l'oseille et de la vigne ordinaire; de-là vient encore que les acides avivent la plupart des couleurs rouges, et qu'on se sert d'un oxide métallique très-chargé d'oxigène pour faire le mordant de l'écarlate.

Nous voyons les mêmes couleurs se développer dans l'animal par la combinaison du même principe : lorsque la viande se putréfie, la première impression de l'oxigène est de décider le bleu; de-là, le bleu des échimoses, des chairs qui tombent en putrilage, de la volaille qui est trop faite, ce qu'on appelle dans nos cuisines le *cordon bleu*. Cette couleur bleue est remplacée par le rouge, c'est ce qu'on observe dans la préparation des fromages qui se revêtent d'abord d'un duvet bleu qui devient ensuite rouge. La combinaison de l'oxigène et ses proportions dans cette combinaison décident donc la propriété de réfléchir tel ou tel rayon : mais il est aisé de sentir que les couleurs doivent varier, selon la nature du principe avec lequel se fait cette combinaison ; et c'est une source d'expériences intéressantes à faire.

Tous les phénomènes de la combinaison de l'air avec les divers principes dans diverses proportions, s'observent dans la flamme des corps embrasés : elle est bleue lorsque la combinaison est lente ; rouge, lorsqu'elle est plus forte et plus complète, et blanche lorsqu'elle l'est encore plus, car les derniers degrés *d'oxidation* déterminent assez généralement la couleur blanche, parce qu'alors tous les rayons sont également réfléchis.

On peut donc conclure des faits ci-dessus, que le rayon bleu est le plus foible et qu'il est réfléchi par les premiers degrés de combinaison de l'oxigène. Nous pourrions ajouter les faits suivans à ceux que nous avons fait connoître : la couleur de l'atmosphère paroît bleuâtre ; la lumière des astres est bleue, comme *Mariotte* l'a prouvé en 1678, en recevant sur un papier blanc la lumière de la lune ; la lumière d'un grand jour réfléchie dans l'ombre par la neige est d'un beau bleu, suivant les observations de *Daniel Major* (*Ephém.*

des Cur. de la Nat. 1671, première déc.)

II°. Le principe colorant se trouve dans le végétal dans divers états de combinaison, ce qui nécessite l'emploi de moyens différens pour l'extraire.

Quelquefois l'eau seule peut dissoudre en entier le principe colorant, comme dans le bois d'*inde*, le *tournesol*, la *gaude*, la *garance*, la *cochenille*, &c. Il suffit, en effet, de mettre ces substances dans l'eau pour en séparer la couleur. Si on plonge l'étoffe dans cette dissolution, elle se recouvrira d'une couche de couleur qui ne sera qu'une espèce de barbouillage que l'eau elle-même pourra enlever. Pour obvier à cet inconvénient, il a donc fallu trouver le moyen d'imprégner les étoffes sur lesquelles on vouloit porter les couleurs, de quelque sel ou de quelque substance qui dénaturât ce principe colorant, et qui, en lui donnant de la fixité, lui fît perdre la propriété d'être soluble dans l'eau : c'est cette substance qu'on connoît sous le nom de *mordant*. Il faut encore que ce mordant ait de l'affinité avec le principe de la couleur pour en devenir l'excipient ; de-là vient que la plupart de ces principes colorans, tels que celui du tournesol, celui du bois du Brésil, &c. ne sont point fixés par ces mordans ; de-là vient encore que la cochenille ne forme une belle écarlate que lorsqu'elle a l'étain pour mordant. Il faut encore que le mordant ait du rapport avec la nature de l'étoffe, car la même composition qui donne une belle couleur écarlate à la laine, donne une teinte *lie de vin* à la soie, et ne ternit pas le blanc du coton.

Il y a des principes colorans résineux solubles dans l'alkool : ces dissolutions forment les teintures de la pharmacie. On ne les emploie dans les arts que pour colorer des rubans. Il y a d'autres parties colorantes, combinées avec des fécules, que l'eau ne peut pas dissoudre; le *rocou*, l'*indigo*, le rouge du *safran* oriental sont de ce genre.

Le *rocou* est une fécule résineuse qu'on tire, par la macération dans l'eau, des semences d'un arbre d'Amérique nommé *urucu*. Dans cette opération la partie extractive est détruite par la fermentation, et la fécule résineuse se rassemble en une pâte d'un rouge foncé. La pâte de rocou délayée dans l'eau avec des cendres gravelées, donne une belle couleur orangée.

Lorsque le principe coloré est de la nature des résines, ou qu'il contient beaucoup de carbone comme l'indigo, en emploie pour dissolvant l'alkali ou la chaux.

La chaux est le véritable dissolvant de l'indigo ; mais l'alkali est celui des autres substances de la même classe. Ainsi, par exemple, lorsqu'on veut s'emparer de la partie rouge et résineuse du safran bâtard, on commence par le laver à grande eau pour enlever le principe extractif et jaunâtre qui y est très-abondant, puis on dissout le principe résineux par le secours de l'alkali, et on le porte sur les étoffes en l'y précipitant par le moyen d'un acide : on fait, par ce moyen, la *soie ponceau*. On peut aussi combiner ce principe résineux avec du *talc*, après qu'on l'a extrait par l'alkali et précipité par un acide, et il en résulte alors le *rouge végétal* : pour faire cette couleur on dégage d'abord, par le moyen du lavage, la couleur jaune du *safran* ou *carthame* ; on mêle avec le résidu cinq à six pour cent de son poids de soude, on verse par-dessus de l'eau froide, et on obtient une liqueur jaunâtre, qui, mêlée avec le jus de citron, dépose une fécule rouge ; cette poudre, mêlée avec du talc porphyrisé, et humectée avec du jus de citron, forme une pâte qu'on met dans des pots et qu'on fait sécher.

Lorsque cette préparation est sophistiquée on le reconnoît de la manière suivante : si le rouge est soluble dans l'esprit-de-vin, il est végétal; s'il ne s'y dissout pas, il est minéral, et c'est pour l'ordinaire du *vermillon*.

Pour porter sur les étoffes quelques-unes des couleurs dont nous venons de parler, on peut employer les acides comme les alkalis: ainsi, au lieu de dissoudre l'indigo par la chaux, on le dissout quelquefois par l'acide sulfurique; on verse cette dissolution dans le bain et on y passe l'étoffe alunée; c'est ainsi qu'on forme le *bleu de Saxe*. Cette opération n'est qu'une division extrême de l'indigo par l'acide.

Il est des principes colorans fixés sur des végétaux astringens, susceptibles, par le secours de l'eau, de s'appliquer sur les étoffes, et d'y adhérer d'une manière assez solide pour que l'eau ne puisse plus entraîner la couleur.

Pour teindre avec ces ingrédiens, on n'a besoin d'aucune préparation: il suffit de faire bouillir l'étoffe dans la décoction de cette couleur; les principales substances de ce genre sont le *brou* de *noix*, la racine de *noyer*, le *sumach*, le *santal*, l'écorce d'*aune*, &c. Toutes ces matières, qui n'ont pas besoin de mordant, ne donnent qu'une nuance fauve que les teinturiers appellent *couleur de racine*.

On peut encore extraire la couleur de certains végétaux par le moyen de l'huile : c'est ainsi qu'on colore l'huile en rouge, en y faisant infuser de l'*orcanette*, ou la racine rouge d'une espèce de buglose.

III°. Pour appliquer les couleurs convenablement sur une étoffe, il faut préparer l'étoffe et la disposer à recevoir le principe colorant : à cet effet, il faut la laver, la blanchir, la dépouiller de cette matière gluante qui la garantit de l'action destructive de l'air et de l'eau lorsqu'elle est sur l'animal qui la fournit, et l'imprégner du mordant qui fixe la couleur et lui donne des propriétés particulières.

A. Pour disposer une matière végétale à la teinture, on commence par la *décreuser* et la *blanchir :* on y parvient en présentant cette substance à l'action alternative de l'oxigène et de l'alkali. A cet effet, on expose l'étoffe dans une lessive alkaline, dont on aide l'effet par la chaleur, et on la tire de là pour l'exposer à l'air; on facilite l'action de l'air par le secours de la rosée, ou par des arrosages artificiels.

On peut hâter cette opération en présentant à l'étoffe l'oxigène uni à l'acide, dans l'acide muriatique oxigéné; dans ce cas l'immersion alternative dans la lessive alkaline et dans la liqueur acide, enlève bientôt le principe colorant.

Si on aide l'action de l'alkali par une forte chaleur, il peut seul dissoudre et entraîner le principe colorant : c'est ce qu'on pratique dans le procédé qu'on appelle *blanchissage à la fumée*. On a une chaudière ovale de six à huit pieds de hauteur, sur cinq pieds de largeur ; le fond seul est en cuivre, et les côtés sont en maçonnerie solide. Le fond et l'orifice supérieur ont un diamètre d'environ trois pieds ; l'ouverture peut en être fermée par un couvercle de cuivre percé d'un petit trou dans son milieu, ou par une pierre ronde bien unie, qui puisse bien s'adapter aux parois. Lorsqu'on veut blanchir le coton dans cet appareil, on l'humecte, à la main, avec une lessive alkaline marquant trois à quatre degrés; on met le reste de la liqueur alkaline dans la chaudière; on place ensuite le coton humide sur un filet disposé à dix-huit pouces du fond de la chaudière. On opère ordinairement sur huit cents livres de coton. On coëffe la chaudière de son couvercle, qu'on y assujettit de la manière la plus rigoureuse, et on entretient en ébullition la liqueur de la chaudière pendant trente à trente-six heures. Le coton est alors d'un beau blanc, et il n'est plus question que de le laver et de le sécher; mais comme il se trouve toujours quelques points qui n'ont pas été parfaitement décolorés, on l'expose à l'air pendant trois ou quatre jours, et on a l'attention de le coucher sur l'herbe pendant la nuit, et de l'étendre pendant le jour.

B. Cette espèce de colle qui enduit presque toutes les substances animales, mais sur-tout la soie en écru, est insoluble dans l'eau et l'alkool; elle n'est attaquée que par les alkalis et les savons, et c'est pour la détruire qu'on emploie le *décreusage*. On peut décreuser ces étoffes en les faisant bouillir et même digérer dans une eau alkaline; mais on a observé que l'alkali pur en altéroit la bonté et la qualité, et on y a substitué les savons : à cet effet on fait tremper l'étoffe dans une dissolution de savon chaude sans bouillir : cela suffit pour porter sur la soie la plupart des couleurs. Mais lorsqu'on veut la teindre en bleu ou en ponceau, il faut encore la faire bouillir dans une nouvelle dissolution de savon. Si on veut employer la soie *en blanc*, on est encore obligé de la *soufrer* et de l'*azurer*. En 1761, l'académie de Lyon proposa un prix sur le moyen de décreuser les soies sans savon; il fut adjugé à *Rigaut* de Saint-Quentin, qui indiqua la dissolution affoiblie de sel de soude.

On s'est convaincu depuis peu que l'eau chauffée à un degré supérieur à celui de l'eau bouillante, pouvoit dissoudre ce principe colorant : on pourroit employer à cet usage une chaudière semblable à celle dont je viens de donner la description.

Pour dégraisser la laine, on la met dans une chaudière qui contient de l'eau mêlée à un quart d'urine putréfiée, et échauffée au point de pouvoir seulement y tenir la main ; on la remue de temps en temps avec des bâtons ; on la met à égoutter, et on la porte dans des paniers placés dans une eau courante, où on la lave jusqu'à ce que l'eau ne sorte plus laiteuse : on la retire pour la faire sécher. Dans cette opération, il se forme un savon par la combinaison du *suint* avec l'*ammoniaque* ; et c'est ce qui fait que le suint se détache de la laine.

Lorsque les substances animales sont ainsi préparées, on leur donne le *mordant* qui doit y fixer la couleur : c'est l'alumine ou l'oxide d'étain qu'on emploie ordinairement. *Berthollet* a prouvé que les matières animales décomposoient l'alun, et s'unissoient à l'alumine ; il a observé, avec raison, que, parmi les oxides métalliques, ceux dont l'oxigène adhéroit peu au métal ne pouvoient pas servir d'intermède à la partie colorante, parce qu'ils y produisent une combustion trop considérable ; que ceux qui changent de couleur par les variations dans les proportions de l'oxigène ne sont pas plus propres à servir d'intermède, parce qu'ils produiroient des couleurs variables ; et qu'on ne pouvoit employer avec succès que les oxides qui retiennent avec force leur oxigène, et qui changent peu de couleur. D'après tout cela, l'oxide d'étain paroît préférable à tous.

Mais pour disposer le fil et le coton à recevoir une teinture solide, il faut les *animaliser* en quelque façon, en leur donnant un principe qui concoure à fixer la partie astringente de la galle, qui devient l'excipient de la couleur ; à cet effet on *passe* les cotons et les fils dans des liqueurs savonneuses mêlées de dissolutions animales, telles que celle de colle-forte, celle de la liqueur du second estomac des animaux ruminans, celle des matières stercorales des bêtes à laine, &c. et lorsqu'on les en a fortement imprégnés, on les soumet à l'engallage. Dans cette opération le principe astringent s'unit aux huiles, et il en résulte un corps insoluble dans l'eau, capable de recevoir le principe colorant. C'est sur-tout l'engallage qui donne de la fixité à la couleur ; car l'alunage ne fait guère que l'aviver et l'éclaircir. Cette opération a le plus grand rapport avec celle du *tannage*.

Lorsqu'après avoir engallé une étoffe, on l'alune, l'alumine se combine avec le principe astringent et l'huile, et il se forme un composé de trois principes, avide de prendre les couleurs qu'on peut lui présenter: mais si au lieu d'employer le sulfate d'alumine, on le décompose par l'acétite de plomb, et qu'on qu'on se serve de l'acétite d'alumine qui se forme, l'alunage se fait mieux, parce que l'alumine adhère moins à ce second acide qui, par lui-même, est d'ailleurs moins caustique. Dans les couleurs fixes qu'on donne au fil et au coton, on foule ces substances dans des liqueurs savonneuses, et on les fait sécher à l'air. On réitère ces opérations dix à douze fois, et ce n'est que par ce moyen qu'on dispose les matières à recevoir une teinture fixe. Il paroît que, dans ce cas, l'huile passe à l'état de résine par l'absorption de l'oxigène, et devient moins sensible à l'action destructive de l'air, de l'eau et des acides.

Le sumach, l'écorce de chêne et autres astringens, peuvent remplacer la noix de galle dans les teintures qu'on pratique sur les substances animales; mais ils ne peuvent pas la suppléer pour l'engallage des substances végétales, attendu que la noix de galle contient un principe animal qui est nécessaire pour fixer le principe

cipe astringent : aussi voit-on les teinturiers en laine préférer le sumach à la noix de galle, tandisque les teinturiers en fil et coton n'en retirent pas le même avantage. Le principe animal est fourni à la noix de galle par le développement des insectes qui ont déterminé sa formation.

ARTICLE XII.

Du Pollen, ou poussière fécondante des étamines.

Nous distinguons aujourd'hui dans le végétal les parties sexuelles : et nous retrouvons presque les mêmes formes dans les organes, les mêmes moyens dans les fonctions, et les mêmes caractères dans les humeurs prolifiques, que dans les animaux.

L'humeur prolifique, dans la partie mâle, est travaillée par l'anthère ; et comme les organes de la plante ne se prêtent pas à une intromission du mâle dans la femelle, parce que les mouvemens ont été refusés aux végétaux, la nature a donné à la semence fécondante le caractère d'une poussière que l'air, l'agitation et autres causes peuvent ébranler, emporter et précipiter sur la femelle ; il y a une élasticité dans l'anthère, qui fait qu'elle s'ouvre et qu'elle pousse au-dehors les globules. On a même observé qu'en même temps le pistil s'ouvroit pour recevoir le pollen dans certains végétaux. Les ressources de la nature pour assurer la fécondation sont admirables : presque toujours le mâle et la femelle reposent dans la même fleur ; et les pétales sont toujours disposés de la manière la plus avantageuse pour favoriser l'opération de la reproduction de l'espèce. Quelquefois les mâles et les femelles sont sur le même individu, mais placés sur des fleurs différentes : d'autres fois ils sont portés l'un et l'autre par des individus isolés et séparés : alors la fécondation se fait par le *pollen*, que le vent ou l'air détachent des anthères et transmettent à la femelle.

La poussière fécondante a presque constamment l'odeur de la liqueur spermatique des animaux : l'odeur du choux en floraison, du châtaignier et de presque tous les végétaux nous donne cette analogie à s'y méprendre.

Le *pollen* est généralement de nature résineuse ; il est soluble dans les alkalis et l'alkool ; il est inflammable comme les résines ; et l'*aura*, qui se forme autour de quelques végétaux dans le temps de la fécondation, peut s'enflammer, comme dans la *fraxinelle*, d'après l'observation de la fille de *Linné*.

La nature qui a employé des moyens moins économiques pour féconder les plantes, et qui confie cette opération presque au hazard, puisqu'elle livre aux vents la poussière fécondante, a dû être prodigue dans la formation de cette humeur, et sur-tout pour les arbres *monoïques* et *dioïques* où la reproduction est plus hazardée ; c'est pour cela que les prétendues pluies de soufre ne sont communes que là où le noisettier, le coudrier et le pin abondent.

Comme la nature n'a pas pu exposer le pollen à l'alternative de la température de l'atmosphère, elle en facilite le développement de la manière la plus rapide : un beau soleil suffit très-souvent pour ouvrir les organes cachés de la plante, les développer et procurer la fécondation. Aussi l'auteur des Etudes de la Nature a-t-il prétendu que les plantes ne sont colorées que pour réfléchir plus vivement la lumière, et que presque toutes les fleurs affectent la forme la plus avantageuse pour concentrer les rayons solaires sur l'organe de la génération.

Les parties employées à cette fonction ont été douées d'une irritabilité étonnante : *des*

Fontaines nous a donné à ce sujet des observations très-intéressantes ; et les mouvemens inquiets qu'affectent certaines fleurs pour suivre le cours du soleil, sont décidés par la nature, pour que le grand œuvre de la génération favorisé par le soleil s'achève dans le moins de temps possible.

De la Cire.

La cire des abeilles n'est que le pollen peu altéré : ces insectes ont les *fémurs* garnis de rugorités pour raper le pollen sur l'anthère et l'emporter dans la ruche.

Il paroît exister, dans le tissu même de plusieurs fleurs riches en poussière fécondante, une matière analogue à la cire, qu'on peut extraire par la décoction aqueuse ; tels sont les chatons mâles du *betula alnus* ; ceux du pin, &c. Les feuilles du romarin, de la sauge officinale ; les fruits du *myrica cerifera* laissent transuder de la cire.

Il paroît que la cire et le pollen ont pour base une huile grasse qui passe à l'état de résine par sa combinaison avec l'oxigène : si on fait digérer de l'acide nitrique ou de l'acide muriatique oxigéné sur de l'huile fixe pendant plusieurs mois, elle passe à un état voisin de la cire.

La cire distillée à plusieurs reprises donne une huile qui a toutes les propriétés des huiles volatiles; elle se réduit en eau et en acide carbonique dans sa combustion.

La partie colorante de la cire paroît de la même nature que celle de la soie; elle est insoluble dans l'eau et l'alkool. Dans les arts on blanchit la cire en la divisant prodigieusement; et, à cet effet, on la verse fondue sur un cylindre qu'on fait mouvoir à la surface de l'eau; la cire qui tombe s'applique dessus, et se réduit en feuillets minces et rubanés; on l'expose ensuite à l'air sur des tables, ayant soin de la remuer de temps en temps.

Les alkalis dissolvent la cire et la rendent soluble dans l'eau: c'est cette dissolution savonneuse qui forme la *cire punique*: on peut s'en servir pour en faire la base de quelques couleurs: on peut en faire une pâte excellente pour se laver les mains: on l'applique aussi au pinceau sur des corps quelconques. Mais il seroit très-avantageux de pouvoir enlever le dissolvant qui travaille sans cesse et fait qu'on ne peut pas l'employer à tous les usages auxquels on pourroit la faire servir.

L'ammoniaque la dissout aussi ; et comme ce dissolvant est évaporable, il doit être préféré lorsqu'on veut employer la cire comme vernis.

ARTICLE XIII.

Du Miel.

Le miel, ou le nectar des fleurs, est contenu principalement dans la base du pistil ou de la partie femelle : il sert de nourriture à presque tous les insectes à trompe, qui plongent cette trompe dans le pistil et sucent le nectar. Il paroît que ce n'est qu'une dissolution de sucre dans le mucilage ; le sucre se précipite quelquefois en crystaux comme dans les nectaires de la fleur de la balsamine.

Le nectar n'éprouve aucune altération dans le corps de l'abeille, puisqu'en rapprochant le nectar nous faisons du miel ; il retient le fumet et même souvent les qualités vénéneuses de la plante qui le produit.

La secrétion du nectar se fait dans l'époque de la fécondation ; on peut le regarder comme le véhicule et l'excipient de la poussière fécondante qui facilite l'épanouissement des globules remplis de poudre fécondante ; car *Linné* et

Tournefort ont observé qu'il suffit d'exposer sur l'eau le *pollen* pour en déterminer le développement. Tout l'intérieur du conduit du pistil en est imprégné ; et, si on dessèche par la chaleur l'intérieur des organes femelles, le pollen ne féconde plus.

Le miel suinte de toute la partie femelle, mais sur-tout de l'ovaire : on peut même observer les pores par où il découle dans les *hiacinthes*.

Les fleurs qui ne portent que les parties mâles ne donnent point de miel en général; les organes qui fournissent le nectar se dessèchent et se flétrissent du moment que l'acte de la conception est accompli. On doit donc regarder le miel comme nécessaire à la fécondation, c'est l'humeur fournie par la femelle pour recevoir la poussière fécondante et faciliter l'ouverture et l'explosion des petits corps qui contiennent le pollen, car on a observé que ces corps s'ouvrent du moment qu'ils touchent la surface d'un liquide qui les humecte.

ARTICLE XIV.

De la partie ligneuse.

Les chymistes se sont constamment occupés de l'analyse des sucs des végétaux, et ils paroissent avoir complètement négligé la charpente du végétal qui, sous tous les rapports, mérite une considération particulière. C'est cette portion ligneuse qui forme la fibre végétale; et cette matière, outre qu'elle fait la base du végétal, se développe encore dans des circonstances qui dépendent des fonctions vitales de la plante : elle forme le *pappus* ou l'aigrette des semences, le tissu lanugineux dont quelques plantes se recouvrent, &c. Le caractère de cette partie ligneuse est d'être insoluble dans l'eau et dans presque tous les menstrues; l'acide sulfurique ne fait que la noircir et se décompose dessus de même que l'acide nitrique; mais un caractère particulier à ce principe, c'est que le concours de l'air et de l'eau ne l'altèrent que très-difficilement, et que lorsqu'il est bien dépouillé de tout suc il se refuse à toute fermentation : ce principe seroit indestructible si les insectes n'avoient la propriété de le dévorer et de se nourrir de ce tissu.

Il paroît que la fibre végétale est la base des mucilages durcie par sa combinaison avec plus d'oxigène : plusieurs raisons nous portent à adopter cette idée ; d'abord l'acide nitrique foible mis à digérer sur la fécule, se décompose et fait passer la fécule à un état voisin de celui de la matière ligneuse. J'ai observé, en second lieu, que les *fungus* qui croissent dans les souterrains privés de lumière, et qui se résolvent en une eau très-acide quand on les met dans un vase, acquéroient une plus grande quantité de principes ligneux à mesure qu'on les exposoit par degrés et peu à peu à la lumière, et qu'en même temps l'acide qui les abreuve se décomposoit et disparoissoit.

Le passage du mucilage à l'état de corps ligneux est très-marqué dans l'accroissement du végétal; l'enveloppe cellulaire qui est immédiatement recouverte par l'épiderme ne présente que du mucilage et des glandes ; peu à peu elle durcit, forme une couche de l'enveloppe corticale ou *liber*, et celle-ci finit à son tour par devenir couche ligneuse.

On voit encore ce passage dans certaines plantes qui sont annuelles dans les climats froids, et vivaces dans les climats tempérés : dans les premiers, elles sont herbacées, parce que le retour périodique des froids ne leur permet pas de se développer ; dans les seconds, elles deviennent arborescentes, et le temps durcit le mucilage et en forme des couches ligneuses.

On peut hâter l'endurcissement de la fibre en la faisant frapper plus fortement par l'air et la lumière : *Buffon* a observé que, lorsqu'on dépouille l'arbre de son écorce, la couche qui est frappée par l'air acquiert une dureté considérable ; les arbres ainsi préparés forment des pièces de charpente plus solides que celles qui n'ont pas subi cette préparation.

C'est peut-être à la grande quantité d'air pur dont la fibre est chargée, qu'elle doit la propriété de ne pas se putréfier, et c'est sur la qualité précieuse de ne pas se corrompre qu'on a fondé l'art de la dépouiller de tous les autres principes fermentescibles du végétal, de l'obtenir dans sa plus grande pureté, et de l'employer ensuite pour faire la toile, le papier, &c. Nous reviendrons sur ces objets en parlant des altérations du végétal.

ARTICLE XV.

De quelques autres principes fixes du végétal.

L'HUILE volatile du raifort avoit présenté à quelques chymistes du soufre en nature qui se déposoit par le repos ; mais *Deyeux* nous a appris à extraire ce principe inflammable de la racine de patience : il suffit de raper la racine, de la faire bouillir, d'enlever et de sécher l'écume ; cette écume donne beaucoup de soufre en nature : et c'est peut-être à ce principe que les plantes doivent leur vertu, puisqu'on les emploie dans les maladies de la peau.

Les végétaux nous présentent aussi dans leur analyse quelques métaux, tels que le fer, l'or, le manganèse. Le fer forme près d'un douzième du poids des cendres des bois durs, tels que le chêne : on peut l'extraire par le barreau aimanté ; il ne paroît pas exister parfaitement à nud dans le végétal : cependant on lit dans les *journaux de physique*, une observation dans laquelle on assure l'avoir trouvé en grains métalliques dans des fruits. Le fer est ordinairement tenu en dissolution dans les acides de la végétation, d'où on peut le précipiter par les alkalis. On a attribué l'existence de ce métal au *detritus* des outils aratoires et à la faculté qu'a la plante de le pomper avec ses sucs nutritifs : *Nollet* et autres physiciens ont adopté des idées aussi peu philosophiques. Il en est du fer comme des sels, c'est l'ouvrage du végétal; et les végétaux arrosés d'eau distillée en fournissent comme les autres.

Becher et *Kunckel* avoient reconnu la présence de l'or dans les plantes. *Sage* fut invité à répéter les procédés connus pour s'assurer du fait; il trouva de l'or dans les cendres du sarment et l'annonça au public. Après ce chymiste, presque toutes les personnes qui se sont occupées de cet objet ont trouvé de l'or, mais en bien moins grande quantité que n'en avoit annoncé *Sage*. Les analyses les plus exactes n'en n'ont démontré que deux grains, tandis que *Sage* en avoit annoncé plusieurs onces par quintal. Le procédé pour extraire l'or des cendres consiste à faire fondre les cendres avec le *flux noir* et le *minium;* on coupelle le plomb qui en provient, pour s'assurer du peu d'or qui s'est allié à lui dans l'opération.

Scheele a aussi retiré du manganèse, par l'analyse des cendres : son procédé consiste à mettre en fusion une partie de cendres avec trois parties d'alkali fixe et un huitième de nitrate de potasse ; on fait bouillir la matière fondue dans une certaine quantité d'eau ; on filtre la dissolution et on la sature d'acide sulfurique ; il se précipite du manganèse au bout de quelque temps.

La chaux forme assez constamment les sept dixièmes du résidu fixe de l'incinération. Cette terre est ordinairement combinée avec l'acide carbonique. *Scheele* a démontré qu'elle effleurissoit sous cette forme sur les écorces du gayac, du frêne, &c. Elle est aussi très-souvent unie à l'acide de la végétation ; elle paroît formée par une altération du mucilage plus avancée que celle qui forme la fécule qui a quelque analogie avec la terre ; nous voyons évidemment le passage du mucilage à l'état de terre dans les animaux testacés, on voit le mucilage se putréfier à la surface avec d'autant plus de promptitude qu'il est plus pur, comme nous pouvons en juger par la comparaison des *astéries, oursins, crabes, &c.*

Après la chaux, l'alumine est la terre la plus abondante dans le végétal, ensuite la magnésie. *Darcet* a retiré, d'une livre de cendres de bois de *hêtre*, une once de sulfate de magnésie en le traitant par l'acide sulfurique ; cette terre est très-abondante dans les cendres de *tamarisc.* La terre siliceuse y existe aussi, mais moins abondamment. La moins commune de toute est la baryte.

ARTICLE XVI.

Des sucs communs qu'on extrait par incision ou par expression.

Les sucs des végétaux dont nous venons de parler, sont des substances particulières contenues dans le végétal et ayant des caractères saillans qui les différencient de toute autre humeur. Mais on peut à la fois extraire des végétaux tous les sucs qu'ils contiennent; et ce mélange de divers principes peut s'obtenir par divers moyens : la simple incision suffit quelquefois : l'expression est également employée.

Les sucs des végétaux varient relativement à la nature des végétaux : ils sont plus abondans dans les uns que dans les autres. L'âge y apporte des modifications : en général, les jeunes arbres ont plus de sève, et cette sève est plus douce, plus muqueuse, moins chargée d'huile et de résine. La sève varie selon la saison : au printemps, la plante pompe avec avidité les sucs nutritifs que l'air et la terre lui fournissent ; ces sucs établissent une plétore dans toutes les parties, il en résulte un accroissement considérable, et quelquefois une extravasation naturelle : si, dans le temps de cette plétore, on établit des incisions sur quelque partie du végétal, tout le suc qui abonde s'échappe par l'ouverture, et le suc qui en découle est presque toujours clair et sans odeur ; mais peu à peu la plante travaille ces sucs et leur imprime des caractères propres. Dans le printemps, le suc séveux ne nous présente, dans le corps du végétal, qu'une légère altération des sucs nutritifs ; mais dans l'été tout est élaboré, tout est digéré, alors la sève a des caractères tout différens de ceux qu'elle avoit au printemps : et si, à cette époque, on fait des incisions à l'arbre, on en retire des sucs qui diffèrent de ceux qu'on a pu obtenir au printemps.

La constitution de l'air influe également sur la nature des sucs du végétal : un temps pluvieux s'oppose au développement du principe sucré, de même qu'à la formation des résines et des aromates : un temps sec procure peu de mucilage et beaucoup de résine et d'arome ; un temps chaud décompose le mucilage et favorise le développement des résines, de la matière sucrée et de l'arome, tandis qu'un temps froid ne permet que la formation du *muqueux :* et, comme le mucilage est le principe de l'accroissement des végétaux, alors tout est employé à l'accroissement de la plante, tandis que la chaleur et la lumière modifient ce même *muqueux* et le font passer à l'état d'huile, de résine, d'arome, &c. De-là vient peut-être que les arbres sont d'une plus belle venue dans les climats froids que dans les pays brûlans, et que dans ceux-ci les aromates, les huiles et les résines prédominent. L'esprit, dans le végétal comme dans l'animal, paroît être l'apanage des climats du midi, tandis que la force est l'attribut de ceux du nord.

Des sucs extraits par incision.

Le suc contenu dans la plante, et qui y est connu sous le nom de *sève*, est répandu dans le tissu cellulaire, renfermé dans les vaisseaux ou déposé dans les utricules; et il y a une communication établie qui fait qu'en déchirant quelque partie du végétal, les sucs qui y abondent s'échappent par la déchirure; mais pas aussi promptement ni aussi complètement que dans les animaux, parce que les humeurs n'y jouissent pas d'un mouvement aussi rapide, et qu'il y a moins de rapports entre les divers organes

ganes dans le végétal que dans l'animal. Ce suc est le mélange confus de tous les principes du végétal : l'huile, le mucilage y sont confondus avec les sels ; c'est en un mot l'humeur générale du végétal, comme le sang est celle de l'animal. Nous ne parlerons ici que de la *manne* et de l'*opium*.

1°. *Manne*. Plusieurs végétaux nous fournissent de la manne : on en extrait du pin, du sapin, de l'érable, du chêne, du genévrier, du figuier, du saule, de l'olivier, &c. : mais le frêne, le mélèze et l'alhagi en fournissent le plus. *Lobel*, *Rondelet*, &c. ont observé, à Montpellier, sur les oliviers, une espèce de manne à laquelle ils ont donné le nom d'æleomeli : *Tournefort* en a cueilli sur les mêmes arbres à Aix et à Toulon.

Le frêne qui donne la manne vient naturellement dans tous les climats tempérés : mais la Calabre et la Sicile paroissent former la patrie la plus naturelle de cet arbre, du moins ce n'est que dans ces contrées qu'il fournit abondamment le suc qu'on appelle *manne* dans le commerce.

La manne découle naturellement de cet arbre, et s'attache à ses parois sous forme de gouttelettes blanches et transparentes ; mais on facilite l'extraction de ce suc par des incisions qu'on pratique à l'arbre pendant l'été; la manne découle par ces ouvertures sur le tronc de l'arbre, d'où on la détache avec des morceaux de bois : on a encore l'attention de placer des pailles ou de petits bâtons dans ces incisions ; les stalactites qui pendent à ces petits corps, sont séparés et connus dans le commerce sous le nom de *manne en larmes ;* les plus petits morceaux forment la *manne en sorte ;* et la *manne grasse* est formée par la qualité la moins belle, la plus souillée de terre et autres matières étrangères. Le frêne donne quelquefois de la manne dans nos climats, et j'en ai vu qui avoit été recueillie du côté d'*Aniane*, à quatre lieues de Montpellier.

Le mélèze, qui croît abondamment dans le Dauphiné et aux environs de Briançon, fournit aussi de la manne. On voit se former pendant l'été, sur les nervures des feuilles, des grains blancs et friables, que les paysans détachent les uns après les autres, et mettent dans des pots qu'ils gardent dans un endroit frais. Cette manne se colore en jaune, et a une odeur très-nauséabonde.

L'*alhagi* est une espèce de genêt qui croît dans la Perse. Il transude un suc de ses feuilles, sous la forme de gouttes plus ou moins grosses, que la chaleur du soleil épaissit : on peut voir une relation intéressante de cet arbre dans les Voyages de *Tournefort* au Levant. Cette *manne alaghine* est connue dans la ville de *Tauris* sous le nom de *téréniabin*.

La manne la plus usitée est celle de la Calabre ; elle a une odeur vireuse et une saveur douceâtre et nauséabonde : si on l'expose sur les charbons, elle se boursoufle, s'enflamme et laisse un charbon volumineux et léger.

L'eau la dissout en totalité à froid ou à chaud ; si on la fait bouillir avec de la chaux, qu'on la clarifie avec un blanc d'œuf et qu'on la rapproche pour en opérer la crystallisation, il se forme des crystaux de sucre.

La manne donne, à la distillation, de l'eau, de l'acide, de l'huile, de l'ammoniaque ; et le charbon fournit de l'alkali.

La manne forme la base de presque toutes les médecines purgatives.

2°. *Opium*. La plante qui fournit l'opium est le pavot : on le cultive en Perse et dans l'Asie mineure, pour en extraire ce médicament précieux. On a soin d'enlever toutes les têtes qui surchargeroient la plante, et on ne laisse que celle qui répond à la tige principale. Au commencement de l'été, lorsque les têtes sont mûres, on fait des incisions tout autour, et il en découle des larmes qu'on recueille soigneusement : cet opium est le plus pur, et on le garde dans le pays pour les divers usages. Celui qui nous est apporté s'extrait par expression de ces mêmes têtes. On enveloppe le suc qui en provient, après l'avoir desséché, dans des feuilles de pavot, et on en forme des pains circulaires applatis.

Dans nos laboratoires on le débarrasse de ses impuretés en le faisant dissoudre dans l'eau chaude ; on filtre ensuite, et on évapore jusqu'à consistance d'extrait : c'est-là l'*extrait d'opium*.

L'opium contient un arome vireux et narcotique, dont il est impossible de le débarrasser complètement, selon *Lorry*. Il contient encore un extrait soluble dans l'eau et une résine, de même qu'une huile volatile et concrète et un sel particulier.

Par une longue digestion dans l'eau chaude, l'huile volatile s'atténue, se dégage et emporte avec elle l'arome ; de sorte que par ce moyen on peut séparer l'huile et l'arome, du moins en grande partie. On a observé que l'opium débarrassé de cette huile, d'une portion de son arome et de sa résine, conservoit la vertu calmante sans être irritant et stupéfiant ; et nous devons à *Baumé* un travail intéressant à ce sujet :

il fait bouillir quatre livres d'opium coupé à tranches dans douze à quinze pintes d'eau, pendant demi-heure ; on passe la décoction avec expression ; on épuise le marc en le faisant bouillir dans de la nouvelle eau ; on mêle toutes ces liqueurs et on les réduit par évaporation à six pintes ; on met cette liqueur dans une cucurbite d'étain, on la place sur un bain de sable, et on entretient la digestion pendant six mois ou pendant trois mois nuit et jour ; on ajoute de l'eau à mesure qu'elle s'évapore ; on gratte de temps en temps le fond du vaisseau pour dégager la résine qui s'y attache. Lorsque la digestion est finie, on filtre, on sépare soigneusement le résidu, et on évapore l'eau juqu'à consistance d'extrait. Si on veut séparer le sel on suspend l'évaporation, lorsqu'elle est réduite à une pinte ; il se précipite par le refroidissement un sel terreux roux, en feuillets mêlés de crystaux en aiguilles.

Par ce procédé long, mais bien entendu, on sépare d'abord l'huile, qui, après trois à quatre jours, vient nager à la surface de la liqueur, où elle forme une pellicule collante comme la térébenthine : cette pellicule se dissipe peu à peu et disparoît au bout d'un mois ; il n'en paroît ensuite que quelques gouttes de temps en temps : à mesure que l'huile se dissipe, la résine qui fournit un savon avec elle se précipite.

Chaussier a trouvé de l'analogie entre ce principe, qu'on a cru résineux, et le *gluten*.

Baumé a calculé que ces principes étoient dans les proportions suivantes : quatre livres d'opium du commerce donnent une livre une once de marc, une livre quinze onces extrait, douze onces résine, un gros sel, trois onces sept gros huile ou arome.

Bucquet a proposé d'extraire le principe calmant, en dissolvant à froid et faisant évaporer; *Josse*, en malaxant dans l'eau froide ; *Lassone* et *Cornette*, en dissolvant, filtrant plusieurs fois, et évaporant toujours à consistance d'extrait.

Le principe calmant est un médicament bien précieux, puisqu'il ne porte pas avec lui cette ivresse et cette stupeur qui sont les effets trop ordinaires de l'opium du commerce.

Lorsqu'une plante ne donne pas son suc par incision, cela peut provenir, ou de ce qu'il est en trop petite quantité, ou de ce qu'il est sous une forme trop consistante pour couler, ou bien de ce qu'il n'y a pas de communication assez bien établie dans le tissu du végétal pour permettre l'écoulement de tout le suc. Il suffit alors, ou d'une simple expression mécanique, comme pour le suc d'*hypociste* et d'*acacia;* ou d'une extraction aidée par le moyen de l'eau qui ramollit le tissu, dissout et entraîne le suc.

Des sucs extraits par expression.

Les végétaux succulens fournissent leur suc par la simple expression : la manière d'extraire ces sucs est à-peu-près la même pour tous. Lorsqu'on veut extraire le suc d'une plante, on la lave, on la coupe en petits morceaux, on la pile dans un mortier de marbre, on la met dans un sac de toile, et on l'exprime par le moyen d'une presse.

Il est des plantes ligneuses, telles que la sauge, le thim, la petite centaurée, dont on ne peut extraire le suc qu'en y ajoutant un peu d'eau; il en est d'autres très-succulentes, telles que la bourrache, la buglosse, les chicorées, dont le suc visqueux et mucilagineux refuse de passer à travers le linge, et il est nécessaire d'y ajouter un peu d'eau en les pilant. On peut encore laisser macérer les plantes inodores pour préparer l'extraction du suc.

On peut clarifier les sucs par le simple repos ou par la filtration quand ils sont très-fluides; par le blanc d'œuf ou la lymphe animale qu'on fait bouillir avec eux; et, lorsque les sucs contiennent des principes qui peuvent s'évaporer, tels que ceux de sauge, de mélisse, de marjolaine, &c. on plonge la fiole qui contient le suc dans l'eau bouillante, après l'avoir bouchée avec un papier percé, et on la retire lorsque le suc est éclairci; on la plonge ensuite dans l'eau froide, et on décante.

Le suc qui s'épaissit par la chaleur est de la nature de l'*albumen*, d'après les observations de *Fourcroy*.

Le *suc d'acacia* s'extrait du même arbre qui fournit la gomme arabique : on recueille les fruits de cet arbre avant qu'ils soient mûrs, on les pile, on les exprime, on fait sécher le suc au soleil et on en forme des boules d'un brun noirâtre à l'intérieur, plus rouges à l'extérieur et d'un goût astringent.

On prépare avec les prunelles qui ne sont pas mûres, un suc qu'on distribue sous le nom d'*acacia d'Allemagne*, lequel ne diffère pas beaucoup de suc d'*acacia d'Egypte*.

Le *suc d'ypociste* est tiré d'une plante parasite qui croît sur le Ciste dans l'isle de Crète;

on pile le fruit, on en exprime le suc et on l'épaissit au soleil ; il devient noir et prend une consistance ferme.

Ces deux derniers sucs sont employés dans la médecine comme astringens.

SECTION IV.

Des principes qui s'échappent par la transpiration du végétal.

Le végétal doué d'organes digestifs pousse au-dehors tous les principes qui ne peuvent point être assimilés ; et, lorsque ses fonctions ne sont pas favorisées par les causes qui les facilitent, les sucs nutritifs sont rejettés presque sans altération. Nous nous occuperons des trois principales substances qu'exhale le végétal, qui sont l'air, l'eau et l'arome.

ACTICLE PREMIER.

Du Gaz oxigène fourni par les végétaux.

INGENHOUSZ, a publié, en 1779, des expériences sur les végétaux, dans lesquelles il prétend que les plantes ont la vertu de transpirer de l'air vital quand elles sont frappées par les rayons directs du soleil; et qu'elles transpirent de l'air très-méphitique, à l'ombre et pendant la nuit.

Priestley faisoit connoître les mêmes résultats en même temps, de même que *Sennebier* de Genève, qui n'a publié cependant un ouvrage à ce sujet qu'en 1782, dans lequel il admet, comme un principe général, que les plantes laissent échapper de l'air vital au soleil; mais il soutient qu'à l'ombre elles ne produisent point d'air méphitique, et croit que si *Ingenhousz* en a obtenu, cela tient à un commencement de putréfaction de la plante.

Le procédé le plus simple pour extraire ce gaz du végétal, consiste à le faire passer sous l'eau dans un bocal plein de ce liquide et renversé dessus; on voit, dès que le soleil agit sur la plante, se former de petites bulles qui grossissent peu à peu, partent des nervures de la feuille, et se détachent pour venir crever à la surface de la liqueur.

Les plantes ne donnent pas toutes le gaz avec la même promptitude : il en est qui le rendent du moment que le soleil agit sur elles; telles sont les feuilles de la jacobée, de la lavande, et de quelques plantes aromatiques : dans d'autres plantes, l'émission est plus lente, mais aucune ne tarde plus de sept à huit minutes, pourvu que la lumière du soleil soit vive. L'air est fourni presque en totalité par la surface inférieure des feuilles des arbres : il n'en est pas de même des herbes, elles donnent de l'air à-peu-près par toutes leurs surfaces. Voyez *Sennebier*.

Les feuilles donnent plus d'air quand elles tiennent à la plante que quand elles en sont détachées ; et elles en fournissent d'autant plus qu'elles sont plus fraîches et plus saines.

Les jeunes feuilles donnent peu d'air vital; celles qui sont en plein accroissement en donnent davantage, et elles en donnent d'autant plus qu'elles sont plus vertes; les feuilles qui se gâtent, jaunissent ou rougissent, n'en donnent point.

Les feuilles fraîches coupées en morceaux donnent de l'air. Le gaz oxigène peut s'échapper sans que la plante plonge dans l'eau :

c'est ce qui résulte des expériences de *Sennebier*.

Il paroît que c'est du parenchyme de la feuille que se dégage l'air : l'épiderme, l'écorce, les pétales blancs ne fournissent point d'air; et, en général, il n'y a que les parties vertes de la plante qui donnent du gaz oxigène : les fruits verds donnent de l'air, ceux qui sont mûrs n'en donnent point; il en est de même des graines.

Il est démontré que le soleil n'agit point, dans la production de ce phénomène, comme corps échauffant : c'est par la lumière que se décide l'émission de ce gaz, et j'ai même observé qu'il suffit d'une lumière forte sans émission directe des rayons du soleil pour produire ce phénomène.

Il résulte des expériences de *Sennebier*, qu'un acide étendu dans l'eau employée à l'expérience, augmente la quantité d'air qui se dégage, lorsque l'acide n'est pas mis en trop grande quantité; et l'acide est décomposé dans ce cas.

On a observé que les *conferva* donnoient beaucoup d'air vital, de même que cette matière verte qui se forme dans l'eau, et qu'*Ingenhousz* a cru n'être qu'une ruche d'insectes verdâtres.

L'air pur est donc séparé de la plante par l'action de la lumière, et l'excrétion est d'autant plus forte qu'elle est plus vivante ; il paroît que la lumière favorise le travail de la digestion dans la plante, et que l'air vital, qui est un des principes de l'eau, s'exhale lorsqu'il ne trouve pas à se combiner dans le végétal : de-là vient que les plantes où la végétation est la plus vigoureuse fournissent le plus d'air ; de-là vient qu'un peu d'acide délayé dans l'eau favorise l'émission et augmente la quantité de gaz oxigène.

Par cette émission continuelle d'air vital, l'Auteur de la Nature répare sans cesse la déperdition qui s'en fait par la respiration, la combustion, l'altération des corps, ce qui comprend toutes les fermentations, combustions et putréfactions, &c. et de cette manière l'équilibre entre les principes constituans de l'atmosphère est toujours maintenu.

ARTICLE II.

De l'Eau fournie par les végétaux.

La plante verse également par ses pores, sous forme de vapeurs, une quantité considérable d'eau : on peut même regarder cette excrétion comme la plus abondante : *Hales* a calculé que la transpiration d'une plante adulte, telle que celle de l'*helianthus annuus*, étoit, en été, dix-sept fois plus considérable que celle de l'homme.

Guettard a observé que cette excrétion étoit toujours proportionnée à l'intensité de la lumière, et non à celle de la chaleur ; elle est presque nulle pendant la nuit. Le même physicien a observé que la transpiration aqueuse se faisoit sûr-tout par la partie supérieure de la feuille. L'eau qui s'exhale des végétaux n'est point pure ; elle sert de véhicule à l'arome, et entraîne même avec elle un peu de principe extractif, c'est ce qui fait qu'elle se corrompt avec tant de facilité.

L'effet immédiat de l'évaporation aqueuse, c'est d'entretenir un degré de fraîcheur dans la plante, qui fait qu'elle ne suit pas rigoureusement les variations de la température de l'atmosphère.

ARTICLE III.

De l'Arome ou Esprit recteur.

CHAQUE plante a une odeur qui la caractérise; c'est ce principe odorant que *Boerhaave* appeloit *esprit recteur*, et que nous connoîtrons sous celui d'*arome*.

L'arome paroît de la nature des gaz par sa finesse, son invisibilité, &c. la moindre chaleur le fait échapper de la plante, et la fraîcheur le condense et le rend plus sensible; c'est ce qui fait que l'arome est infiniment mieux senti le soir et le matin.

Ce principe est si délié, que l'émission continuelle qui s'en fait d'un bois ou d'une fleur n'en diminue pas le poids sensiblement, même après un temps considérable.

L'arome est quelquefois fixé sur un extrait, quelquefois sur une huile, et cette dernière combinaison est la plus ordinaire.

La nature de l'arome paroît prodigieusement varier, du moins à en juger par l'organe de l'odorat qui en distingue de bien des espèces : il en est même qui portent une impression vénéneuse sur l'économie animale. *Ingenhousz* cite l'exemple d'une fille morte à Londres par l'odeur des lys, en 1719. Le fameux *Triller* rapporte l'exemple d'une jeune personne morte par l'odeur des violettes, et l'observation d'une autre qu'on rendit à la vie en enlevant les fleurs qui l'avoient asphixiée. *Martinus Cromerus* donne encore l'exemple d'un évêque de Breslaw, mort de cette manière.

Le mancéniller, qui croît dans les Indes occidentales, exhale des vapeurs très-dangereuses; l'humeur qui découle de cet arbre est si malfaisante, que, s'il en dégoutte sur la main, elle y fait l'effet d'un vésicatoire.

La plante américaine *lobelia longi-flora* excite une oppression suffoquante de poitrine quand on respire dans son voisinage, d'après *Jacquin* (*hortus vindebonensis.*) Le *rhus toxicodendron* a une exhalaison si dangereuse qu'*Ingenhousz* rapporte le retour d'une maladie périodique, qui attaquoit la famille du curé de Crossen en Allemagne, à une Tone ombragée par cet arbre sous laquelle on alloit se reposer. Tout le monde connoît l'effet du Musc et du Safran oriental sur quelques personnes. L'exhalaison du noyer est réputée très-mauvaise.

Nous pourrions ajouter ici la propriété malfaisante de ces cannes ou roseaux, dont on se sert dans le midi de la France pour couvrir les toîts

toîts et le fumier, ou bien pour former des palissades, &c. *Poitevin* a vu un homme très-malade pour avoir manié de ces roseaux qui étoient entassés depuis long-temps et avoient probablement fermenté : ses parties de la génération enflèrent prodigieusement. Un chien qui avoit dormi sur ce tas de roseaux eut le même sort, et fut affecté dans les mêmes organes. Dix hommes de Lunel, employés à transporter de ces roseaux, éprouvèrent tous les mêmes symptomes, il y a quatre ans.

La manière d'extraire l'arome varie relativement à sa volatilité et à ses affinités : il est, en général, soluble dans l'eau, l'alkool et les huiles, &c. et on emploie l'une ou l'autre de ces liqueurs pour le retirer des plantes qui le fournissent.

Lorsqu'on emploie l'eau ou l'alkool, on distille à une chaleur douce, et les dissolvans de l'arome l'entraînent avec eux. On peut se contenter d'une simple infusion, ce qui évite la perte d'une portion d'arome.

L'eau chargée d'arome est connue sous le nom d'*eau distillée* de telle ou telle substance. L'eau distillée des plantes inodores ou herbacées ne paroît avoir aucune vertu ; et les apothicaires ont depuis long-temps décidé la question, puisqu'ils lui substituent l'eau de fontaine dans la composition des remèdes. L'esprit-de-vin combiné avec l'arome, est connu sous le nom d'*esprit* de telle ou telle substance, ou *quintessence* de tel corps.

Lorsque l'arome est très-fugace, tel que celui du lys, celui du jasmin, celui de la tubéreuse, &c. on met les fleurs dans une cucurbite d'étain avec du coton imbibé d'huile de *ben* : on dispose le coton et les fleurs couche par couche, on ferme la cucurbite, et on l'expose à une chaleur douce ; par ce moyen, l'arome se fixe à l'huile d'une manière durable. On emploie encore la pâte d'amande, qu'on met couche par couche avec les fleurs ; on en exprime ensuite l'huile qui entraîne avec elle l'arome.

Tels sont les trois moyens usités pour s'emparer du principe odorant.

L'art de les porter à volonté sur diverses substances constitue l'*art du parfumeur.*

Les parfums sont ou secs ou liquides : parmi les premiers on peut placer les *sachets*, qui ne sont que des mélanges de plantes aromatiques ou aromes en nature, les *poudres aromatisées* par quelques gouttes de dissolution d'arome, les *pastilles* qui ont pour base le sucre, &c.

Les parfums liquides sont presque toujours

des aromes dissous dans l'eau ou l'alkool. Les diverses liqueurs qu'on sert sur nos tables ne sont que ces mêmes dissolutions tempérées et adoucies par le sucre.

Par exemple, pour faire l'*eau divine*, on prend l'écorce de quatre citrons, on la met dans un alambic de verre, on verse dessus deux livres bon esprit-de-vin et deux onces eau de fleurs d'orange, et on distille au bain de sable ; d'un autre côté, on dissout une livre et demie de sucre dans une livre et demie d'eau : on mêle les deux liqueurs, elles se troublent, on laisse reposer, et il en résulte une liqueur agréable.

Pour faire la *crême de rose*, je prends parties égales d'eau rose, d'esprit-de-vin à la rose et de sirop de sucre; je mêle ces trois substances, et je colore le mélange avec l'infusion de cochenille.

Mais il faut convenir que dans tous les parfums un peu compliqués, le nez est le meilleur chymiste qu'on puisse consulter ; et un bon odorat est aussi essentiel à un parfumeur qu'une bonne tête à un géomètre.

SECTION V.

Des altérations qu'éprouvent les végétaux morts.

Les mêmes principes qui entretiennent la vie dans le végétal et l'animal, deviennent, dès qu'ils sont morts, les premiers agens de leur destruction; c'est ainsi que la nature paroît avoir confié aux mêmes agens la composition, l'entretien et la décomposition de ces mêmes êtres. L'air et l'eau sont les deux principes qui entretiennent la vie dans les corps vivans; mais du moment qu'ils sont morts, ils en hâtent l'altération et la dissolution. La chaleur même, qui aidoit et fomentoit les fonctions de la vie, concourt à faciliter la décomposition; c'est ainsi que les glaces de la Sybérie conservent les corps morts pendant plusieurs mois, et que dans nos montagnes on les garde long-temps sur la neige lorsqu'elle interrompt le transport pour aller les inhumer.

Nous examinerons l'action de ces trois agens, *calorique, air* et *eau;* et nous tâcherons de faire connoître le pouvoir et l'effet de chacun en particulier, avant de nous occuper de leur action combinée.

ARTICLE PREMIER.

De l'action du calorique sur le végétal.

La distillation des plantes à la cornue n'est que l'art de les décomposer par le moyen du calorique : ce procédé a été long-temps la seule voie d'analyse ; les premiers chymistes de l'académie de Paris l'adoptèrent pour analyser près de 1400 plantes ; et ce ne fut qu'au commencement de ce siècle qu'on discontinua un travail qui parut ne point avancer la science, puisque le chou et la ciguë donnoient les mêmes principes.

Il est clair qu'une analyse à la cornue ne doit point faire connoître les principes du végétal ; car, outre que le calorique les dénature en devenant principe constituant des produits qu'on extrait, ces principes se mêlent eux-mêmes, et nous ne savons jamais dans quel ordre et dans quel état ils étoient dans la plante vivante : en outre, l'action du calorique fait réagir l'un sur l'autre les principes contenus dans le végétal, et tout se confond : de-là vient que tous les végétaux fournissent à-peu-près les mêmes principes, savoir, de l'eau, de l'huile plus ou moins épaisse, une liqueur acide, un sel concret et un charbon ou *caput mortuum* plus ou moins abondant.

Hales s'étoit apperçu que la distillation des végétaux donnoit beaucoup d'air, il avoit même un appareil pour le recueillir et le mesurer; mais, de nos jours, les moyens pour ramasser les gaz se sont simplifiés, et l'appareil hydro-pneumatique nous a prouvé que ces substances aériformes étoient un mélange d'acide carbonique, de gaz hydrogène, et quelquefois d'un peu de nitrogène.

L'ordre selon lequel s'offrent les divers produits, et les caractères qu'ils nous présentent, nous permettent les observations suivantes.

1°. L'eau qui passe la première est ordinairement pure et inodore; mais lorsqu'on distille des plantes odorantes, les premières gouttes sont imprégnées de l'arome qu'elles contiennent. Ces premières portions d'eau ne sont produites que par l'eau surabondante qui imprègne le tissu du végétal. Lorsque l'eau de composition, ou celle qui étoit en combinaison dans le végétal, commence à monter, elle entraîne avec elle un peu d'huile qui la colore, et quelques portions d'un acide foible fourni par le mucilage et autres principes avec lesquels il étoit à l'état savonneux. Le phlegme contient aussi très-souvent un peu d'ammoniaque : cet alkali paroît formé dans l'opération elle-même ; car il est très-peu de plantes qui le contiennent dans leur état naturel.

2°. Au phlegme succède un principe huileux peu coloré dans le principe ; mais, à mesure que la distillation avance, l'huile qui monte est plus épaisse et plus colorée. Toutes les huiles fixes obtenues par la distillation sont caractérisées par une odeur de brûlé et un goût âcre qui proviennent de l'impression du feu lui-même ; ces huiles sont presque toutes résineuses, et l'acide nitrique les enflamme aisément : on peut par des distillations répétées, les rendre plus fluides et plus volatiles. Les divers degrés de fluidité des huiles obtenues par la distillation, proviennent de leur décomposition, qui fait prédominer l'hydrogène dans le commencement parce qu'il est plus volatil ; ce qui en rend les premiers produits plus fluides.

3°. A proportion que l'huile distille, il se sublime quelquefois du carbonate d'ammoniaque qui s'attache aux parois des vaisseaux ; il est ordinairement sali par de l'huile qui le colore. Ce sel ne paroît pas exister dans le végétal : *Rouelle* le jeune a démontré que les plantes qui en fournissent le plus, telles que les crucifères, n'en contenoient pas dans leur état naturel; il se forme donc, lors de la distillation, par la volatilisation et la réunion des principes qui le composent.

4°. Tous les végétaux fournissent, à la distillation, une très-grande quantité de gaz, et leur nature influe sur celle des substances gazeuses qu'ils fournissent : ceux qui sont fournis de résine donnent beaucoup de gaz hydrogène, tandis que ceux qui abondent en mucilage produisent de l'acide carbonique.

Le mélange de ces gaz fait un corps plus pesant que l'air inflammable ordinaire : de-là le peu de succès de cet air pour des aérostats.

L'art de charbonner le bois est une opération presque semblable à la distillation dont nous venons de parler. Il consiste à former des pyramides de bois en cônes tronqués par leur sommet; on ménage une cheminée dans le milieu et des courans dans le bas pour faciliter l'aspiration; on recouvre le tout d'une couche de terre bien battue; on met le feu au bûcher; et, lorsque toute la masse est bien embrasée, on l'éteint, et on laisse agir la chaleur seule pour volatiliser l'eau, l'huile et tous les principes du végétal, à l'exception de la fibre. Le bois dans cette opération perd les trois quarts de son poids et un quart de son volume. Il absorbe, suivant *Fontana* et *Morozzo*, de l'air et de l'eau en se refroidissant. Je me suis convaincu, par des expériences en grand, que le charbon de houille désoufré acquéroit 25 livres d'eau par quintal par le refroidissement; celui de bois ne m'a paru en absorber que 15 à 20. Le *suturbrand* des Islandois n'est que du bois réduit à l'état de charbon par la lave qui l'a enveloppé. (Voyez *Détroil, Lettres sur l'Islande.*)

Le charbon, résidu de toutes les distillations, est une substance qui mérite d'autant plus d'attention, qu'il entre dans la composition de plusieurs corps, et joue le plus grand rôle dans leurs phénomènes.

Le charbon n'est qu'une légère altération de la fibre végétale, et il conserve presque toujours la forme du végétal qui le produit; on y reconnoît non-seulement la texture primitive, mais il sert encore à distinguer l'état et la nature des végétaux qui l'ont fourni. Il est quelquefois dur, sonore et cassant; d'autres fois léger, spongieux et friable. Quelques substances le fournissent en poudre subtile et sans consistance: tel est celui des huiles et des résines.

Le charbon bien fait n'a ni odeur, ni saveur; c'est une des substances les plus indécomposables qu'on connoisse.

Lorsqu'il est sec il ne s'altère point par la distillation dans les vaisseaux clos; mais, lorsqu'il est humide, il donne alors du gaz hydrogène et de l'acide carbonique, ce qui annonce la décomposition de l'eau et la combinaison de l'un de ses principes avec le charbon, tandis que l'autre se dissipe en nature : en humectant et distillant successivement un charbon, on peut le détruire et l'anéantir de cette manière.

Le charbon se combine avec l'oxigène et forme l'acide carbonique; mais cette combinaison n'a lieu que lorsque leur action est aidée par le moyen de la chaleur; le charbon qui brûle dans un réchaut nous présente ce résultat, et dans cette opération nous y voyons deux effets bien immédiats; 1°. dégagement de chaleur fournie par le passage du gaz oxigène à l'état concret; 2°. production d'acide carbonique. C'est la formation de cet acide gazeux qui fait qu'il est dangereux d'allumer du charbon dans des endroits où le courant n'est pas assez rapide pour emporter l'acide carbonique à mesure qu'il se développe.

Le charbon bien fait bouilli dans l'eau ne

s'altère pas sensiblement; il donne, à la longue, une légère teinte rouge à ce liquide; ce qui provient de la division et dissolution du résidu charbonneux des huiles du végétal mêlé avec le résidu charbonneux de la fibre.

Si l'on fait digérer de l'acide sulfurique sur le charbon, il s'y décompose, et donne de l'acide carbonique, de l'acide sulfureux et du soufre.

L'acide nitrique s'y décompose bien plus rapidement lorsqu'il est concentré; car, si on le verse sur du charbon bien sec et pilé, il l'enflamme; on peut faciliter cette inflammation en faisant chauffer le charbon ou l'acide. Si on recueille ce qui s'élève dans cette opération, on obtient de l'acide carbonique, du gaz nitreux et de l'acide nitrique. *Proust* a observé que si on verse l'acide sur le milieu du charbon, il ne s'enflamme point; mais que si on laissoit couler l'acide sur le bord du creuset, il s'enflammoit de suite. On peut même l'enflammer en le projettant sur de l'acide nitrique légèrement chauffé.

Si on fait digérer de l'acide nitrique affoibli sur du charbon, il le dissout, se colore en rouge, devient pâteux, et prend une saveur amère, désagréable.

Le charbon mêlé avec les sels sulfuriques

et nitriques les décompose; combiné avec les oxides, il revivifie les métaux : tous ces effets dépendent de la grande affinité qu'il a avec l'oxigène contenu dans ces corps. On l'emploie pour faciliter la décomposition du salpêtre dans quelques cas, comme dans la composition de la poudre à canon, du flux noir, &c.

Rouelle a reconnu que l'alkali fixe dissolvoit une bonne quantité de charbon par la fusion; le même chymiste a découvert que le sulfure d'alkali le dissout aussi par la voie sèche et par la voie humide.

Le charbon peut aussi se combiner avec les métaux; il se combine avec le fer dans la fonte, et il s'y mêle encore dans la cémentation lorsqu'on forme l'acier. Lorsqu'il est combiné avec le fer en petite quantité, il constitue le plombagine. Il est encore susceptible de se combiner avec l'étain par la cémentation, et il donne à ce métal du brillant et de la dureté, d'après mes propres expériences.

ARTICLE II.

Action de l'eau sur le végétal.

Nous pouvons considérer l'action de l'eau sur le végétal sous deux points de vue différens : ou bien le chymiste lui-même applique ce fluide à la plante pour extraire et séparer du tissu ligneux les sucs qu'elle contient ; ou bien la plante elle-même, noyée dans ce fluide, est livrée dès ce moment à sa seule action, et elle s'y altère, se dénature et se décompose peu à peu d'une manière particulière. Dans ces deux cas les produits de l'opération sont très-différens : dans le premier, le tissu ligneux reste intact, et les sucs qui en sont séparés sont dissous sans altération dans le fluide ; dans le second, surtout lorsque les végétaux fermentent en un grand volume, les sucs sont dénaturés en partie ; mais les huiles, les résines restent confondues avec le tissu ligneux, et forment une masse où le végétal désorganisé présente, dans un état de mélange et de confusion, les divers principes qui le constituent.

Lorsque les végétaux sont amoncelés sous l'eau, leur tissu se relâche, tous les principes solubles sont entraînés, et il ne reste que le tissu même désorganisé et imprégné de l'huile végétale, altérée et durcie par la réaction des autres principes. On observe très-bien ce passage dans les marais, où les plantes qui y croissent en nombre périssent, se décomposent et forment la *vase*. Ces couches de végétaux décomposés, retirées des eaux et desséchées, peuvent être employées à la combustion ; l'odeur en est infecte ; mais, dans des atteliers, et lorsque les cheminées tirent bien, on peut se servir de ce combustible.

Du Charbon de terre ou de pierre.

On a regardé les végétaux comme donnant lieu à la formation du charbon de terre : mais l'enfouissement de quelques forêts ne suffit point pour former les masses énormes de charbon qui sont cachées dans les entrailles de la terre : il faut une cause plus grande et plus proportionnée à la grandeur de l'effet, et nous ne la trouvons que dans cette quantité prodigieuse de végétaux qui croissent dans l'étendue des mers ; laquelle quantité s'accroît encore par l'immensité de ceux qui y sont entraînés par les fleuves. Ces végétaux livrés aux courans, sont brassés, entassés, amoncelés par les vagues, recouverts par des couches de terre argilleuse ou calcaire, et se décomposent. Il est plus facile de concevoir ces amas de végétaux formant des couches de charbon, que de soutenir que les débris de coquilles forment la majeure partie du globe.

Les preuves directes qu'on peut donner de la vérité de cette théorie, sont, 1°. la présence du tissu des végétaux dans les mines de charbon : on a trouvé dans celles d'Alais le bambou et le bananier. Il est commun de trouver des végétaux terrestres confondus avec des plantes marines.

2°. On trouve encore des empreintes de coquilles et de poissons, et souvent même des coquilles en nature, dans les couches de charbon qu'on exploite; le charbon d'Orsan et celui du Saint-Esprit en contiennent prodigieusement.

3°. On voit évidemment, par la nature des montagnes qui renferment le charbon, que sa formation est sous-marine, car elles sont toutes ou de schiste, ou de grès, ou de pierre à chaux : le schiste secondaire est une espèce de charbon où le principe terreux l'emporte sur le bitumineux; quelquefois même ce schiste est combustible, tel est celui de Saint-Georges près de Milhaud. Dans le schiste, le tissu du végétal et l'empreinte des poissons y sont très-bien conservés. L'origine du schiste est donc sous-marine ; par conséquent, celle du charbon distribué par couches dans son épaisseur.

Le grès est un sable amoncelé, porté dans la mer par les fleuves, et poussé sur les bords par les vagues ; les couches de bitume qu'on y trouve ne peuvent donc appartenir qu'à la mer.

La pierre calcaire contient rarement des couches de charbon ; elle n'en est qu'imprégnée, comme à *Saint-Ambroix*, à *Servas*, &c. où le bitume forme comme un ciment avec la pierre calcaire.

Le charbon de terre se trouve ordinairement par couches dans l'intérieur de la terre, presque toujours encaissé dans des montagnes de schiste ou de grès.

La propriété du charbon est de s'enflammer, et de donner beaucoup de fumée en brûlant.

La base de tout charbon est le schiste secondaire, et la qualité du charbon dépend presque toujours de la quantité plus ou moins considérable de schiste. Lorsque le schiste domine, le charbon est pesant, et il laisse après sa combustion un résidu terreux, très-abondant. Cette espèce de charbon est veinée, dans son intérieur, de couches ou plutôt de rognons de schiste presque pur, qu'on appelle *fiches*.

Comme

Comme la formation de la pyrite provient de la décomposition des substances animales et végétales, de même que celle des charbons, tous les charbons de pierre sont plus ou moins pyriteux ; et on peut regarder un charbon de pierre comme un mélange de pyrite, de schiste et de bitume. La différence dans les charbons provient de la différence dans les proportions de ces principes.

Lorsque la pyrite est très-abondante, alors on apperçoit dans le charbon des veines de ce minerai jaune, qui se décomposent du moment qu'elles ont le contact de l'air, et forment une efflorescence de sulfate de magnésie, de fer, d'alumine, &c. Lorsqu'on enflamme du charbon pyriteux, il donne une odeur de soufre insupportable; lorsqu'on le forme en tas dans des lieux exposés à la pluie, il en résulte souvent une inflammation par la décomposition de la pyrite. A Saint-Etienne en Forez, à Cramsac dans le Rouergue, à Roque-Cremade dans le district de Béziers, il y a des veines de charbon incendiées; et il n'est pas rare de voir le feu dévorer des tas considérables de charbon pyriteux lorsque la décomposition en est favorisée par le concours de l'air et de l'eau. Si l'inflammation s'excite dans des masses plus considérables de bitume, alors les effets en sont plus imposans, et c'est à une semblable cause que nous devons rapporter l'origine et l'effet des volcans.

Lorsque le principe schisteux domine dans les charbons, ils sont alors de mauvaise qualité, parce que le résidu terreux en est considérable.

Le charbon de qualité supérieure est celui dans lequel le principe bitumineux est le plus abondant et exempt de toute impureté. Le charbon se boursouffle quand il brûle, et les fragmens épars se collent entre eux : c'est surtout cette qualité de charbon qu'on a employée à cette opération, appelée *désoufrage* ou *épurement du charbon* : cette opération est analogue à celle par laquelle on charbonne le bois. Dans le désoufrage on en fait des pyramides qu'on allume au centre; et, lorsque la chaleur a fortement pénétré toute la masse et que la flamme s'échappe par les côtés, alors on les recouvre avec de la terre mouillée; la combustion est suffoquée, le bitume se dissipe en fumée, et il ne reste plus qu'un charbon léger, spongieux, qui attire l'air et l'humidité, et qui présente dans sa combustion les mêmes phénomènes que le charbon de bois; il ne donne ni flamme ni fumée quand il est bien fait, mais il produit une chaleur plus forte que celle d'une masse égale de charbon brut; cette opération avoit reçu le nom de *désoufrage*, dans l'idée où l'on étoit que par ce moyen on dépouilloit le charbon de son soufre; mais il a été démontré que tous les charbons susceptibles d'être désoufrés ne contenoient presque pas de soufre.

On a cru pendant long-temps que l'odeur du charbon de terre étoit peu saine; mais il est prouvé de nos jours qu'elle n'est point malfaisante: *Venel* a fait de nombreuses expériences à ce sujet, et il s'est convaincu que l'homme et les animaux n'étoient pas incommodés par cette odeur. *Hoffmann* rapporte que les maladies de poitrine sont inconnues dans les villages d'Allemagne où l'on ne connoît que ce combustible. Je crois que la bonne qualité de charbon ne donne point de vapeur dangereuse; mais lorsque ce combustible est pyriteux, alors l'odeur ne peut qu'en être mauvaise.

L'usage du charbon est généralement appliqué aux arts: la nature paroît avoir caché et réservé ces magasins de combustible pour nous donner le temps de réparer nos forêts épuisées. Ces mines sont très-abondantes et très-nombreuses dans la République: presque tous nos départemens en contiennent, et nous en avons beaucoup en pleine exploitation. En Angleterre on a même appliqué l'emploi du charbon aux usages domestiques ; et cette partie de la minéralogie est très-cultivée dans ce royaume. Les particuliers y ont fait dans ce genre les entreprises les plus considérables: le duc *de Bridgwater* a fait construire à Bridgwater un canal de deux mille cinq cents toises pour l'exploitation des mines de charbon dans la province de Lancastre ; il a coûté cinq millions ; il est creusé en partie sous une montagne, et passe successivement dessous et dessus les rivières et les grandes routes. Dans nos départemens nous ne manquons que de chemins pour le transport du charbon ; et le Languedoc n'a pas osé encore entreprendre ce qu'un particulier a exécuté en Angleterre.

En Ecosse, milord *Dondonald* a établi des fourneaux dans lesquels on dégage le bitume du charbon, dont on reçoit et condense les vapeurs dans des chambres sur lesquelles il fait passer une rivière pour les rafraîchir ; ces vapeurs condensées fournissent à la marine angloise tout le goudron dont on a besoin. *Becker*, dans son ouvrage intitulé *la folle Sagesse* et *la sage Folie*, imprimé à Francfort en 1683, dit être parvenu à approprier aux usages ordinaires les mauvaises tourbes de

Hollande et les mauvais charbons de l'Angleterre : il ajoute en avoir retiré un goudron supérieur à celui de Suède, par un procédé semblable à celui des Suédois; il dit l'avoir fait connoître en Angleterre, et l'avoir fait voir au Roi.

Faujas a exécuté à Paris le procédé du lord Ecossois : le tout consiste à enflammer le charbon dans des fourneaux construits à cet usage, à étouffer la flamme à propos pour que la vapeur aille dans les chambres dans lesquelles on met de l'eau pour la condenser. Ce goudron a paru meilleur que celui du bois.

Le charbon fournit encore, à la distillation, de l'ammoniac qui se dissout dans l'eau, tandis que l'huile surnage.

Lorsque le charbon est dépouillé par la combustion de tout le principe huileux et autres, le résidu terreux contient des sulfates d'alumine, de fer, de magnésie, de chaux, &c. ces sels sont tous formés lorsque la combustion a été lente; mais lorsqu'elle est rapide, le soufre se dissipe, et il ne reste que les terres alumineuses, magnésiennes, siliceuses, calcaires, &c. l'alumine domine ordinairement.

Le *naphte*, le *pétrole*, la *poix minérale* et l'*asphalte* ne sont que de légères modifications de l'huile bitumineuse si abondante dans le charbon de pierre. Cette huile, que la simple chaleur de la décomposition des pyrites suffit pour la dégager du charbon et la faire couler, reçoit encore des modifications par l'impression de l'air extérieur.

Le *pétrole* ou l'*huile de pétrole* est la première altération : on trouve cette huile près des volcans, dans les endroits où existent des mines de charbon, &c. On connoît plusieurs sources de pétrole : nous en avons une à *Gabian*, district de *Béziers*; cette huile est portée au dehors par l'eau qui s'échappe au bas d'une montagne dont le sommet est volcanisé.

L'odeur du pétrole est désagréable, la couleur en est rougeâtre. On peut blanchir cette huile en la distillant sur l'argille de Murviel.

Le naphte n'est qu'une variété de pétrole.

Près Derbens, sur la mer Caspienne, il y a des sources de naphte que *Kempfer* visita il y a près d'un siècle, et dont il nous donna la description.

Il y a un endroit connu sous le nom de *feu perpétuel*, où le feu brûle sans relâche : les Indiens n'attribuent point l'origine de ce feu inestinguible au naphte; mais ils soutiennent que Dieu y a jetté le diable pour en délivrer les hommes; ils y vont en pélerinage pour prier Dieu de ne pas laisser échapper cet ennemi du genre humain.

La terre imprégnée de naphte est calcaire, elle fait effervescence avec les acides, elle s'enflamme par le contact d'un corps embrasé quelconque. Ce feu perpétuel est d'un usage excellent aux habitans de *Baku*: on enlève la superficie d'un petit circuit de ce terrein brûlant, on y entasse les pierres à chaux avec la terre qu'on vient d'en enlever, et dans deux ou trois jours la chaux est faite.

Les habitans du village de *Frogann* se rendent là pour y cuire leurs alimens.

Les Indiens accourent de toutes parts pour venir adorer l'Eternel en ce lieu; on y a bâti plusieurs temples, il en existe encore un; on a pratiqué près de l'autel un tuyau de deux à trois pieds de long, par où sort une flamme bleue mêlée de rouge; les Indiens se prosternent devant ce tuyau et prennent les attitudes les plus grotesques et les plus gênantes.

Gmelin observe qu'on distingue dans ce pays deux espèces de naphte : l'un transparent et jaune qu'on trouve dans un puits; ce puits est recouvert en pierres enduites de terre grasse, dans lequel on a gravé le nom de *Kan*, et il n'y a que le préposé par le Kan qui puisse lever le scellé.

La *poix minérale* est encore une modification du pétrole : on en trouve en Auvergne, dans un endroit qu'on appelle *puits de la Pege*. Près d'Alais, dans une étendue de plusieurs lieues, qui comprend Servas, Saint-Ambroix, &c. la pierre calcaire est imprégnée d'un bitume analogue ; la chaleur de l'été le ramollit ; il découle des roches où il forme des stalactites d'un noir magnifique ; il forme des boules dans les champs, et arrête le soc des charrues : les paysans s'en servent pour marquer les troupeaux. Cette pierre exhale une odeur exécrable par le frottement : le palais épiscopal d'Alais en avoit été pavé sous *Davéjan*, et on a été forcé d'enléver cette pierre.

On prétend que la poix minérale a servi autrefois à cimenter les murs de Babylone.

L'*asphalte* ou *bitume de Judée* est noir, brillant, pesant et très-cassant.

Il acquiert de l'odeur par le frottement.

Il surnage les eaux du lac Asphaltite ou mer Morte.

L'asphalte du commerce se tire des mines d'Annemore, et notamment de la principauté de Neufchâtel. *Pallas* a trouvé des sources d'asphalte sur les bords de la Sock en Russie.

Le plus grand nombre des naturalistes le regardent comme le succin dénaturé par le feu.

L'asphalte se liquéfie sur le feu, se boursouffle et donne une flamme et une fumée âcre et désagréable.

Par la distillation on en retire une huile analogue au pétrole. Les Indiens et les Arabes l'emploient comme le goudron; il entre dans les vernis de la Chine.

Le *succin*, *ambre jaune*, *karabé*, *electrum* des anciens, est en morceaux jaunes ou bruns, transparens ou opaques, susceptible du poli, s'électrisant par le frottement, &c.

Il est friable et cassant.

Il n'est pas de substances sur lesquelles l'imagination des poètes se soit autant exercée que sur celle-ci: *Sophocle* avoit dit qu'il étoit formé dans l'Inde par les larmes des sœurs de *Méléagre* changées en oiseaux et pleurant leur frère: mais une des plus intéressantes origines qu'on lui ait donnée, est celle qui a été fournie par la fable de *Phaéton*, brûlant le ciel et la terre, et précipité par la foudre dans les flots de *l'Eridan*; ses sœurs le pleurèrent, et les larmes précieuses de la douleur tombèrent dans les flots sans s'y mêler, se consolidèrent sans perdre leur transparence, et devinrent l'ambre jaune si précieux aux anciens. Voyez *Bailly*.

Le succin est de tous les bitumes celui qui est

le plus dépouillé de portion charbonneuse.

On le trouve souvent dispersé sur des lits de terre pyriteuse et recouverts d'une couche de bois chargé de matière bitumineuse noirâtre.

Il nage dans la mer Baltique, sur la côte de la Prusse ducale ; on en trouve près de Sisteron en Provence.

On s'est borné, pendant long-temps, à former avec le karabé des compositions pour la médecine et les arts. Nous devons à *Neumann*, à *Bourdelin* et à *Pott* une analyse assez exacte de ce bitume.

Les deux principes constituans que nous présente l'analyse du succin, sont le sel de succin ou *acide succinique*, et l'huile bitumineuse.

Pour extraire l'acide succinique, on prend du karabé qu'on réduit en petits fragmens et qu'on met dans une cornue ; on dispose l'appareil sur le sable et on procède à la distillation. Lorsquon a soin de ménager le feu, les divers produits qu'on en retire sont, 1°. un phlegme insipide ; 2°. un phlegme tenant en dissolution une petite portion d'acide ; 3°. du sel acide concret qui s'attache au col de la cornue ; 4°. une huile brune et épaisse qui a l'odeur acide.

Le sel concret retient toujours une portion acide à la première distillation. *Scheffer* proposé, dans ses leçons de chymie, de le distiller avec du sable; *Bergmann*, avec de l'argille blanche : *Pott* conseille de le dissoudre dans l'eau et de filtrer à travers le coton blanc; on rapproche la dissolution qui s'est dépouillée de l'huile qu'elle a laissé sur le coton : *Spielmann*, d'après *Pott*, propose de le distiller avec l'acide muriatique; il se sublime alors blanc et pur : *Bourdelin* a appris à le débarrasser de son huile en le faisant détonner avec le nitre.

Ce sel est préparé en grand à Konigsberg, où on distille les rognures du karabé qu'on y travaille.

L'acide succinique a un goût piquant, il rougit la teinture de tournesol; vingt-quatre parties d'eau froide et deux d'eau bouillante en dissolvent une de cet acide. Si on fait évaporer une dissolution saturée de ce sel, il crystallise en prismes triangulaires dont les pointes sont tronquées.

Morveau observe que ses affinités sont la baryte, la chaux, les alkalis, la magnésie, &c.

L'huile de succin a une odeur agréable; on la dépouille de sa couleur en la distillant sur de l'argille blanche : *Rouelle* la distilloit avec l'eau. Mêlée avec l'ammoniaque, elle forme un savon liquide connu sous le nom *d'eau de Luce*.

Pour faire l'eau de Luce je fais dissoudre la cire punique dans l'alkool avec un peu d'huile de succin, et verse dessus l'alkali volatil.

L'alkool attaque le succin, il se colore en jaune; *Hoffman* prépare cette teinture en mêlant l'esprit-de-vin à l'alkali.

L'usage du succin dans la médecine consiste à le brûler et à en recevoir la vapeur sur les parties malades; ces vapeurs sont fortifiantes et résolutives; l'huile du succin a les mêmes usages; on fait avec l'esprit de succin et l'opium un sirop de karabé que l'on emploie avec avantage comme calmant et anodin. Les plus beaux morceaux de succin sont employés à faire des bijoux : *Vallerius* dit même qu'on peut employer les morceaux les plus transparens pour faire des miroirs, des prismes, &c. On assure que le roi de Prusse a un miroir ardent de succin, d'un pied de diamètre; et qu'il y a dans le cabinet du duc de Florence une colonne de succin de dix pieds de haut, et un lustre très-beau.

Des Volcans.

L'EMBRASEMENT de ces amas énormes de bitume déposés dans les entrailles de la terre produit les volcans. Ce sont sur-tout les couches de charbon pyriteux qui leur donnent naissance:

la décomposition de l'eau sur les pyrites détermine de la chaleur et la production d'une grande quantité de gaz hydrogène qui fait effort contre les enveloppes qui le resserrent, et finit par les briser et les rompre : c'est surtout cet effet qui produit les tremblemens de terre ; mais lorsque le concours de l'air facilite la combustion du bitume et l'embrasement du gaz hydrogène, la flamme se manifeste par les cheminées ou soupiraux, et c'est-là ce qui occasionne le feu des volcans.

Il est nombre de volcans encore en activité sur notre globe, indépendamment de ceux d'Italie qui sont les plus connus : *Chappe* en a décrit trois brûlans dans la Sybérie : *Jean Anderson* et *Détroil* ont fait connoître ceux d'Islande : l'Asie et l'Afrique nous en présentent plusieurs, et nous retrouvons des débris de ces feux ou des restes de volcans sur toutes les parties du globe. Les naturalistes nous apprennent que toutes les isles du midi ont été volcanisées ; et on en voit se former journellement par l'action de ces feux souterrains. Les traces du feu existent même au milieu de nous : la seule province de Languedoc contient plus de volcans éteints qu'il n'y en avoit de connus, il y a vingt ans, dans toute l'Europe ; la couleur noire de ces pierres, leur tissu spongieux, les autres produits du feu, l'identité de ces substances avec celles que les volcans brûlans rejettent aujourd'hui, déposent en faveur d'une même origine (1).

---

(1) On a annoncé et décrit un volcan brûlant dans le Languedoc, sur lequel il est nécesaire de détromper : ce prétendu volcan est connu sous le nom de *Phosphore de Vénéjan.*

Vénéjan est un village situé à un quart de lieue du grand chemin, entre Saint-Esprit et Bagnols : depuis un temps immémorial, au retour du printemps, on appercevoit, du grand chemin, un feu qui augmentoit pendant l'été, s'éteignoit peu à peu en automne, et n'étoit visible que la nuit ; plusieurs fois on s'étoit porté en droite ligne, du grand chemin à Vénéjan, pour vérifier le phénomène sur les lieux ; mais la nécessité de plonger dans un bassin pour y parvenir, faisoit perdre le feu de vue ; et arrivé à Vénéjan on ne trouvoit plus rien qui ressemblât au feu d'un volcan. *Genssanes* décrit ce phénomène et le compare aux jets d'une *forte aurore boréale ;* il dit même que le pays est volcanique. (*Hist. nat. du Languedoc, diocèse d'Uzès.*) Enfin, il y a quatre ou cinq ans que ces feux se multiplièrent dans l'été, et, au lieu d'un, il en parut trois : des physiciens de Bagnols firent le projet d'examiner ce phénomène de plus près, et ils se transpotèrent à une campagne située entre le chemin et Vénéjan, armés de torches, de porte-voix et de tout ce qui leur parut nécessaire pour faire l'observation. A minuit, quatre ou cinq d'entre eux furent députés et dirigés vers le feu ; et

Lorsque la décomposition des pyrites est avancée, et que les vapeurs et les gaz ne peuvent plus être contenus dans les entrailles de la terre, on ressent des tremblemens de terre; les mofettes se multiplient à la surface du sol; on entend des bruits profonds et effrayans; les rivières et les sources sont englouties en Islande; il se dégage alors, par le cratère, une fumée mêlée d'éclairs et d'étincelles; et les naturalistes ont observé, que, lorsque la fumée du Vésuve prend la forme d'un pin, l'éruption ne tarde pas à se manifester.

---

ceux qui restèrent les remettoient toujours sur la voie par le moyen de leurs porte-voix; enfin, parvenus au village, il trouvèrent trois grouppes de femmes filant de la soie, au milieu des rues, à la lueur d'un feu de chenevottes: tous les phénomènes volcaniques disparurent, et l'explication des observations faites à ce sujet devint simple. Au printemps le feu étoit foible, parce qu'il étoit alimenté avec du bois qui donnoit de la chaleur et de la lumière; pendant l'été on brûloit des chenevottes, attendu qu'il ne falloit que de la lumière; alors s'étoient établis trois feux, parce que l'approche de la foire du Saint-Esprit, où se vendent les soies, leur faisoit une nécessité de presser leur travail. Les paysans renvoyèrent ces observateurs, qui s'étoient annoncés avec fracas, avec une salve de cailloux que des Don-Quichottes de l'histoire naturelle auroient pris certainement pour une éruption volcanique.

A ces préludes, qui annoncent une grande agitation intérieure et des obstacles qui s'opposent à la sortie des matières, succède une éruption de pierres et autres produits que la lave pousse devant elle ; et enfin paroît un fleuve de lave qui coule et se répand sur le flanc de la montagne : alors le calme est rétabli dans l'intérieur de la terre, et l'éruption continue sans secousses. Les efforts violens font quelquefois entre-ouvrir la montagne par les flancs, et c'est ce qui a successivement formé les monticules dont les montagnes volcaniques sont hérissées : Monte-nuovo, qui a 180 pieds de haut sur 3000 de large, s'est formé en une nuit.

Cette crise est quelquefois suivie d'une éruption de cendres qui obscurcissent l'air ; ces cendres sont le dernier résultat de l'altération des charbons, et les matières qui sont vomies les premières sont celles que l'activité de la chaleur a tourmentées et à demi-vitrifiées. En 1767, les cendres du Vésuve furent envoyées à vingt lieues en pleine mer ; les rues de Naples en furent couvertes. Ce que dit *Dion* de l'éruption du Vésuve sous *Titus*, où les cendres furent portées en Afrique, Egypte et Syrie, tient du fabuleux. *Saussure* dit que le sol de Rome est de ce caractère, et que les fameuses

fameuses catacombes sont toutes dans les cendres volcaniques.

Mais il faut convenir que la force avec laquelle tous ces produits sont lancés est étonnante : en 1769, une pierre de douze pieds de hauteur et quatre de circonférence fut jettée à un quart de mille du cratère. En 1771, *Hamilton* a vu des pierres d'une grosseur énorme employer onze secondes à tomber.

L'éruption du volcan est souvent aqueuse : l'eau qui s'engouffre et favorise la décomposition de la pyrite est quelquefois rejettée avec effort ; on trouve du sel marin avec les matières vomies ; on y trouve aussi du sel ammoniac. En 1630, un torrent d'eau bouillante mêlé avec la lave, détruisit *Portici* et *Torre del Greco*. *Hamilton* a vu rejetter de l'eau bouillante ; les sources d'eau bouillante dans l'Islande, décrites par *Détroil*, et toutes les sources d'eau chaude qui abondent à la surface du globe, ne doivent leur chaleur qu'à la décomposition des pyrites.

Les éruptions sont quelquefois boueuses, et ce sont celles-ci qui forment le tuffa et la pozzolane : celle qui a comblé *Herculanum* est de ce genre. *Hamilton* y a trouvé une tête antique, dont l'empreinte étoit assez bien conservée pour servir de moule : *Herculanum* dans la moindre profondeur, est à 70 pieds sous la surface du terrain, souvent à 120.

La *pozzolane* varie par la couleur : elle est ordinairement rougeâtre, quelquefois grise, blanche ou verte; souvent ce n'est que de la pierre ponce broyée, d'autres fois de l'argille calcinée. Cent parties de pozzolane rousse ont fourni à *Bergmann :*

Silice.	55.
Alumine.	20.
Chaux.	5.
Fer.	20.

La lave une fois rejettée roule à grands flots sur le flanc de la montagne, et se porte à une certaine distance ; c'est ce qui forme les courans de lave, les chaussées volcaniques, &c. Dans le trajet la surface de la lave se refroidit et forme une croûte solide sous laquelle roule la lave liquide ; après l'éruption cette croûte persiste quelquefois, et forme des galeries crevassées que *Hamilton* et *Ferber* ont visitées ; c'est dans ces crevasses que se subliment le sel ammoniac, le sel marin, &c. On peut détourner une lave en lui préparant des fossés : on le fit, en 1669, pour sauver Catane, et *Hamilton* l'a proposé au roi de Naples pour sauver *Portici.*

Les courans de lave restent quelquefois plusieurs années à se refroidir. *Hamilton* a observé, en 1769, que la lave qui avoit coulé en 1766, fumoit encore en quelques endroits.

Lorsque le courant de lave est arrêté par l'eau, le refroidissement est plus prompt, et la masse de lave prend un retrait qui la divise en colonnes qu'on appelle *basaltes :* la fameuse chaussée des géans en Irlande est ce que nous connoissons de plus étonnant en ce genre; elle présente trente mille colonnes de front, et a deux lieues de longueur sur le rivage de la mer; ces colonnes ont de 15 à 16 pouces de diamètre, sur 25 à 30 pieds de hauteur.

Les basaltes sont divisés en colonnes de 4, 5, 6, 7 côtés. D'une seule colonne de basalte, l'empereur *Vespasien* fit faire une statue entière avec seize enfans qu'il dédia au Nil, dans le temple de la Paix.

Le basalte a donné à *Bergmann* par quintal:

Silice.	56.
Alumine.	15.
Chaux.	4.
Fer.	25.

La lave est quelquefois boursoufflée et poreuse; la plus légère est appellée *pierre ponce.*

Toutes les matières vomies par les volcans ne sont point altérées par le feu; ils lancent des matières vierges, telles que du quartz, des crystaux d'améthiste, de l'agathe, du gypse, de l'amianthe, du feld-spath, du mica, des coquilles, du schorl, &c.

Le feu des volcans suffit rarement pour vitrifier les matières qu'il rejette ; nous ne connoissons que le verre jaunâtre capillaire et flexible vomi par les volcans de l'isle de Bourbon, le 14 mai 1766, (*Commerson*) ; et la pierre de gallinace rejettée par l'hècla. *Egolfrjouson*, employé à l'observatoire de Copenhague, s'est établi en Islande, où il se sert d'un miroir de télescope qu'il a fait avec l'agathe noire d'Islande.

La main lente du temps dénature les laves à la longue, et leurs débris sont très-propres à la végétation : la Sicile, si fertile, a été toute volcanisée ; j'ai observé plusieurs vieux volcans aujourd'hui cultivés, et la ligne qui sépare les autres terres de la terre volcanique est le terme de la végétation ; le dessus des ruines de *Pompeia* est très-cultivé ; *Hamilton* considère les feux souterrains comme une grande charrue dont la nature se sert pour retirer la terre vierge des entrailles de la terre et en réparer la surface épuisée.

La décomposition de la lave est très-lente : on trouve quelquefois des couches de terre végétale et de lave pure apposées les unes sur les autres, ce qui dénote des éruptions faites à de longues distances les unes des autres, parce qu'il faut à-peu-près deux mille ans avant que la lave reçoive la charrue. On a tiré de ce phénomène un argument pour prouver l'ancienneté du globe. Le silence que les auteurs les plus anciens gardent sur les volcans du territoire français, dont nous trouvons des traces si fréquentes, prouve que ces volcans étoient alors éteints depuis un temps immémorial, ce qui en fait remonter l'existence à des temps bien reculés. D'ailleurs, plusieurs milliers d'années d'observations suivies et transmises, n'ont pas apporté des changemens bien notables au Vésuve et à l'Etna; cependant ces montagnes énormes sont toutes volcanisées, conséquemment formées par des couches apposées les unes sur les autres. Le prodige devient plus fort, si nous observons que toute la campagne des environs, à des distances très-grandes, a été tirée du sein de la terre.

Hauteur du Vésuve sur le niveau de la mer.	3,659 pieds.
Circonférence. . . .	30,000.
Hauteur de l'Etna. . .	10,036.
Circonférence.	180,000.

Les divers produits volcaniques nous présentent divers usages auxquels on peut les employer.

1°. La pozzolane est admirable pour bâtir dans l'eau; mêlée avec la chaux elle fait une prise prompte, et l'eau ne peut pas la délayer ; elle y durcit de plus en plus.

J'ai prouvé que les ochres calcinées procuroient le même avantage ; à cet effet on en fait des boules dont on remplit des fours de poterie, et on les cuit à l'ordinaire. Les expériences faites à Sette par les commissaires de la province, prouvent qu'on peut les substituer avec le plus grand avantage à celles d'Italie. (Voyez *mon Mémoire imprimé chez Didot.*)

2°. La lave est encore susceptible de se vitrifier, et dans cet état on peut la souffler en bouteilles opaques d'une grande légéreté; c'est ce que j'ai fait exécuter à Erépian et à Alais. La lave très-dure mêlée à parties égales avec la cendre et la soude, a produit du verre excellent, de couleur verte ; les bouteilles qu'on a fabriquées sont deux fois plus légères que les bouteilles ordinaires et infiniment plus solides ; c'est ce qui résulte de mes expériences et de celles que *Joly de Fleury* ordonna sous son ministère.

3°. La pierre ponce a aussi ses usages ; elle est employée sur-tout à polir presque tous les corps un peu durs ; on l'emploie en masse ou en poudre, selon l'usage ; quelquefois même, après l'avoir porphyrisée, on la délaie dans l'au pour qu'elle soit plus douce.

Du Jayet.

Les plantes herbacées ensevelies sous des couches de terre, s'y décomposent lentement ; mais les eaux qui s'infiltrent et les pénètrent en relâchent le tissu. Les sels en sont extraits, et il en résulte des couches noirâtres, dans lesquelles on peut encore reconnoître le tissu du végétal : ce sont ces couches qu'on apperçoit quelquefois dans les scissures pratiquées à la terre, et c'est ce qu'on appelle *tourbe*. Mais cette altération est infiniment plus sensible et plus facile à observer dans le bois lui-même que dans les plantes herbacées : le corps ligneux d'un arbre enfoui sous la terre se colore en noir, devient plus friable et cassenet ; la cassure est luisante, et la masse totale paroît ne plus faire qu'un seul corps susceptible du plus beau poli : c'est ce bois ainsi dénaturé qu'on appelle *jay* ou *jayet*. On a retiré, aux environs de Montpellier, près de Saint-Jean-de-Cucule, plusieurs charretées de troncs d'arbres, très-conservés pour la forme, et qui étoient parfaitement convertis en jayet : j'ai trouvé moi-même une pelle de bois convertie en jayet. On a trouvé, dans des fouilles faites à Nîmes, des morceaux de bois totalement passés à l'état de jayet. Du côté de Vachery, dans le Gévaudan, il existe du jayet où le tissu du noyer est très-reconnoissable : on distingue le tissu du hêtre dans le jayet de *Bosrup* en *Scanie*. On a trouvé dans la *Gueldre* une forêt de pins ensevelie sous le sable. A *Beichlitz* on exploite, selon *Jars*, deux couches de charbon, l'une bitumineuse, et l'autre de bois fossile. Je conserve dans mon cabinet de minéralogie, plusieurs morceaux de bois, dont l'extérieur est à l'état de jayet, tandis que l'intérieur est encore à l'état ligneux ; et l'on y observe les nuances et le passage de l'un à l'autre.

Le jayet est susceptible de prendre le poli le plus parfait : on en fait des bijoux, tels que des boutons, des tabatières, des colliers et autres ornemens ; on le travaille dans le Languedoc, du côté de Sainte-Colombe, à trois lieues de Castelnaudary ; on l'use et on lui donne la forme et le poli par le moyen des meules sur lesquelles on le façonne.

Le jayet se ramollit au feu et brûle en répandant une odeur fétide ; il fournit de l'huile plus ou moins noire, qu'on décolore en la distillant sur une terre argilleuse.

ARTICLE III.

Action de l'eau et du calorique sur le végétal.

Pour extraire les sucs du végétal, le chymiste est obligé d'aider l'effet de l'eau par le secours du calorique ; et ses procédés se bornent à opérer par *infusion* ou par *décoction.*

L'infusion se fait en versant sur le végétal une quantité d'eau chaude suffisante pour dissoudre tous les principes. La température de l'eau doit varier selon la nature de la plante qu'on traite : si le tissu en est délicat, ou que l'arome en soit très-fugace, il faut employer de l'eau peu chaude ; on peut se servir d'eau bouillante lorsque le tissu du végétal est dur et solide, et sur-tout lorsque la plante n'a pas d'odeur.

La décoction qui consiste à faire bouillir l'eau sur le végétal, ne doit être employée que lorsqu'il est question de plantes dures et inodores : cette méthode a été rejettée par beaucoup de chymistes, parce qu'ils prétendent qu'en tourmentant la plante de cette manière, on mêle avec les sucs une portion considérable de la matière fibreuse. La décoction est généralement bannie pour les plantes odorantes, elle dissipe l'huile volatile et l'arome. La décoction, usitée dans nos cuisines, pour disposer les légumes à notre nourriture, a l'inconvénient d'enlever tout le principe nutritif et de ne laisser que le parenchyme fibreux; de-là l'avantage de la *marmite américaine*, ou le légume est cuit par la simple vapeur, et où par conséquent le principe nutritif reste dans le végétal : cette marmite a encore l'avantage de ne pas altérer la couleur du végétal, de pouvoir cuire avec une eau quelconque, puisque la seule vapeur est mise à profit.

Mais l'infusion, la décoction et la clarification des sucs ne sont pas au choix du chymiste, lorsqu'il est question d'un médicament, car ces méthodes apportent des variétés étonnantes dans la vertu des remèdes : c'est ainsi, par exemple, que le suc épaissi de la ciguë n'a de bonnes propriétés, selon *Stork*, qu'autant qu'il a été évaporé sans être clarifié.

En traitant les baies de genièvre par infusion et évaporant au bain-marie en consistance de miel, on obtient un extrait d'une couleur sucrée aromatique : la décoction des mêmes baies donne un extrait moins odorant et moins résineux, parce que la résine séparée de l'huile se précipite.

On prépare de cette manière l'extrait des raisins qu'on appelle chez nous *résiné*, et presque toutes les confitures.

On prépare en grand dans le commerce des extraits à l'aide de l'eau : nous nous bornerons à parler de deux, du *suc de réglisse* et du *cachou*. Le premier nous fournit un exemple pour la décoction, le second pour l'infusion.

L'extrait de réglisse se prépare en Espagne par la décoction de la racine de l'arbrisseau qui porte ce nom. Cette plante croît abondamment près de nos étangs ; et nous pourrions, à peu de frais, nous emparer de cette industrie : je me suis convaincu qu'une livre de cette racine fornissoit deux à trois onces d'extrait de bonne qualité. Les apothicaires le préparent ensuite de diverses manières pour l'approprier aux divers usages et le rendre d'un emploi plus commode et plus agréable.

Le cachou s'extrait, dans les Indes orientales, de l'infusion des semences d'une espèce de palmier : lorsque la semence est encore verte on la coupe, on la fait infuser dans l'eau chaude, et on évapore en consistance d'extrait, on fait ensuite des pains qu'on achève de sécher au soleil. *Jussieu* a communiqué à l'académie, en 1720, des remarques par lesquelles il conste que les différences qu'on trouve dans le cachou proviennent des divers degrés de maturité des semences, et de la plus ou moins grande promptitude avec laquelle on fait sécher cet extrait.

Le cachou du commerce est ordinairement impur; mais on peut le débarrasser de ses impuretés en le dissolvant, filtrant et évaporant à plusieurs reprises.

Le cachou a un goût amer et astringent: il se dissout à merveille dans la bouche, et on s'en sert en guise de bonbons pour remettre les estomacs débiles.

On le combine avec trois parties de sucre et suffisante quantité de gomme adragant pour en former des bonbons.

ARTICLE IV.

De l'action de l'air et du calorique sur le végétal.

Lorsqu'on applique la chaleur sur un végétal exposé à l'air, il en résulte des phénomènes qui tiennent à la combinaison de l'air pur avec les principes de la plante, ce qui forme la *combustion.*

Pour déterminer la combustion, on applique un corps chaud au bois sec qu'on veut allumer ; on volatilise par ce moyen les principes dans l'ordre de leur pesanteur et de leur affinité ; il en résulte de la fumée qui est le mélange de l'eau, de l'huile, des sels volatils et de tous les produits gazeux qui résultent de la combinaison de l'air vital avec les divers principes du végétal ; la chaleur s'accroît alors par la combinaison même de l'air, puisqu'il passe à l'état concret. Et, lorsque cette chaleur est portée à un certain point, le végétal s'enflamme et la combustion persiste jusqu'à ce que tous les principes inflammables soient détruits par la combustion.

Dans cette opération, il y a absorption d'air vital et dégagement de chaleur et de lumière : la combustion doit être d'autant plus vive, que le principe inflammable est plus abondant, que le principe aqueux est moindre, que le bois est plus résineux, que l'air est plus pur et plus condensé.

Le dégagement de chaleur et de lumière est d'autant plus considérable, que la combinaison de l'air vital est plus forte dans un temps donné.

Les résidus de la combustion sont les substances qui se sont volatilisées en nature, et les substances fixes : les unes forment la suie, les autres les cendres.

La suie provient en partie des substances mal brûlées, à moitié décomposées, et qui ont échappé à l'action de l'air vital : de-là vient que la suie peut s'enflammer de nouveau ; et de-là vient encore, que lorsque la combustion est très-rapide et très-forte, il n'y a pas de fumée sensible, parce qu'alors tout ce qui est inflammable est détruit, comme dans les lampes à cylindre, les feux violens, &c.

L'analyse de la suie nous présente de l'huile qu'on peut extraire par la distillation, de la résine que l'alkool peut en tirer, et qui provient ou de l'altération imparfaite de la résine du végétal, ou de la combinaison de l'air vital avec l'huile volatile ; elle donne encore un acide qui se forme souvent par la décomposition du *muqueux*, et c'est cet acide, très-utile dans les arts, pour lequel l'académie de Stockholm a fait connoître un fourneau propre a le recueillir. La suie présente encore des sels volatils, tels que du carbonate d'ammoniaque et autres. Une légère portion de la fibre se volatilise même par la force du feu, et nous la retrouvons dans la suie.

Le principe fixe, résidu de la combustion, forme les cendres; elles contiennent des sels, des terres et des métaux dont nous avons déjà parlé; les sels sont des alkalis fixes, des sulfates, des nitrates, des muriates, &c. Les métaux sont le fer, l'or, le manganèse, &c. Les terres sont l'alumine, la chaux, la silice, la magnésie.

ARTICLE V.

De l'action de l'air et de l'eau déterminant un commencement de fermentation, qui procure la séparation des sucs du végétal, d'avec la partie ligneuse.

Lorsqu'on facilite la décomposition du végétal par l'action combinée et appliquée alternativement de l'air et de l'eau, on désorganise le végétal, on rompt toute liaison entre les divers principes ; l'eau entraîne les sucs et met à nud le squelette fibreux, assez cohérent et assez abondant dans quelques végétaux pour qu'on puisse l'extraire de cette manière : c'est ainsi qu'on prépare le chanvre. *Rozier* attribue l'effet du rouissage à la fermentation de la partie mucilagineuse ; *Prozet* a prouvé que le chanvre contenoit une partie extractive et une résineuse, et que le rouissage détruisant la première, la seconde se détachoit presque méchaniquement : on a observé que l'addition d'un peu d'alkali favorisoit cette opération.

L'eau courante est préférable à l'eau stagnante, parce que l'eau stagnante entretient et développe une fermentation plus forte qui attaque le tissu ligneux : on a observé que le chanvre préparé dans l'eau courante est plus blanc et plus fort que celui préparé dans l'eau stagnante ; l'eau stagnante a encore l'inconvénient d'exhaler une mauvaise odeur, nuisible à l'économie animale ; l'addition de l'alkali la corrige et la prévient.

Dans le district de Lodève on prépare, par un procédé très-simple, les jeunes pousses du genêt d'Espagne : on le sème sur les hauteurs, on le laisse pendant trois ans, et au bout de ce temps on coupe les rejettons ou jeunes pousses dont

dont on forme des paquets; ces paquets forment des *fardeaux* qu'on vend douze à quinze sous. La première opération qu'on fait sur ces jeunes tiges consiste à les écraser avec une massue; le lendemain on les met dans l'eau au courant de la rivière, où on les assujettit avec des pierres; le soir on les retire, on les met en tas sur le bord de la rivière, et on les place sur un lit de paille ou de fougère; on les recouvre avec pareille matière et on charge ce tas avec des pierres: c'est ce qu'on appelle *mettre à couver*: tous les soirs on les arrose en jettant de l'eau sur le tas; au bout de huit jours on découvre le tas, et on trouve que l'écorce se détache facilement de dessus le bois; on prend chaque paquet l'un après l'autre, et on les bat et froisse fortement avec une pierre plate, jusqu'à ce que l'épiderme des sommités se soit bien détachée et que toute la tige soit devenue blanche; alors on met à sécher, on enlève ensuite cette écorce qu'on sépare du corps ligneux, et c'est cette écorce qu'on carde et qu'on file pour en former des toiles d'un très-bon usage. Les paysans ne connoissent pas d'autre linge pour les draps, sacs, chemises, &c. mais chaque paysan ne prépare que pour ses besoins, et il ne s'en vend point à l'étranger.

Les genêts ont encore l'avantage de fournir une nourriture toujours verte aux bestiaux pendant l'hiver, en même temps qu'ils soutiennent les terres qui s'éboulent et gagnent les bas-fonds.

On peut traiter par un procédé semblable l'écorce du mûrier : *Olivier de Serres* a fait connoître un très-bon procédé à ce sujet.

C'est le squelette uniquement formé par la fibre végétale et dépouillé de toute substance étrangère, qu'on emploie à former les toiles; c'est le principe le plus incorruptible de la végétation ; et, lorsque cette fibre réduite en toile ne peut plus être employée à ces usages, on lui fait subir d'autres opérations pour la diviser prodigieusement et la convertir en papier. Ces opérations sont les suivantes : on choisit, on nettoie les chiffons, et on les fait pourrir dans l'eau ; après cela on les déchire par des pilons à crochet mus par l'eau ; les seconds pilons sous lesquels on les fait passer ne sont armés que de clous ronds ; les troisièmes sont uniquement de bois : on convertit par ce moyen les chiffons en une pâte qu'on porte et agite dans l'eau chaude ; on plonge des cribles quarrés dans cette eau, et on les soulève ; il reste une couche de pâte sur le crible ; cette couche desséchée forme une feuille de papier: ensuite on soumet ces feuilles à la presse, et on les passe dans une dissolution de gomme quand on veut faire du papier à écrire. On les met a sécher, et quelquefois on les lisse.

De nos jours on a remplacé les pilons par des cylindres de cuivre qui divisent les chiffons avec bien plus d'activité et de perfection, et qui conservent à la matière bien plus de force.

ARTICLE VI.

De l'action de l'air, du calorique et de l'eau sur le végétal.

Lorsque les divers sucs du végétal se trouvent délayés dans l'eau, et que l'action de ce fluide est favorisée par l'action combinée de l'air et de la chaleur, il en résulte une décomposition. Le gaz oxigène doit être regardé comme le premier agent de la fermentation, il est fourni par l'atmosphère ou par l'eau qui se décompose.

C'est d'après l'observation de ces faits que *Becher* s'est cru autorisé à regarder la fermentation comme une combustion : *nam combustio, seu calcinatio per fortem ignem, licet putrefactionis species eidemque analogua sit...*

fermentatio ergo definitur quod sit corporis densioris rarefactio particularumque aërearum interpositio ex quo concluditur debere in aëre fieri nec nimium frigido, nec nimium calido ne partes raribiles expellantur, in aperto tamen vase vel tantùm vacuo ut partes rarefieri queant; nam stricta closura et vasis impletio, fermentationem totaliter impedit. BECHER, *phys. subt. S. 1. 15.* Vid. *cap. 11, p. 313.*

Les conditions nécessaires pour que la fermentation s'établisse, sont, 1°. le contact de l'air pur, 2°. un certain degré de chaleur, 3°. une quantité de liquide fermentant plus ou moins considérable, ce qui produit une différence dans les effets.

Les phénomènes qui accompagnent essentiellement la fermentation, sont, 1°. la production de la chaleur; 2°. l'absorption du gaz oxigène.

On peut faciliter la fermentation, 1°. en augmentant le volume de la masse fermentescible; 2°. en se servant d'un levain approprié.

1°. En augmentant la masse fermentescible, on multiplie les principes sur lesquels l'air doit agir; on facilite, par conséquent, l'action de cet élément: on produit donc plus de chaleur par la fixation d'une plus grande quantité d'air ; la fermentation est donc favorisée par les deux causes qui l'entretiennent éminemment, chaleur et air.

2°. On peut distinguer deux espèces de levain : 1°. les corps éminemment putrescibles dont l'addition hâte la fermentation ; 2°. ceux déjà pourvus d'oxigène, et qui conséquemment fournissent une plus grande quantité de ce principe de la fermentation ; c'est ainsi que les habitans des bords du Rhin jettent des viandes dans la vendange pour hâter la fermentation spiritueuse. (LINNÉ *amœnit. Acad. dissert. de genesi calculi.*) C'est ainsi que les Chinois, pour développer la fermentation dans une espèce de bière qu'ils font avec une décoction d'orge et d'avoine, y jettent des excrémens ; c'est ainsi que les acides, les sels neutres, la craie, les huiles rances, les oxides métalliques, &c. hâtent la fermentation.

Les produits de la fermentation en ont fait établir différentes espèces ; mais cette variété d'effets tient à la variété des principes constituans du végétal. Lorsque le principe sucré y domine, le résultat de la fermentation est une liqueur spiritueuse ; lorsqu'au contraire le mucilage est plus abondant, alors le produit est acide ; si le gluten est un des principes du végétal, il y aura production d'ammoniaque dans la fermentation : de sorte que la même masse fermentescible peut éprouver différentes altérations qui dépendent toujours de la nature et de la proportion respective des principes constituans, de leur degré d'*altérabilité*, &c. Ainsi, un liquide sucré, après avoir éprouvé la fermentation spiritueuse, peut subir la fermentation acide par la décomposition du muqueux qui avoit résisté à la première fermentation; mais, dans tous les cas, le concours de l'air, de l'eau et de la chaleur, est nécessaire pour développer la fermentation. Nous nous bornerons donc à examiner l'action de ces trois agens : 1°. sur les sucs extraits du végétal et délayés dans l'eau, ce qui forme les *fermentations spiritueuse* et *acide*; 2°. sur le végétal lui-même, ce qui nous fera connoître la formation du terreau, de la terre végétale, des ochres, &c.

De la fermentation spiritueuse et de ses produits.

On appelle *fermentation spiritueuse*, celle dont le produit ou le résultat est un esprit ardent ou de l'alkool.

On peut poser comme un principe fondamental qu'il n'y a que les corps sucrés qui subissent cette fermentation : le sucre pur délayé dans l'eau forme le *tafia* par la fermentation, et nous retrouvons ce principe dans l'analyse de tous les corps qui en sont susceptibles.

Pour développer cette fermentation dans les corps sucrés, il faut, 1°. l'accès de l'air; 2°. une chaleur de 10 à 15 degrés; 3°. la division et l'expression du suc contenu dans les fruits ou la plante; 4°. une masse et un volume un peu considérables.

Nous ferons l'application de ces principes à la fermentation des raisins : lorsqu'ils sont mûrs ou que le principe sucré y est développé, alors on en extrait le jus qu'on fait couler dans des cuves plus ou moins grandes, et là la fermentation s'annonce et s'établit de la manière suivante : 1°. au bout de quelques jours, souvent après quelques heures, selon la chaleur de l'atmosphère, la nature des raisins, la quantité du liquide et la température du lieu où se fait l'opération, il se produit un mouvement dans la liqueur qui va toujours en augmentant, le volume de la liqueur s'accroît et s'élève, alors elle devient trouble et huileuse, il se dégage de l'acide carbonique qui remplit tout le vuide de la cuve et la chaleur va jusqu'au 18e degré : au bout de quelques jours ces mouvemens tumultueux s'appaisent, la masse s'affaisse, la liqueur s'éclaircit, et on observe qu'elle est moins sucrée, qu'elle a plus d'odeur, et qu'elle s'est colorée en rouge par la réaction de l'esprit ardent sur la partie colorante de la pellicule du raisin.

Les causes d'une mauvaise fermentation sont les suivantes : 1°. si la chaleur est foible, la fermentation languit, les matières sucrées et huileuses ne sont pas suffisamment travaillées, et le vin est gras et doux.

2°. Si le corps sucré n'est pas assez abondant, ce qui arrive lorsque l'année est pluvieuse, alors le vin est foible, et le mucilage qui prédomine le fait tourner à l'aigre par sa décomposition.

3°. Si le suc est trop délayé, on y jette du moût rapproché et bouillant.

4°. Si le corps sucré n'est pas assez abondant, on peut y ajouter du sucre, et par ce moyen, on le corrige. *Macquer* a prouvé qu'on pouvoit faire de l'excellent vin avec le verjus et le sucre; et *Bullion* a fait du vin, à *Bellejames*, avec le verjus de ses treilles et la cassonade.

On a beaucoup disputé pour savoir s'il convenoit d'égrapper le raisin ou non; il me paroît que cela tient à la nature des raisins : lorsqu'ils sont très-chargés de matière mucilagineuse, la grappe en affoiblit la fadeur par le principe amer qu'elle donne; lorsqu'au contraire le suc n'est pas trop doux, alors la grappe le rend plus sec, très-rude.

Pour décuver le vin, on prend ordinairement l'époque à laquelle tous les phénomènes de la fermentation se sont appaisés; lorsque la masse s'est affaissée, que la couleur est bien développée, que la liqueur s'est éclaircie, et que la chaleur a disparu, alors on le met en tonneaux; là il subit encore une seconde fermentation insensible, le vin se clarifie, les principes se combinent mieux, et le goût et l'odeur s'y développent de plus en plus.

Si on arrête ou suffoque cette fermentation, les principes gazeux sont retenus, et c'est ce qui fait le *mousseux* de quelques vins. *Becher* avoit des idées très-saines sur les effets de ces deux fermentations.

Distinguitur autem inter fermentationem apertam et clausam, in aperta potus fermentatus sanior est sed debilior, in clausa non ita sanus sed fortior: causa est quod evaporantia rarefacta corpuscula imprimis magna adhuc silvestrium spirituum copia, de quibus antea egimus, retineatur et in ipsum potum se precipitet unde valdè eum fortem reddit. BECHER *phys. subt. lib. 1. 5.* Vid. *cap. 11, p. 313.*

Il paroîtroit, d'après les expériences intéressantes de *Bullion*, que la fermentation vineuse n'auroit pas lieu sans la présence du tartre.

En faisant évaporer le moût de raisin, on obtient un sel qui a les apparences du tartre, et forme du sel de seignette avec l'alkali de la soude : on obtient encore une grande quantité de sucre ; pour cela, on extrait d'abord le tartre, on fait ensuite évaporer le moût jusqu'à consistance de sirop épais ; on laisse pendant six mois le sirop à la cave ; au bout de ce temps, on trouve le sucre crystallisé confusément, on lave le sucre avec l'esprit-de-vin, on enlève la partie colorante, et il devient très-beau.

Le vin privé de tartre ne fermente plus, et la fermentation est en raison de l'abondance du tartre. La crême de tartre y produit le même effet.

Ces phénomènes dépendent, non de la soustraction du tartre, mais de l'altération des principes par le feu ; car j'ai observé que l'extrait du jus de raisin n'éprouve plus la fermentation spiritueuse, mais bien la putride, quoiqu'on n'ait pas enlevé le tartre.

Le suc des raisins n'est pas le seul susceptible de la fermentation spiritueuse.

Les pommes contiennent un suc qui fermente facilement et produit le *cidre:* on emploie ordinairement à cet effet les pommes sauvages ; on les écrase, on en exprime le suc qu'on fait fermenter, et qui présente les mêmes phénomènes que le suc de raisin.

Lorsqu'on veut avoir un cidre fin, on décante la liqueur de dessus la lie, lorsque la fermentation tumultueuse est finie et qu'elle commence à devenir claire. Quelquefois pour le rendre plus doux, on y met une certaine quantité de suc de pommes récemment exprimé, ce qui produit dans le cidre une seconde fermentation moins vive que la première. Le cidre qu'on laisse reposer sur la lie acquiert de la force. Le cidre fournit les mêmes produits que le vin ; l'eau-de-vie qui en provient a un goût désagréable, parce que le mucilage très-abondant dans le cidre s'altère par le feu de la distillation ; mais si on distille avec précaution, l'eau-de-vie est excellente, d'après les expériences de *Darcet*.

Le suc des poires acerbes fournit par la fermentation une espèce de cidre qu'on appelle *poiré*.

Les cerises fournissent un assez bon vin, dont on retire une eau-de-vie nommée par les Allemands *kirchenwasser*.

Dans le Canada la fermentation du suc sucré de l'érable fournit une liqueur assez bonne ; et les Américains, en faisant fermenter les gros sirops du sucre avec deux parties d'eau, forment une liqueur qui fournit l'eau-de-vie appellée *tafia* ou *rhum* par les Anglois.

On prépare encore avec quelques graminées, telles que le bled, l'avoine et l'orge, mais sur-tout avec ce dernier, une boisson qu'on nomme *bière*. 1°. On fait germer le grain, et, à cet effet, on le trempe dans l'eau et on le met en tas : par ce moyen on détruit le principe glutineux. 2°. On le torréfie pour arrêter les progrès de la fermentation et le rendre propre à la mouture. 3°. On le crible pour en séparer les germes appellés *tourraillons*. 4°. On le moud en une farine nommée *malt*. 5°. On délaie la farine avec de l'eau chaude dans la *cuve matière*, le mucilage et le principe sucré s'y dissolvent ; on nomme cette eau *premier métier* : on la décante, on la fait chauffer et on la renverse sur le malt ; elle forme le *second métier*. 6°. On fait bouillir cette eau avec une certaine quantité de houblon qui lui communique un principe extracto-résineux. 7°. On y joint un levain acide, et on la fait couler dans une cuve où se développe la fermentation spiritueuse ; quand la fermentation est appaisée, on l'agite et on la met en tonneaux ; elle jette une écume qui s'aigrit, et forme la levure qui sert pour des fermentations ultérieures.

Le produit de toutes ces substances est une liqueur plus ou moins colorée, susceptible de donner de l'esprit ardent à la distillation, d'une odeur aromatique et vineuse, d'une saveur piquante et chaude qui ranime le jeu des fibres.

Le vin est une boisson excellente. Il devient l'excipient de certains médicamens : tel est le vin émétique qui se prépare en faisant digérer dans deux livres de bon vin blanc quatre onces de safran des métaux; 2°. le vin calibé fait par la digestion d'une once de limaille d'acier avec deux livres de vin blanc ; 3°. les vins dans lesquels on fait infuser des plantes, telles que l'absinthe, l'oseille, et le *laudanum liquide* de *Sydenham*, qui se fait en faisant digérer, pendant plusieurs jours, deux onces d'opium coupé par tranche, une once de safran, un gros de cannelle et de clous de girofle concassés, dans une livre de vin d'Espagne.

Nous allons examiner les principes constituans de ces liqueurs spiritueuses, en prenant pour exemple celle des raisins. Du moment que le vin est dans la cuve, il se fait une espèce d'analyse qui est annoncée par la séparation de quelques principes constituans, tels que le tartre qui se dépose sur les parois, et la lie qui se précipite dans le fond; il ne reste que l'esprit ardent et la partie colorante délayés dans un volume de liquide plus ou moins considérable.

1°. Le principe colorant est de nature résineuse, il est contenu dans la pellicule du raisin; et la liqueur ne se colore que lorsque le vin est déjà formé, parce qu'alors seulement il y a un principe qui peut le dissoudre : de-là vient qu'on fait du vin blanc avec des raisins rouges lorsqu'on se contente d'exprimer le raisin pour en avoir le jus et qu'on rejette la pellicule.

Si on fait évaporer le vin, le principe colorant reste dans le résidu, et on peut l'en extraire par l'esprit-de-vin.

Les vins vieux perdent leur couleur : le principe colorant se précipite en une pellicule qui se dépose sur les parois des bouteilles, ou se précipite dans le fond. Si on expose du vin à la chaleur du soleil pendant l'été, la partie colorante se détache en une peau qui gagne le fond. Lorsque le vase est ouvert, la décoloration est plus prompte, et elle se fait en trois ou quatre jours pendant l'été. Le vin ainsi décoloré n'a pas perdu sensiblement de ses forces.

2°. On décompose ordinairement le vin par la distillation, et le premier produit de l'opération est connu sous le nom d'*eau-de-vie*.

On fabrique des eaux-de-vie depuis le treizième siècle, et c'est dans le Languedoc que ce commerce a pris naissance : *Arnauld de Villeneuve* paroît être l'auteur de cette découverte. Les alambics, dans lesquels on a distillé les vins pendant long-temps, étoient des espèces de chaudrons surmontés d'un long col cylindrique très-étroit, coëffé par une demi-sphère creuse, dans laquelle les vapeurs vont se condenser ; à ce petit chapiteau est adapté un tuyau peu large qui porte la liqueur dans le serpentin. On a ajouté successivement quelques degrés de perfection à cet appareil distillatoire : la colonne a été considérablement baissée ; et les chaudières, généralement adoptées pour la distillation des vins dans le Languedoc, sont à-peu-près de la forme suivante. Ce sont des chaudrons à cul plat, dont les côtés sont élevés perpendiculairement au fond jusqu'à la hauteur de vingt-un pouces ; à cette hauteur on pratique un étranglement qui en réduit l'ouverture à douze ; cette ouverture est terminée par un col de quelques pouces de long, qui reçoit la base d'un petit couvercle appellé *chapeau*, et qui imite grossièrement la forme d'un cône renversé; c'est de l'angle de la base supérieure du chapiteau que part un petit bec destiné à recevoir les vapeurs d'eau-de-vie et à les transmettre dans le serpentin auquel il est adapté; ce serpentin présente six ou sept circonvolutions, et est placé dans un tonneau qu'on a soin de remplir d'eau pour faciliter la condensation des vapeurs.

Les chaudières sont pour l'ordinaire enchâssées dans la maçonnerie jusqu'à leur étranglement; le fond seul est exposé à l'action immédiate du feu. Un cendrier trop étroit, un foyer assez large et une cheminée placée vis-à-vis la porte du foyer, constituent les fourneaux dans lesquels sont enchâssées ces chaudières.

On charge les chaudières de cinq à six quintaux de vin, la distillation s'en fait en huit à neuf heures de temps, et on brûle de soixante à soixante-quinze livres de charbon de pierre à chaque *chauffe* ou distillation.

Il n'est personne qui ne sente l'imperfection de cette forme de chaudière : les vices majeurs sont les suivans.

1°.

1°. La forme de la chaudière établit une colonne de vin assez haute et peu large, qui, n'étant frappée par le feu qu'à sa base, est brûlée en cette partie avant que le dessus soit chaud.

2°. L'étranglement pratiqué à la partie supérieure rend la distillation plus difficile et plus longue : en effet, cet étranglement, continuellement frappé par l'air, condense les vapeurs qui retombent sans cesse ; il s'oppose en outre au libre passage des vapeurs, et fait une espèce d'éolipile, comme l'a observé *Baumé ;* de sorte que les vapeurs comprimées à ce goulot réagissent avec effort, pressent sur le vin, et s'opposent à une ascension ultérieure.

3°. Le chapiteau n'est pas construit d'une manière plus avantageuse : la calotte se met à la température des vapeurs, et celles-ci ne pouvant pas se condenser, font effort et suspendent ou retardent la distillation.

4°. Au vice dans la forme de l'appareil, se joint la méthode la plus vicieuse d'administrer le feu : par-tout on a un cendrier fort étroit, un foyer très-large et une porte qui ferme mal ; le courant d'air s'établit entre le combustible et le cul de la chaudière, et la flamme se précipite dans la cheminée sans avoir été mise à profit ; il faut donc un feu violent pour chauffer médiocrement une chaudière, d'après ces vices de construction.

On a successivement apporté quelques degrés de perfection dans la construction des chaudières ; l'art d'administrer le feu a même été porté à un haut degré de perfection dans les établissemens construits et dirigés par *Argant* ; mais j'ai cru pouvoir ajouter encore à ce qui étoit connu, et voici d'où je suis parti.

Tout l'art de la distillation se réduit aux deux principes suivans : 1°. dégager et élever les vapeurs de la manière la plus économique; 2°. en opérer la condensation la plus prompte.

Pour remplir la première de ces conditions, il faut que la chaudière présente au feu le plus de surface possible, et que la chaleur lui soit appliquée également par-tout.

Pour remplir la seconde condition, il ne faut pas que l'ascension des vapeurs soit gênée, il faut qu'elles aillent frapper contre des corps froids qui les condensent rapidement.

Les chaudières que j'ai fait construire d'après ces principes, sont donc plus larges que hautes ; le fond est bombé en dedans, afin que le feu soit presque à une égale distance de tous les points de la surface du cul de la chaudière ; les côtés sont élevés perpendiculairement et rentrent de quelpues pouces à leur bord supérieur, pour recevoir un vaste chapiteau entouré de son réfrigérant ; ce chapiteau a une rainure de deux pouces de saillie sur le bord inférieur et intérieur ; les parois ont une inclinaison de soixante-quinze degrés, parce que je me suis convaincu qu'à ce degré une goutte d'eau-de-vie coule sans retomber dans la chaudière : le bec du chapiteau en a toute la hauteur et toute la largeur, il va insensiblement en diminuant pour s'emboîter dans le serpentin ; le réfrigérant accompagne le bec, et porte à son extrémité un robinet qui laisse couler l'eau qui y tombe sans cesse par le haut.

Lorsque l'eau du réfrigérant commence à être tiède, alors on ouvre le robinet pour qu'elle s'échappe à proportion qu'il en est fourni de la fraîche par le haut : on entretient par ce moyen l'eau à une température égale, et les vapeurs qui vont frapper contre les parois du chapiteau s'y condensent de suite, en même temps que celles qui montent n'éprouvent aucun obstacle, puisqu'elles ne rencontrent aucun étranglement. D'après cette construction, on peut presque se passer de serpentin, puisque l'eau qu'il contient ne s'échauffe pas sensiblement.

Ces procédés sont très-économiques et très-avantageux; car la qualité des eaux-de-vie en est meilleure, et la quantité plus considérable.

On soutient la distillation du vin jusqu'à ce que le produit de la distillation ne soit plus inflammable. Cette eau-de-vie est mise dans des tonneaux, où elle se colore par l'extraction du principe résineux contenu dans le bois.

Le vin de nos climats méridionaux fournit un cinquième ou un quart d'eau-de-vie à l'épreuve du commerce.

La distillation de l'eau-de-vie à une chaleur plus douce, donne une liqueur plus volatile, qu'on appelle *esprit-de-vin, alkool.* Pour faire l'esprit-de-vin commun, on prend de l'eau-de-vie et on retire la moitié par la distillation au bain-marie : on peut purifier et rectifier cet esprit-de-vin en le distillant encore, et ne prenant que les premières portions qui passent.

L'alkool est une substance très-inflammable, très-volatile; il paroît formé par l'union intime de beaucoup d'hydrogène et de carbone, d'après l'analyse de *Lavoisier*: ce même chymiste a obtenu dix-huit onces d'eau en brûlant une livre d'alkool. Si on fait digérer de l'alkool bien déphlegmé sur de la potasse calcinée, et qu'ensuite on distille cela, on a de l'alkool très-suave et un extrait savonneux qui donne de l'alkool, de l'ammoniaque et une huile empyreumatique : dans cette expérience la formation de l'alkali volatil ne paroît provenir que de la combinaison de l'hydrogène de l'alkool avec le nitrogène de la potasse. On a divers moyens dans les arts pour juger du degré de concentration de l'esprit-de-vin.

On met de la poudre à tirer dans une cuiller, et on l'humecte avec de l'esprit-de-vin qu'on enflamme : si la poudre prend feu, on juge que l'esprit est bon; il est mauvais dans le cas contraire. Mais cette méthode est fautive, car l'effet dépend de la proportion dans laquelle on emploie l'esprit-de-vin ; une petite quantité enflamme toujours la poudre, et une forte dose ne produit jamais cet effet, parce que l'eau qui reste imbibe la poudre et la garantit de la combustion.

L'aréomètre de *Baumé* est infidèle, attendu qu'il ne tient pas compte de la température de l'atmosphère, ce qui, en changeant le volume de l'esprit-de-vin, fait cependant varier l'effet de l'aréomètre.

Celui de *Borie* est plus rigoureux, le thermomètre y est adapté; et on l'emploie aujourd'hui dans le commerce.

L'alkool est le dissolvant des résines et de la plupart des aromates, conséquemment il fait la base de l'art du vernisseur et du parfumeur.

L'esprit-de-vin combiné avec l'oxigène forme une liqueur presque insoluble dans l'eau, qu'on appelle *éther.*

On est parvenu à former de l'éther, presque avec tous les acides connus.

Le plus ancien de tous est l'*éther vitriolique, éther sulfurique.* Pour le faire, on met dans une cornue une certaine quantité d'alkool sur laquelle on verse peu à peu poids égal d'acide sulfurique concentré; on remue et on agite le mélange pour que la cornue ne casse point par la chaleur qui en résulte, on place la cornue sur un bain de sable chauffé, on adapte un récipient, et on porte le mélange à l'ébullition : il passe d'abord de l'alkool; bientôt après on voit se former des stries au col de la cornue et sur les parois du récipient qui annoncent le passage de l'éther : l'odeur en est agréable. A l'éther succèdent des vapeurs d'acide sulfureux ; on retire le récipient du moment qu'elles paroissent : si on continue la distillation, on obtient de l'*éther sulfureux*, de l'huile qu'on appelle *huile éthérée, huile douce du vin*; et ce qui reste dans la cornue est un mélange d'acide non décomposé, de soufre et d'une matière analogue aux bitumes.

On voit que dans cette opération l'acide sulfurique s'est décomposé, et que l'oxigène en se combinant avec l'hydrogène et le carbone de l'alkool, a formé trois états que nous retrouvons dans la distillation de quelques bitumes; 1°. l'huile très-volatile, ou *éther*; 2°. l'huile éthérée; 3°. le bitume.

Si on fait digérer de l'acide sulfurique sur l'éther, il se convertit tout peu à peu en huile éthérée.

Lorsque l'éther est mêlé de vapeurs sulfureuses, on le rectifie à une chaleur douce en versant quelques gouttes d'alkali pour s'emparer de l'acide : on peut faire l'éther sulfurique très-économiquement en se servant d'une chaudière de plomb surmontée d'un chapiteau de cuivre bien étamé : je le prépare par ce moyen à quintaux et sans peine.

Cadet a proposé de verser sur le résidu de la cornue un tiers de bon alkool, et de distiller à l'ordinaire.

L'éther est très-léger, très-volatil, d'une

odeur suave ; il est si évaporable, que si on trempe un linge fin dans cette liqueur, qu'on en entoure la boule d'un thermomètre et qu'on l'agite dans l'air, le thermomètre descend à *zéro.*

L'éther brûle facilement et donne une flamme bleue ; il se dissout très-peu dans l'eau.

L'éther est un excellent anti-spasmodique ; il calme les coliques comme par enchantement, de même que les douleurs extérieures. Le célèbre *Bucquet* s'étoit tellement accoutumé à cette boisson, qu'il en prenoit deux pintes par jour ; c'est un exemple rare de ce que peut l'habitude sur le corps humain.

Le mélange de deux onces d'esprit-de-vin, de deux onces d'éther et de douze gouttes d'huile éthérée, forme la *liqueur anodine d'Hofmann.*

Pour obtenir l'éther nitrique, *Navier*, *Woulf*, *Laplanche*, *Bogues*, &c. ont donné divers procédés plus ou moins faciles à imiter ; quant à moi, je prends parties égales d'alkool et d'acide nitrique pur, marquant 30 à 35 degrés ; je mets le tout dans une cornue tubulée que j'adapte à un fourneau, et dispose deux récipiens à la suite l'un de l'autre ; le premier récipient plonge dans un baquet plein d'eau ; le second est entouré d'un linge mouillé ; et, de sa tubulure, part un siphon qui plonge dans l'eau : lorsque la chaleur a pénétré le mélange, il se dégage beaucoup de vapeurs qui se condensent en stries sur les parois des vases, dont on rafraîchit l'extérieur sans relâche. L'éther obtenu de cette manière n'a besoin que d'être rectifié.

Quand on a la précaution de le bien distiller, il devient presque semblable au sulfurique : *Lassonne* et *Cornette* ont observé qu'il étoit plus calmant.

La distillation de l'acide muriatique avec l'alkool ne fait qu'un mélange de ces deux liqueurs, qu'on appelle *acide marin dulcifié*.

Avant qu'on connût la théorie des éthers et le procédé simple de combiner l'oxigène en excès avec l'acide muriatique, on étoit parvenu à se procurer de l'éther muriatique ; mais on s'est toujours servi des substances dans lesquelles l'acide muriatique étoit oxigéné ; c'est ainsi que *Bornes* a proposé le muriate de zinc concentré, mêlé et distillé avec l'alkool ; et que *Courtanvaux* distille le mélange d'une pinte d'alkool avec deux livres et demie de *muriate d'étain fumant*.

De nos jours la théorie de la formation de l'éther, a fait connoître des procédés plus simples.

Pelletier introduit dans une grande cornue

tubulée un mélange de huit onces de manganèse et d'une livre et demie de muriate de soude ; on ajoute ensuite douze onces d'acide sulfurique et huit onces d'alkool, on procède à la distillation et on obtient une liqueur très-éthérée, pesant dix onces, dont on retire quatre onces de bon éther par la distillation et rectification.

L'acide muriatique très-concentré et l'alkool, distillés sur le manganèse avec l'appareil de *Woulf*, donnent plus d'éther ; il suffit même de faire passer l'acide muriatique oxigéné à travers du bon alkool pour le convertir en éther.

Cet éther muriatique a la plus grande analogie avec le sulfurique : il en diffère par deux caractères : 1°. il exhale en brûlant une odeur aussi piquante que l'acide sulfureux ; 2°. il a une saveur styptique, semblable à celle de l'alun.

Il est clair, d'après ces expériences, que l'éther n'est qu'une modification de l'alkool par l'oxigène des acides employés : j'ai même obtenu une liqueur éthérée, en distillant à plusieurs reprises du bon alkool sur de l'oxide rouge de mercure.

L'idée de *Macquer*, qui regardoit l'éther comme de l'esprit-de-vin déphlegmé, étoit bien peu fondée, car la distillation de l'esprit-de-vin sur l'alkali très-rapproché et très-avide d'eau, ne donne jamais que de l'esprit-de-vin plus ou moins déphlegmé.

Du Tartre.

Le tartre se dépose sur les parois des tonneaux; il y forme une couche plus ou moins épaisse qu'on racle et qu'on détache; c'est ce qu'on appelle *tartre crud*, et qu'on vend dans le Languedoc à raison de 12 à 15 livres le quintal.

Tous les vins ne fournissent pas la même quantité de tartre: *Neumann* a remarqué que les vins de Hongrie n'en laissoient qu'une couche mince, que les vins de France en fournissoient plus, et que ceux du Rhin donnoient le plus pur et en grande quantité.

On distingue le tartre d'après sa couleur, en rouge ou blanc; le premier provient du vin rouge.

Le tartre le plus pur présente des crystaux mal formés: la forme est celle que nous assignons au *tartrite acidule de potasse, crême de tartre;* c'est cette qualité qu'on appelle *tartre grenu* dans nos raffineries de Montpellier.

La saveur du tartre est acide et vineuse. Une once d'eau, à la température de dix degrés au-dessus de o, n'en dissout que quatre grains ; l'eau bouillante en dissout plus, mais il se précipite et crystallise par refroidissement.

On purifie le tartre d'un principe extractif surabondant, par des procédés qu'on pratique à Montpellier et à Venise.

Le procédé usité à Montpellier est le suivant : on dissout le tartre dans l'eau bouillante, et on le fait crystalliser par refroidissement; on fait bouillir les crystaux dans une autre chaudière, où l'on ajoute par quintal cinq à six livres de terre argilleuse et blanche de Murviel; on fait bouillir et on obtient par évaporation un sel très-blanc, connu sous le nom de *créme de tartre, tartrite acidule de potasse.*

Desmaretz nous a appris (*Journal de Phys. 1771*) que le procédé usité à Venise consiste, 1°. à dessécher le tartre dans des chaudières de fer; 2°. à le piler et à le dissoudre dans l'eau chaude : par le refroidisement on obtient des crystaux plus purs ; 3°. à redissoudre ces crystaux dans l'eau et à clarifier la dissolution par les blancs d'œufs et la cendre.

Le procédé de Montpellier est préférable à celui de Venise ; l'addition des cendres introduit un sel étranger qui altère la pureté de ce produit.

Le tartrite acidule de potasse crystallise en prismes tétraèdres coupés de biais.

Ce sel est employé dans les teintures comme mordant; mais sa grande consommation se fait dans le Nord, où on le fait servir sur les tables comme assaisonnement.

Il paroît que le tartre existe dans le moût et conséquemment dans le raisin; c'est ce que nous prouvent les expériences de *Rouelle* et *Bullion*.

Ce sel existe dans beaucoup d'autres végétaux : il est bien prouvé que le tamarisc et le sumach le contiennent; il en est de même de l'épine-vinette, de la mélisse, du chardon-béni, de la racine d'arrête-bœuf, de la germandrée d'eau, de la sauge.

On peut décomposer le tartrite acidule de potasse, par le moyen du feu, à la distillation; et alors on obtient l'acide et l'alkali séparément : on peut encore opérer cette décomposition par le secours de l'acide sulfurique.

Le célèbre *Scheele* a fait connoître un procédé plus rigoureux pour obtenir l'acide de la crême de tartre.

On fait dissoudre deux livres de crystaux dans l'eau, on y jette peu à peu de la craie jusqu'à saturation complète, il se fait un précipité qui est un vrai *tartrite de chaux*, qui n'a pas de saveur et craque sous la dent : on met ce tartrite dans une cucurbite, on verse dessus neuf onces d'acide sulfurique et cinq onces d'eau ; on fait digérer pendant douze heures, en observant de remuer de temps en temps ; alors l'acide tartareux reste libre, on le débarrasse par l'eau froide du sulfate de chaux qu'on a formé dans cette opération.

En rapprochant cet acide on le fait crystalliser ; ces crystaux exposés au feu noircissent et laissent un charbon spongieux.

Ces crystaux, traités à la cornue, donnent du phlegme acide et de l'huile.

Cet acide a une saveur très-piquante.

Il se combine avec les alkalis, avec la chaux, la baryte, l'alumine, la magnésie, &c.

La combinaison de la potasse avec cet acide forme la *crême de tartre* où l'acide est en excès : elle est susceptible de contracter des combinaisons et de former des sels à trois corps ; tel est le *sel de seignette* ou *tartrite de soude*, qui crystallise en prismes tétraèdres rhomboïdaux.

Le tartrite acidule de potasse est très-peu soluble dans l'eau : l'eau bouillante n'en dissout que la vingt-huitième partie : on a proposé l'addition du borax pour en faciliter la dissolution, de même que le sucre, qui est moins efficace que le borax, et on fait avec ce dernier une limonade très-agréable et purgative.

De la Fermentation acide.

Le *muqueux* et l'alkool sont les principes de la fermentation acide; et, lorsque le corps muqueux a été détruit dans les vins vieux et généreux, ils ne sont plus susceptibles de s'altérer sans l'addition d'une matière gommeuse : c'est ce qui résulte de mes expériences. Il n'est donc pas vrai de dire que toutes les substances qui ont subi la fermentation spiritueuse peuvent passer à l'état de vinaigre, puisque cette métamorphose tient à la présence du principe muqueux qui peut ne pas y exister.

Il y a donc trois causes nécessaires pour que la fermentation acide ait lieu dans les liqueurs spiritueuses.

1°. L'existence d'une matiere muqueuse et de l'alkool, 2°. une chaleur de 18 à 25 degrés, 3°. la présence du gaz oxigène.

Le procédé indiqué par *Boërhaave* pour faire du vinaigre est encore le plus usité : il consiste à disposer deux tonneaux dans un attelier chaud ; on établit deux claies d'osier à une certaine distance des fonds, on y étend dessus des rafles et des branches de vigne, on remplit de vin un des tonneaux, et on n'en met dans l'autre que jusqu'au milieu, la fermentation commence dans ce dernier ; et, lorsqu'elle est bien établie, on la modère en remplissant le tonneau avec le vin du second, la fermentation se développe alors dans ce second, on la tempère en le remplissant de la même manière, on continue à vuider et à remplir les deux tonneaux jusqu'à ce que le vinaigre soit bien formé, ce qui arrive après douze à quinze jours.

Lorsque la fermentation se développe, la liqueur s'échauffe et se trouble, elle offre une grande quantité de filamens, elle exhale une odeur vive, et il s'absorbe beaucoup d'air, d'après l'observation de *Rozier.*

Il se forme beaucoup de lie qui se dépose lorsque le vinaigre s'éclaircit : cette lie est très-analogue à la matière fibreuse.

On purifie le vinaigre par la distillation : les premières portions qui passent sont foibles, mais bientôt après l'acide acéteux monte, et il est d'autant plus fort qu'il passe plus tard ; c'est ce qu'on appelle *vinaigre distillé ;* il est alors

alors débarrassé de son principe colorant et de cette lie qui y est toujours plus ou moins abondante.

On concentre encore le vinaigre en l'exposant à la gelée : l'eau surabondante se gèle, et l'acide en est plus condensé.

La présence de l'esprit-de-vin, du mucilage et de l'air est nécessaire pour former le vinaigre ; *Scheele* en a fait en décomposant l'acide nitrique sur le sucre et le mucilage. J'ai communiqué à l'Académie de Paris (vol. 1786,) une observation assez curieuse sur la formation du vinaigre : de l'eau distillée imprégnée de l'acide carbonique qui se dégage de la vendange en fermentation, donne du vinaigre au bout de quelques mois ; il se produit dans ce cas un dépôt flocconeux d'une matière analogue à la fibre végétale. Lorsque l'eau contient du sulfate de chaux, alors il se développe une odeur hépathique exécrable, il se forme un dépôt de soufre, et tout cela n'est dû qu'à la décomposition de l'acide sulfurique.

Comme, dans les expériences ci-dessus, j'ai mis l'eau sur le chapeau de la vendange pour l'imprégner d'acide carbonique, l'alkool et l'acide carbonique qui s'évaporent entraînent le principe muqueux ; et c'est à cette substance qu'on doit rapporter les effets que j'ai observés.

L'acide acéteux est susceptible de se combiner avec une plus forte dose d'oxigène, et forme alors ce qu'on appelle *vinaigre radical, acide acétique.*

Pour former l'acide acétique on fait dissoudre des oxides métalliques dans l'acide acéteux, on distille le sel qui en résulte, et on obtient l'acide oxigéné : il a une odeur très-vive, il est même caustique, et son action sur les corps est très-différente de celle de l'acide acéteux.

Cet acide acétique a l'avantage de former de l'éther avec l'alkool : il suffit pour cela de distiller parties égales d'acide et d'alkool ; on repasse le produit de la distillation sur le résidu de la cornue, où on ajoute un peu d'eau de *Rabel;* et le tout se convertit en éther.

La combinaison de l'acide acéteux avec la potasse, forme l'acétite de potasse, improprement appellé *terre foliée de tartre.*

Pour faire ce sel on sature de la potasse pure avec du vinaigre distillé, on filtre la liqueur, on l'évapore à un feu très-doux dans un vaisseau de verre, on soutient l'évaporation jusqu'à ce que le tout soit desséché. L'acétite de potasse a une saveur piquante et acide, il se décompose à la distillation et donne un phlegme acide, une huile empyreumatique, de l'ammoniaque et une grande quantité d'un gaz très-odorant formé d'acide carbonique et d'hydrogène; le charbon contient beaucoup d'alkali fixe à nud, ce sel se résout en liqueur à l'air; il est très-soluble dans l'eau.

L'acide sulfurique versé dessus s'y décompose, et il passe de l'acide sulfureux et de l'acide acétique.

L'acide acéteux se combine aussi avec la soude, et cette combinaison a été appellée improprement *terre foliée crystallisable*. Cet acétite de soude crystallise en prismes striés, il n'attire pas l'humidité de l'air; ces sels distillés laissent un résidu qui forme un pyrophore excellent et très-actif.

L'acide acéteux se combine aussi avec l'ammoniaque : l'acétite d'ammoniaque qui en provient s'appelle *esprit de mendererus*. On ne peut évaporer ce sel qu'en en perdant la plus grande partie, à cause de sa volatilité; mais, par une évaporation longue, on obtient des crystaux en aiguilles, dont la saveur est chaude et piquante, et qui attirent l'humidité. La chaux, les alkalis fixes, le feu et les acides décomposent ce sel.

Le sulfate de potasse arrosé d'acide acétique, forme le *sel de vinaigre*.

De la Fermentation putride.

Pour que les végétaux subissent les deux fermentations dont nous venons de parler, il faut que les sucs du végétal soient extraits et présentent un gros volume; il faut une chaleur assez forte et des circonstances que l'art seul peut rassembler, car un raisin abandonné sur la souche ne produit ni esprit ardent ni vinaigre, mais il se pourrit. C'est de ce nouveau genre d'altération que nous allons nous occuper en ce moment.

Cette fermentation est la fin la plus naturelle de tout végétal; c'est même le seul but que se propose la nature, puisque, par ce seul moyen, elle répare la surface épuisée du globe. Les deux autres fermentations sont des phénomènes préparés par l'art, et qui n'entrent pour rien dans le plan de la nature.

La vie du plus grand nombre de végétaux n'a que quelques mois de durée; mais les graines qu'ils déposent en assurent la reproduction. Il est d'autres végétaux plus robustes qui supportent le froid de l'hiver, et qui ne se dépouillent à cette époque que de leurs feuilles. Les végétaux annuels et la dépouille des plantes vivaces s'altèrent par l'action combinée des causes que nous avons rapportées; et il en résulte, selon le degré de décomposition, du terreau, de la terre végétale ou de l'ochre.

Les conditions de la fermentation putride sont les suivantes : 1°. il est nécessaire que l'eau en imprègne le tissu. Les végétaux desséchés se conservent sans se pourrir, et si on en humecte le tissu on favorise prodigieusement leur altération; c'est ainsi que les plantes entassées s'échauffent, noircissent et s'enflamment si on n'a pas eu l'attention de les dessécher convenablement; les incendies de ce genre ne sont pas rares, et la théorie en est aisée à saisir : les cordes mouillées, le foin humide et entassé, en un mot toutes les substances végétales se pourrissent d'autant plus facilement que le tissu en est plus imprégné d'eau.

2°. Le contact de l'air est la seconde cause nécessaire à la putréfaction du végétal. Il est rapporté dans les *Ephémérides des curieux de la nature, année 1787*, que l'on conserva pendant quarante ans des cerises en maturité en les enfermant dans un vase bien lutté et mis au fond d'un puits.

3°. Il faut encore un certain degré de chaleur ; celui du cinq au dix est suffisant pour faciliter la décomposition : une chaleur trop forte dissipe l'humidité, dessèche le végétal et prévient la putréfaction : une chaleur trop foible la ralentit et la suspend.

4°. Il faut encore, pour que cette décomposition s'effectue convenablement, que les végétaux soient entassés, que les sucs soient abondans : alors une plus grande quantité d'air se porte sur le végétal, puisque les sucs et les surfaces sont plus considérables, et il s'excite conséquemment un plus grand degré de chaleur qui hâte la décomposition.

Lorsque les végétaux sont entassés, et que le tisssu en est ramolli par l'humidité qui l'imprègne et les sucs qui y sont contenus, les phénomènes de la décomposition sont marqués par les caractères suivans : la couleur du végétal s'altère, le vert des feuilles jaunit, le tissu se relâche, la cohésion diminue, la couleur devient noire ou brunâtre, la masse s'élève et se boursouffle sensiblement, la chaleur devient plus intense, une chaleur douce se répand dans le voisinage, et la vapeur qui se dégage entraîne déjà une odeur qui quelquefois n'est point désagréable ; il s'exhale en même temps des bulles qui viennent crever à la surface du liquide lorsque les végétaux sont réduits en bouillie ; ce gaz est un mélange des gaz nitrogène, hydrogène et acide carbonique : il se dégage encore, à cette époque, un gaz ammoniacal qui se forme dans ces circonstances ; et, à mesure que ces phénomènes diminuent, cette odeur forte et désagréable est remplacée par une odeur fade et douceâtre. La masse se dessèche ; et l'intérieur présente encore le tissu même du végétal, lorsque la tige en est solide et que la fibre en est le principe dominant ; c'est alors ce qui constitue le *terreau*. De-là vient que les plantes herbacées, dont le tissu est lâche et où les sucs abondent, ne peuvent pas former du terreau par leurs décompositions, mais qu'elles se réduisent en une masse brune et peu liée, où l'on ne retrouve ni fibre, ni tissu ; c'est sur-tout ce qui constitue la *terre végétale*.

La terre végétale forme ordinairement la première couche de notre globe : et, lorsque nous la retrouvons dans la profondeur, c'est qu'elle a été enfouie par quelque révolution.

Lorsque les végétaux sont convertis en terre végétale par cette fermentation tumultueuse, cette terre retient encore des débris du végétal mêlés et confondus avec les autres produits solides, terreux et métalliques; et, à la distillation, elle fournit de l'huile, du gaz nitrogène, et souvent de l'hydrogène. On peut donc la regarder comme un composé mi-parti de brut et d'organique qui participe de l'inertie de l'un et de l'activité de l'autre, et qui subit dans cet état une fermentation insensible qui la dénature encore et la dépouille de tout ce qu'elle contient d'organique. Ces débris de végétaux encore contenus dans la terre végétale servent d'alimens aux autres végétaux qu'on confie à cette terre. Insensiblement le progrès de la fermentation et la succion opérée par les végétaux qui y croissent et quelques insectes qui y vivent, appauvrissent la terre végétale, la dépouillent de tout ce qu'elle contient d'organique; et il ne reste que le débris terreux et métallique qui forme la terre limonneuse, ou l'ochre lorsque le principe ferrugineux y est très-abondant.

Cette terre limonneuse est un mélange de toutes les terres primitives et de quelques métaux, qui paroissent être l'ouvrage de l'organisation du végétal aussi bien que les huiles, les sels et les autres produits qu'on y rencontre. On peut donc considérer le résidu de la décomposition végétale, comme le grand agent et le moyen dont la nature se sert pour réparer les pertes continuelles qui se font dans le règne minéral. Dans ce mélange de tous les principes sont les matériaux de toutes les compositions; et ces matériaux sont d'autant plus disposés à l'union, qu'ils sont plus divisés et plus libres de toute combinaison : c'est dans ces terres que nous trouvons les diamans, les crystaux de quartz, ceux de spath, de gypse, &c. C'est dans cette matrice que se forment les mines de fer limonneuses ou en grains; et il paroît que la nature a réservé la dépouille brute des végétaux pour reproduire ou réparer les corps terreux et métalliques de ce globe., tandis qu'elle fait servir leur dépouille organique à la nourriture et à l'accroissement des végétaux qui leur succèdent.

CINQUIÈME PARTIE.

DES SUBSTANCES ANIMALES.

INTRODUCTION.

L'ABUS qu'on a fait, au commencement de ce siècle, des applications de la chymie à la médecine, a fait méconnoître et rejetter peu de temps après tous les rapports de cette science à l'art de guérir. Il eût été sans doute plus prudent et plus utile de rectifier ces fausses applications ; mais la chymie n'étoit peut-être pas encore assez avancée pour pouvoir s'appliquer avec avantage aux phénomènes des corps vivans ; et nous voyons aujourd'hui que, quoiqu'on ait enrichi la physiologie du corps humain de plusieurs faits intéressans, il s'en faut de beaucoup qu'ils soient assez nombreux pour nous présenter un ensemble de doctrine satisfaisant.

Ce peu de succès de la chymie dans la science qui a l'étude de l'homme pour objet, provient de la nature même du sujet : quelques chymistes, regardant le corps humain comme un corps mort et passif, ont supposé dans les humeurs les mêmes altérations et les mêmes changemens qu'elles éprouvent hors du corps; d'autres, d'après une connoissance très-superficielle de la constitution de ces humeurs, ont prétendu expliquer tous les phénomènes de l'économie animale ; tous ont méconnu ce principe de vie qui agit sans cesse sur les solides et les fluides, modifie sans relâche l'impression des agens externes, empêche les dégénérations dépendantes de la constitution elle-même, et nous présente des phénomènes que la chymie n'a pu ni connoître ni prédire d'après les loix invariables qu'elle observe dans les corps morts.

Dans le règne minéral aucun corps n'est régi par une force interne : ils sont tous soumis à l'action directe des corps étrangers dont aucun principe de vie ne modifie l'influence ; et l'air, l'eau, le feu produisent sur eux des effets nécessaires, constans et calculables; de-là vient que nous pouvons déterminer, varier et modifier à volonté l'action de ces divers agens. Il n'en est pas de même des corps vivans : ils reconnoissent tous l'influence des corps étrangers ; mais leur action est modifiée par le principe vital qui les régit; et l'effet varie selon la disposition de ce même principe. Le chymiste ne peut donc pas prononcer *à priori*, et d'une manière générale, sur ces effets; il doit puiser ses résultats dans l'étude du corps vivant plutôt que dans ses opérations de laboratoire; il ne doit s'aider de ses analyses que pour connoître la nature des principes constituans. Mais leur jeu, leur action, leurs effets ne peuvent être connus que par une observation sérieuse des fonctions du corps vivant. La chymie peut tout dans les phénomènes du règne minéral : tous dépendent de la loi invariable des affinités; mais elle est subordonnée aux loix de l'économie des corps vivans dans le règne des êtres organisés, et ses résultats ne sont vrais que lorsqu'ils sont confirmés par l'observation.

Plus les fonctions d'un individu sont dépendantes de l'organisation, moins la chymie a d'empire sur elles, parce que les effets se modifient de mille manières : c'est ce qui fait que l'application des principes chymiques aux phénomènes du corps humain est très-difficile, attendu que non-seulement l'organisation est très-compliquée, mais que les effets en sont continuellement modifiés par l'influence si énergique du moral.

Il n'est cependant pas de fonction dans l'économie animale, sur laquelle la chymie ne puisse répandre quelque jour : si nous les considérons dans l'état sain, nous verrons que chaque organe opère des changemens dans les humeurs qui lui sont fournies; et la chymie peut ignorer, à la vérité, de quelle manière s'exécutent ces changemens, mais elle seule est en état de les reconnoître, de les constater et de marquer la différence qui existe entre l'humeur primitive et l'humeur qui a été travaillée par un organe. En outre, les fonctions des divers organes sont modifiées par l'action des agens externes, et cette action est du ressort de la chymie. Nous connoissons aujourd'hui, par exemple, quelle est la nature de l'air qui sert à la respiration, quel est son effet dans le poumon et son influence sur l'économie animale : nous pouvons donc déterminer déjà si un air est bon ou mauvais, corriger celui qui est vicié, &c. Nous avons encore quelques idées exactes sur le principe nutritif des diverses substances, et la chymie peut disposer convenablement tel ou tel aliment, et l'adapter aux circonstances. L'analyse des eaux est assez parfaite pour que nous puissions distinguer la bonne eau d'avec la mauvaise, et approprier à nos usages l'eau la moins pure et la plus mal-saine. Ainsi, tandis que le principe de vie préside à toutes les opérations intérieures et régit le corps humain par un méchanisme que nous ne connoissons que très-imparfaitement, nous voyons que toutes les fonctions reçoivent une impression plus ou moins directe des agens externes, que tous les matériaux employés au soutien de cette même machine viennent du dehors, que le principe de vie qui assemble et dispose ces matériaux d'après des loix qui nous sont inconnues, ne peut ni les rejetter ni les choisir, et que les fonctions seroient bientôt altérées si la chymie fondée sur l'observation n'avoit soin d'écarter ce qui est nuisible, et de rapprocher ce qui est avantageux. Ainsi la chymie ne peut rien dans l'arrangement de ces matériaux, mais elle peut tout sur le choix et leur préparation.

Lorsque l'organisation se dérange, ce défaut d'ordre ne provient que des causes externes ou internes : dans le premier cas, l'analyse de l'air, de l'eau, des alimens peut donner des notions exactes et suffisantes pour rétablir les fonctions; dans le second, l'examen chymique des humeurs peut fournir des connoissances assez précises pour conduire le médecin, et lui indiquer le remède le plus convenable.

Quelquefois les humeurs se décomposent dans le corps animal comme *in vitro:* nous voyons paroître tous les phénomènes d'une dégénération et d'une désunion complète des humeurs qui composent le sang, dans le scorbut, la cachexie, les fièvres malignes, &c. Il paroît qu'alors le principe de vie abandonne les rênes des fonctions, et que les humeurs et les solides sont livrés à l'action destructive des agens externes, et subissent la décomposition qui leur est ordinaire lorsqu'ils sont séparés du corps.

Une fois que le principe de l'animalité est éteint, alors les mêmes principes qui en entretenoient les fonctions, et dont l'effet étoit modifié par le principe de vie, agissent sur le corps mort par toute leur énergie, et le décomposent. La chymie a trouvé le moyen d'extraire de ces cadavres plusieurs principes utiles aux arts et à la pharmacie.

La chymie est donc applicable à l'économie animale dans l'état de santé et dans l'état de maladie.

La chymie a marqué elle-même des limites entre les substances végétales et les substances animales : celles-ci fournissent de l'ammoniaque par la putréfaction; les unes laissent pour résidu un charbon qui brûle facilement, les autres se réduisent en un charbon dont la combustion est presque impossible; les matières animales contiennent beaucoup de gaz nitrogène qu'on peut en dégager par le moyen de l'acide nitrique, elles fournissent beaucoup de phosphates, &c. On peut consulter avec le plus grand intérêt les mémoires de *Berthollet* et de *Fourcroy*, sur les substances animales.

CHAPITRE PREMIER.

De la Digestion.

L'HUMEUR connue sous le nom de *suc gastrique*, se sépare dans des glandes placées entre les membranes qui composent les parois de l'estomac, et est ensuite versée dans l'intérieur de ce viscère.

Pour obtenir ce suc gastrique dans toute sa pureté, on fait jeûner pendant deux jours les animaux qui doivent le fournir, et on l'extrait ensuite de leur estomac : *Spallanzani* a retiré, de cette manière, trente-sept onces de suc gastrique des deux premiers estomacs d'un mouton.

Le même naturaliste fait avaler aux animaux, dont il veut se procurer le suc gastrique, des tubes de métal, minces, percés de plusieurs

plusieurs trous, dans lesquels on met de petites éponges sèches et très-propres; il en a fait prendre jusqu'à huit à la fois à des corneilles, qui les ont vomis au bout de trois heures et demie; le suc qu'il en a retiré étoit de couleur jaune, transparent, salé, amer, et laissant peu de sédiment quand l'oiseau étoit à jeun. On peut encore se procurer le suc gastrique par le vomissement excité à jeun par l'irritation. *Scopoli* a observé qu'on ne rendoit de cette manière que la partie la plus fluide; la plus épaisse ne peut sortir qu'à l'aide d'un émétique. *Gosse*, accoutumé depuis longtemps à avaler de l'air qui lui servoit d'émétique, a mis cette habitude à profit pour faire quelques expériences sur le suc gastrique : il suspend sa respiration, reçoit de l'air dans la bouche et le pousse vers le pharinx avec la langue; cet air raréfié dans l'estomac y excite un mouvement convulsif qui le nettoie de tous les sucs qui y sont contenus. *Spallanzani* a observé que les aigles rendoient spontanément, le matin à jeun, une quantité considérable de suc gastrique.

Nous devons à *Réaumur* et à *Spallanzani*, des expériences très-intéressantes sur la vertu et les effets du suc gastrique dans la digestion: ils ont fait avaler à des animaux des tubes de métal, percés de plusieurs trous et remplis d'alimens pour en examiner les effets ; le Naturaliste de Pavie a employé des bourses de filet, des sacs de toile et de drap ; il a avalé lui-même de petites bourses remplies de chair cuite ou crue, de pain mâché ou non mâché, &c. et de petits cylindres de bois de cinq lignes de long sur trois de diamètre, percés de trous et recouverts de toile.

Gosse, profitant de la facilité qu'il avoit de vomir par le moyen de l'air, a pris toutes sortes d'alimens, et en a examiné l'altération en les rendant à des temps plus ou moins éloignés du moment de la déglutition.

Il suit de ces diverses expériences, 1°. que le suc gastrique réduit les alimens en *chime*, même hors du corps et *in vitro* ; qu'il agit de même dans l'estomac après la mort, ce qui prouve que son effet est chymique et presque indépendant de la vitalité ; 2°. que le suc gastrique opère la digestion des alimens enfermés dans les tubes de métal, et conséquemment à l'abri de la trituration ; 3°. que quoique la trituration soit nulle dans les estomacs membraneux, elle aide puissamment l'action des sucs digestifs dans les animaux dont l'estomac est musculeux, tels que les canards, les oies, les pigeons, &c. Quelques-uns de ces animaux, élevés avec assez de soin pour qu'ils ne pussent pas avaler des pierres, en ont brisé néanmoins des tubes et des sphères de métal, émoussé des lancettes et arrondi des éclats de verre qu'on avoit introduits dans leur estomac. *Spallanzani* s'est assuré que de la viande enfermée dans des sphères assez fortes pour résister, a été complètement digérée; 4°. que le suc gastrique agit par sa vertu dissolvante, et non comme *ferment*, attendu que dans la digestion ordinaire et naturelle il n'y a ni dégagement d'air, ni gonflement, ni chaleur, ni, en un mot, aucun phénomène qui annonce une fermentation.

Scopoli observe très-bien qu'il n'y a rien de positif et de constant sur la nature du suc gastrique: il est quelqufois acide, quelquefois fade. *Brugnatelli* a trouvé, dans le suc gastrique des oiseaux carnivores et de quelques autres, un acide libre, une résine et une matière animale unie à une petite quantité de sel commun. Le suc gastrique des animaux ruminans contient de l'ammoniaque, une substance extractive animale et du sel commun. De nos jours on a découvert des sels phosphoriques dans le suc gastrique.

Il paroît, d'après les observations de *Spallanzani* et *Gosse*, que la nature du suc gastrique varie selon celle des alimens : ce suc est constamment acide quand on se nourrit de végétaux : *Spallanzani* assure, contre *Brugnatelli* et *Carminati*, que les oiseaux de proie ne lui ont jamais donné de suc acide ; il en dit autant des serpens, des grenouilles, des poissons, &c.

Pour se convaincre qu'il y a une bien grande différence entre les sucs gastriques des divers animaux, il suffit d'observer que celui du milan, du faucon, &c. ne dissout pas le pain et digère la viande ; que celui du coq d'Inde, du canard, &c. n'a pas d'action sur la viande, et réduit en pulpe le grain le plus dur.

Jurine, *Toggia* et *Carminati* ont fait les applications les plus heureuses de l'usage du suc gastrique au traitement des plaies.

CHAPITRE II.

Du Lait.

De toutes les humeurs animales le lait est, sans contredit, la moins animalisée : il paroît participer de la nature de chyle, il conserve les qualités et le caractère des alimens ; et nous devons, par cette raison, le placer à la tête des humeurs du corps animal.

Les divers principes qui le composent ne sont que foiblement unis entre eux, puisque quelques degrés de chaleur au-dessus de la température de l'atmosphère suffisent pour en opérer la séparation : ils ne sont point tenus en dissolution, ils nagent dans un fluide dont ils troublent la transparence.

Le lait est la première nourriture des jeunes animaux ; leur estomac foible et débile est incapable de digérer et de s'assimiler les alimens que la terre leur fournit ; et la nature leur a destiné une nourriture plus animalisée, et conséquemment plus analogue à leurs organes, en attendant que les forces leur permettent de s'essayer sur des matières plus grossières.

Hunter a observé que tous les animaux qui dégorgent pour nourrir leurs petits, ont des glandes dans l'estomac, lesquelles se forment pendant l'incubation et s'oblitèrent peu à peu.

Le lait est en général d'un blanc mat, d'une saveur sucrée et d'une odeur légère.

En suivant les diverses altérations qu'il éprouve, quand on l'abandonne à lui-même ou qu'on le décompose par les agens chymiques, nous parviendrons à en connoître parfaitement la nature.

Le lait exposé à l'air se décompose en un temps plus ou moins long, selon le degré de chaleur de l'atmosphère : si l'air est froid il se recouvre d'une couche de matière onctueuse, légère et douce qu'on appelle *crême*; mais, si la température est chaude et que le lait soit en grande masse, il peut passer à la fermentation spiritueuse : *Marc Paul*, Vénitien, qui écrivoit dans le treizième siècle, dit que les Tartares buvoient du lait de cavale si bien préparé, qu'on le prendroit pour du vin blanc. *Claude Strahelenberg* rapporte que les Tartares tirent du lait un esprit vineux qu'ils appellent *arki*. (*Description de l'empire de Russie.*) *Jean-George Gmélin* dit (dans son voyage de Sybérie) qu'on laisse aigrir le lait, et que puis on le distille.

Nicolas Oserelskowsky de Saint-Pétersbourg a prouvé, 1°. que le lait écrêmé ne peut produire de l'esprit ardent ni seul, ni avec un ferment; 2°. que le lait agité dans un vase clos fournit de l'esprit ardent; 3°. que le lait fermenté perd, par la chaleur, le principe spiritueux et passe au vinaigre. Voyez *Journal de Physique, 1779*.

Le lait s'aigrit en été; et, en trois ou quatre jours, l'acide a acquis toute sa force : si on filtre alors le petit-lait et qu'on l'évapore à moitié, il se dépose du fromage; si on filtre encore une fois et qu'on y ajoute un peu d'acide tartareux, on voit une heure après, se former une quantité de petits crystaux de tartre, qui, selon *Scheele*, ne peut venir que de la petite quantité de muriate de potasse que le lait tient toujours.

Pour séparer les divers principes contenus dans le petit-lait aigri, on peut se servir du procédé suivant, qui nous a été fourni par le célèbre *Scheele*.

Evaporez le petit-lait acide jusqu'au huitième, tout le fromage se sépare, et on filtre : versez de l'eau de chaux sur le résidu, elle précipite une terre, et la chaux se combine avec l'acide : on déplace la chaux par l'acide oxalique, il se forme un oxalate de chaux insoluble qui se précipite ; alors l'acide du petit-lait est à nud. On fait évaporer la liqueur jusqu'à consistance de miel, on verse dessus ce suc épaissi de l'alkool bien pur ; le sucre de lait et tous les autres principes y sont insolubles, à l'exception de l'acide ; on filtre et on sépare, par la distillation, l'acide du petit-lait de son dissolvant. C'est cet acide qui est connu sous le nom d'*acide lactique*.

L'acide lactique a les caractères suivans :

1°. Saturé avec la potasse, il donne un sel déliquescent, soluble dans l'alkool.

2°. Avec la soude, un sel incrystallisable, soluble dans l'alkool.

3°. Avec l'ammoniaque un sel déliquescent et qui laisse aller à la distillation la majeure partie de son alkali, avant que la chaleur ait détruit l'acide.

4°. La barite, la chaux, l'alumine forment avec lui des sels déliquescens.

5°. La magnésie donne de petits crystaux qui se résolvent en liqueur.

6°. Le bismut, le cobalt, l'antimoine, l'étain, le mercure, l'argent, l'or, ne sont attaqués ni à chaux, ni à froid.

7°. Il dissout le fer et le zinc, et il se produit du gaz hydrogène : la dissolution de fer est brune et ne donne point de crystaux; celle de zinc crystallise.

8°. Il prend avec le cuivre une couleur bleue qui passe au verd, puis au brun obscur sans crystalliser.

9°. Tenu en digestion sur le plomb pendant quelques jours, il le dissout; la dissolution ne donne pas de crystaux; il se forme un léger sédiment blanc, que *Scheele* a regardé comme du sulfate de plomb.

Le petit-lait non aigri tient en dissolution une substance saline connue sous le nom de *sucre de lait*. *Vulgamoz* et *Lichstentein* nous ont décrit le procédé usité pour retirer cette substance saline : on écrême le lait, on en sépare le *serum* par la présure, on le rapproche jusqu'à consistance de miel, on le met dans des moules et on le fait sécher au soleil; c'est ce qu'on appelle *sucre de lait en tablettes :* on fait dissoudre ces tablettes dans l'eau, on les clarifie avec le blanc d'œuf, on évapore en consistance de sirop, et on laisse crystalliser la liqueur au frais; il s'y forme des crystaux blancs en *parallélipipèdes rhomboïdaux*.

Le sucre de lait a une saveur légèrement sucrée, fade et comme terreuse; il se dissout dans trois ou quatre pintes d'eau chaude. *Rouelle* a retiré vingt-quatre à trente grains de cendres d'une livre de ce sel brûlé : trois quarts ont été du muriate de potasse, et le reste du carbonate de potasse.

Le sucre de lait se comporte comme le sucre à la distillation et sur le feu. Ce sel traité avec l'acide nitrique, m'a fourni trois gros d'acide oxalique par once, au mois de juillet 1787. (*Mémoire présenté à la société des sciences de Montpellier*). *Scheele* a observé le même fait à-peu-près dans le même temps; je l'ai obtenu en crystaux superbes; et *Scheele*, sous forme d'une poudre blanche grenue.

Si on mêle dans trois pintes de lait six cuillerées de bon alkool, et qu'on expose à la chaleur ce mélange dans des vases clos, avec l'attention de donner, de temps en temps, un peu d'issue au gaz de la fermentation, on trouve, un mois après, que le petit-lait s'est changé en bon acide acéteux, selon *Scheele*.

Si on remplit une bouteille de lait frais, qu'on la renverse sur une masse de lait et qu'on lui fasse subir une chaleur qui surpasse les chaleurs d'été, au bout de vingt-quatre heures le lait se caille; le gaz qui se développe déplace le lait, et la fermentation vineuse s'établit en règle. Voyez *Scheele*.

Pour décomposer le lait et en séparer les divers principes qui le constituent, on emploie ordinairement la présure ou le lait caillé dans l'estomac des veaux : pour cet effet, on chauffe le lait et on y ajoute environ demi-gros de présure par pinte. On peut employer aussi les fleurs de chardon et d'artichauts, la membrane interne de l'estomac des oiseaux séchée et mise en poudre, &c. Le petit-lait obtenu de cette manière est trouble, et, pour le clarifier, on le fait bouillir avec un blanc d'œuf, on filtre, et on obtient ce qu'on appelle *petit-lait clarifié*.

J'ai vu sur la montagne du Larzac, que pour hâter la séparation des principes du lait, la laitière y plonge ses bras jusqu'au coude et les change de place de temps en temps ; la chaleur, peut-être même les principes qui se dégagent du corps, favorisent la séparation des principes.

On peut encore cailler le lait à l'aide des acides et même par le seul secours des sels avec excès d'acide : les sulfates jouissent aussi de cette vertu.

Deyeux et *Parmentier* ont prouvé que le *gallium*, appellé *caille-lait*, d'après ses usages, n'avoit point la propriété qu'on lui attribuoit : cette erreur propagée depuis *Dioscoride* jusqu'à nous, a été combattue par les expériences les plus décisives.

Le *coagulum* qui se fait dans tous ces cas contient une substance de la nature du *gluten*, qui forme le fromage ; et une seconde, de la nature des huiles, qui forme le beurre. Lorsqu'on prépare du fromage pour la table, on n'en sépare pas le beurre, parce qu'il est plus doux et plus agréable.

Les alkalis caustiques dissolvent le fromage à l'aide de la chaleur ; ce n'est cependant pas un alkali qui le tient en dissolution dans le lait.

Si à une partie de fromage nouvellement précipité et non séché, on ajoute huit parties d'eau qu'on aura légèrement acidulées par un acide minéral, et qu'on fasse bouillir ce mélange, le fromage sera dissous.

Deyeux et *Parmentier* ont observé que de tous les acides, l'acéteux a le plus d'action sur la partie caséeuse : il la dissout en entier, sur-tout lorsqu'on la lui présente dans l'état sec et en poudre fine.

Rien ne ressemble plus au fromage que le blanc d'œuf cuit : le blanc d'œuf se dissout dans l'acide délayé, il se dissout dans l'alkali caustique et l'eau de chaux, et est alors précipité par les acides.

Scheele croit que la coagulation du blanc d'œuf, de la lymphe et du fromage n'est due qu'à la combinaison du calorique, et le prouve par l'expérience suivante : mêlez une partie de blanc d'œuf avec quatre parties d'eau, versez un peu d'alkali pur, ajoutez autant d'acide muriatique qu'il en faut pour la saturation, le blanc d'œuf est coagulé : dans cette expérience il y a échange de principes, la chaleur de l'alkali se combine avec le blanc d'œuf, et l'alkali avec l'acide muriatique.

L'ammoniaque dissout plus efficacement le fromage que les alkalis fixes : si on la verse, à la dose de quelques gouttes, dans du lait coagulé par un acide, elle fait bientôt disparoître le *coagulum*.

Les acides concentrés le dissolvent aussi; le nitrique en dégage le gaz nitrogène.

Le fromage desséché et mis dans des lieux favorables, pour y subir un commencement de fermentation putride, prend de la consistance, du goût, de la couleur; et c'est cet aliment qu'on sert sur nos tables sous le nom de *fromage*.

A *Roquefort*, où j'ai suivi les manipulations de l'excellent fromage qu'on y fabrique, on a la précaution de bien presser le caillé pour en extraire le petit-lait, de le sécher le plus exactement possible; après cela on le porte dans des caves où la température est à deux ou trois degrés au-dessus de o; on développe la fermentation par une petite quantité de sel, on suspend la putréfaction en ratissant la surface de temps en temps; et la fermentation, maîtrisée par l'art et ralentie par la fraîcheur même des caves, produit un effet lent sur tout le fromage et y développe successivement des couleurs rouges et bleues, dont j'ai donné l'*éthiologie* dans un Mémoire sur la fabrication des fromages de Roquefort, présenté à la Société d'Agriculture, et imprimé dans le quatrième volume des Annales Chymiques.

Le beurre est le troisième principe contenu dans le lait ; on le sépare du *serum* et de la matière caséeuse par un mouvement rapide. Ce qu'on appelle la *crême* est un mélange de fromage et de beurre qui surnage le lait ; cette substance est susceptible de mousser par une grande agitation ; et dans ce dernier état on l'appelle *crême fouettée*.

Le beurre a une consistance molle ; il est d'un jaune plus ou moins doré, d'une saveur douce et agréable, il se fond aisément, et devient solide par le seul refroidissement.

Le beurre s'altère aisément et rancit comme les huiles ; le goût âcre qui s'y développe peut être enlevé par l'eau et l'esprit-de-vin qui le dissolvent ; l'alkali fixe dissout le beurre et forme avec lui un savon peu connu.

Le beurre distillé fournit une huile concrète, colorée, un acide d'une odeur forte et piquante. Cette huile, distillée à plusieurs reprises, s'atténue et imite les huiles volatiles.

Le lait est donc un mélange d'huile, de lymphe, de sérosité et de sel : ce mélange est foiblement lié. On dit que le lait tourne lorsque la désunion des principes se fait par le simple repos ; lorsque c'est au contraire par le moyen des réactifs, on l'appelle *lait caillé*.

Il n'est pas d'humeur animale qui présente

de plus grandes variétés que le lait, non-seulement dans les diverses espèces de femelles, mais dans la même.

Le lait de vache nourrie avec le maïs et le bled de Turquie est doux et sucré; il est d'une sapidité moins agréable lorsqu'on la nourrit avec des choux, tandis que le lait provenant de la fane des pommes de terre et des herbes de la prairie, est plus fade et plus séreux.

Les laits de femme, ânesse et jument ne fournissent point de beurre; les parties séreuses et salines y abondent, le principe caséeux y jouit d'une onctuosité crêmeuse.

Le lait des animaux ruminans, tels que vache, brebis, chèvre, est très-riche en matière caséeuse et butyreuse, et la consistance de ces principes est plus considérable que dans les précédens. La différence naturelle des laits, et l'effet très-prononcé de la nourriture et des passions sur le lait de la même espèce, doivent diriger le médecin dans l'emploi de ce liquide, administré comme aliment ou comme remède.

CHAPITRE III.

Du Sang.

Le sang est cette humeur, de couleur rouge, qui circule dans le corps humain par le moyen des artères et des veines, et entretient la vie en fournissant à tous les organes les sucs particuliers dont ils ont besoin. C'est cette humeur qui reçoit le produit de la digestion de l'estomac, le travaille et l'animalise. C'est cette humeur qu'on regarde avec raison comme la source et le foyer de la vie. La différence des tempéramens et des passions lui a été attribuée par tous les philosophes qui en ont parlé : les médecins ont eu beau changer de systême, l'opinion du peuple a été moins versatile, et il a continué à attribuer toutes les nuances des tempéramens à des modifications du sang. C'est encore aux altérations de cette humeur que les médecins ont rapporté, pendant longtemps, la cause de presque toutes les maladies. Le chymiste doit donc s'en occuper spécialement.

Le sang varie dans le même individu, non-seulement par rapport aux positions où il se trouve, mais même dans l'état sain et dans le même

même instant : celui qui coule dans les veines n'est point de la même intensité de couleur ni de la même consistance que celui des artères ; celui qui parcourt les organes de la poitrine diffère de celui qui languit dans les viscères du bas-ventre.

C'est à *Rouelle* le jeune que nous devons les premières connoissances exactes sur le sang ; il y démontra l'existence de la soude, et celle des muriates de potasse et de soude dans le *serum*.

Les anciens avoient observé, à la vérité, que le sang, à l'air libre, acquéroit une couleur plus rouge ; mais il étoit réservé à *Hewson* de prouver que ce phénomène dépendoit de la combinaison de l'air avec ce liquide.

Plusieurs chymistes avoient assuré que le sang contenoit du fer, mais *Menghiny* a épuisé cette portion intéressante de doctrine.

Fourcroy a démontré la gélatine dans le *serum* ; il a annoncé la présence de la bile dans le sang, et a fait connoître les vrais principes, la cause et la nature des concrétions.

Deyeux et *Parmentier* ont porté le plus grand jour sur l'analyse de tous les principes constituans du sang. C'est dans les écrits de ces célèbres chymistes que nous puiserons ce que nous aurons à dire sur cette matière.

Le sang, tiré d'un animal quelconque, a une odeur particulière qu'il perd par le seul refroidissement : ce principe aromatique est soluble dans l'eau, et communique à ce fluide la qualité putrescible : cet arome n'est ni inflammable, ni acide, ni méphitique par son mélange avec l'air atmosphérique ; l'eau l'enlève à l'air, et le garde en dissolution. Des bouteilles remplies du principe odorant du sang, et exposées à des températures différentes, ont présenté les résultats suivans : l'air des bouteilles mises dans une température chaude avoit contracté une odeur désagréable ; les lumières s'y éteignoient plus vîte que dans les autres ; l'absorption par l'eudiomètre étoit moindre.

Le sang abandonné à lui-même dans un lieu tranquille, se résout en deux parties, *serum* ou partie séreuse, *caillot* ou partie fibreuse.

Ces deux principes se présentent à-peu-près dans des proportions égales.

Pour obtenir le serum pur et en entier, il faut le repos le plus absolu dans le vase qui le contient.

Le serum contient de l'eau, de l'albumen, de la gélatine, de la soude, du soufre et des sels neutres.

Rouelle a avancé que la soude y étoit libre : cette assertion a dû paroître d'autant plus invraisemblable, que l'albumen et la gélatine ont la plus grande affinité avec elle. *Rouelle* a cru à la nudité de la soude dans le *serum*, d'après la propriété qu'il a de verdir le sirop violat; mais le savon verdit aussi ce sirop, quoique la soude n'y soit pas libre.

Il paroît que la soude concourt à entretenir la fluidité de l'albumen; car si on le précipite par l'alkool, la soude dissout le précipité et rétablit la transparence.

Si on fait chauffer l'albumen dans un vaisseau d'argent, et qu'après l'avoir desséché on lui fasse éprouver un degré de chaleur supérieur à celui de l'eau bouillante, le point du vaisseau en contact avec la matière, perd son éclat métallique et prend une couleur noire semblable à celle que lui communique le soufre.

Si l'on triture dans un mortier de verre de l'albumen avec une dissolution d'argent bien saturée, et qu'on laisse digérer le mélange pendant quelque temps, il suffira de le chauffer et de l'étendre avec un peu d'eau pour appercevoir des filets grisâtres qui deviennent noirs peu à peu, et offrent un précipité d'où l'on peut extraire du soufre.

Si l'on fait bouillir de l'alkali fixe avec de l'albumen et de l'eau, on obtient une liqueur qui, filtrée et mêlée avec du vinaigre distillé, exhale une odeur hépatique susceptible d'altérer la couleur de l'argent.

Le serum bien pur, exposé dans une capsule de verre au bain-marie, nous présente les phénomènes suivans : la partie lymphatique se coagule, et il se sépare une humeur poisseuse, épaisse, d'un blanc jaunâtre et transparent, douce au goût, soluble dans l'eau et la salive, susceptible de se moisir promptement lorsqu'on la dissout dans l'eau et qu'on l'expose dans un lieu chaud : c'est-là la gélatine.

Si on la rapproche par l'évaporation, elle se dessèche et forme un enduit transparent etj aune comme du succin.

Elle donne, par la distillation à feu nud, les mêmes produits que la corne de cerf.

La gélatine se dissout dans la soude caustique, et on ne peut l'en précipiter qu'en flocons blancs.

Ses propriétés sont les mêmes que celles qui caractérisent les substances solides animales.

La gélatine n'existe que dans le serum : j'ai eu occasion d'observer que lorsqu'on coagule le serum coloré en rouge à une très-douce chaleur, le principe colorant se porte sur l'albumen, et la gélatine se sépare sous forme d'une liqueur onctueuse et très-blanche : on peut, en exprimant l'albumen coagulé, la dégager jusqu'au dernier atome.

Rouelle a prouvé l'existence des muriates de soude et de potasse dans le sang.

Les phénomènes que nous présente la coagulation du sang méritent la plus grande attention : elle s'opère dans le même temps et de la même manière dans les vaisseaux ouverts ou fermés, dans des flacons exposés à une température même supérieure à celle de l'animal, et au degré de froid de la glace : elle ne dépend donc pas du contact de l'air ni du refroidissement du liquide.

Les sels neutres dissous dans le sang l'empêchent de se coaguler, lors même qu'on l'expose dans un lieu tranquille et à l'abri de toute agitation.

L'agitation du sang s'oppose à la coagulation.

Lorsque le sang s'échappe d'un corps sain, il présente d'abord un fluide homogène ; mais bientôt on voit autour du vase une substance épaisse qui se retire sur elle-même en gagnant le milieu, et dont la consistance augmente jusqu'à ce qu'elle soit à l'état de gelée.

Le caillot conserve son odeur et sa consistance pendant plus ou moins de temps, suivant la température.

Si on le dessèche, la couleur devient d'un rouge très-foncé, et les bords acquièrent une certaine transparence.

Le caillot jetté dans l'eau bouillante lui donne un œil laiteux; il s'en dégage de l'albumen qui vient nager en écume à la surface, et le caillot prend alors une couleur brune et plus de consistance.

L'eau divise le caillot, se teint en rouge, et demeure transparente pendant plusieurs jours; mais ensuite elle se trouble, et l'on apperçoit des pellicules membraneuses.

Le carbonate de potasse et l'ammoniaque dissolvent le caillot.

Les acides en augmentent la concrétion, à l'exception du nitrique qui semble en opérer la résolution.

On peut séparer la matière fibreuse d'une manière bien simple : elle consiste à renfermer le caillot dans un linge et à le froisser entre les mains dans un vase rempli d'eau; peu à peu il se décolore, et le résidu insoluble dans l'eau est la *matière fibreuse.*

Lorsqu'on agite vivement du sang frais avec la main, la matière fibreuse se sépare et vient adhérer aux mains ou à l'instrument dont on se sert pour agiter ce fluide.

Cette matière fibreuse est de la même nature que le corps charnu, et il est à présumer que le sang la dépose dans les muscles, par une suite de leur propre mouvement, pour en réparer la substance.

Cette matière fibreuse forme la base du caillot; c'est autour d'elle, et, pour ainsi dire, dans le tissu même que forment ces fibres, que se déposent l'albumen et les autres principes qu'on peut dégager de ces concrétions.

Il paroît que, tant que le principe de vie anime le sang, ces fibres restent éparses, incohérentes et disséminées dans la masse; mais, du moment que le principe de vie n'est plus, ces élémens livrés à la seule force d'affinité, se rapprochent, s'unissent, enlacent quelques autres principes, et il en résulte une gelée tremblante ou caillot.

Ce qui prouve que ce phénomène est dû à l'extinction graduée de l'irritabilité, c'est que *Hewson* a observé que les premiers jets du sang d'un animal qu'on égorge sont plus fluides que les derniers; c'est que le sang qui s'épanche dans une cavité s'y coagule; c'est que, dans tous les cas où le principe de vie abandonne les humeurs animales, cette coagulation a lieu.

L'agitation s'oppose à la coagulation, par la même raison qu'elle ne permet pas la crystallisation des sels dissous dans un liquide.

Pour obtenir le principe colorant du sang, *Deyeux* et *Parmentier* ont renfermé du caillot frais dans un sac de toile serrée, et on l'a lavé jusqu'à ce que la matière fibreuse fût bien séparée : l'eau des lavages a été chauffée au bain-marie; bientôt on a vu une matière épaisse, d'un rouge foncé, venir nager dans le fluide qui, auparavant, la tenoit dissoute; on l'a séparée par le filtre et soumise à une forte pression, pour en extraire toute l'humidité; elle s'écrasoit alors sous les doigts et se réduisoit en poudre; elle n'avoit ni odeur ni saveur sensible; en l'exposant à l'air ou à une douce chaleur, elle devient d'un noir foncé : les acides concentrés la charbonnent, les alkalis purs la dissolvent; elle fournit à la cornue les mêmes produits que le serum, la fibre, le sang, &c.

Ce n'est donc que l'albumen combiné avec le principe colorant; et le principe colorant porté sur la matière albumineuse, dont il est presque inséparable, ne paroît produit que par la combinaison de l'oxigène avec cette base.

Menghiny et *Galeati* ont prouvé démonstrativement que le fer étoit contenu dans le sang ; il suffit, pour l'y démontrer, d'y mêler de la poussière de noix de galle : on peut aussi, par le barreau aimanté, extraire le fer du *coagulum* séché à l'air.

Mais sous quelle forme existe le fer dans le sang? Il n'y est ni à l'état métallique, ni à l'état d'oxide ; car il s'en précipiteroit par le repos, ou resteroit sur le filtre.

Il paroît, d'après les expériences de *Deyeux* et *Parmentier*, que le fer est dissous dans l'alkali. J'ai eu occasion d'observer bien des fois que si on verse une dissolution de carbonate de soude sur du *serum* chargé du principe colorant, il s'y produit une couleur noirâtre au bout de quelque temps : si, dans cet état, on y ajoute de l'acide sulfurique affoibli, l'albumen se sépare sous la forme d'une écume épaisse et grisâtre, et la liqueur se décolore peu à peu et devient blanche.

CHAPITRE IV.

De la Graisse.

La graisse est un suc inflammable, épaissi, contenu dans les cellules du tissu cellulaire : la couleur en est ordinairement blanche et quelquefois jaune, la saveur fade, la consistance plus ou moins forte dans les diverses espèces d'animaux : dans les cétacées et les poissons, elle est presque fluide ; dans les animaux carnassiers, la graisse est plus fluide que dans les frugivores, selon *Fourcroy ;* dans le même animal, elle est plus solide aux environs des reins et sous la peau, que dans le voisinage des viscères mobiles : à mesure que l'animal vieillit, la graisse jaunit et devient plus solide. Voyez *Fourcroy*.

Pour avoir la graisse bien pure, on la coupe en morceaux ; on en sépare les membranes et petits vaisseaux qui s'y trouvent, on la lave dans l'eau, on la fait fondre avec un peu d'eau, et on la tient fondue jusqu'à ce que toute l'eau soit évaporée : l'eau qui la surnage bouillonne en pétillant ; et lorsque ce bouillonnement cesse, c'est une preuve que toute l'eau est dissipée.

La graisse a la plus grande analogie avec les huiles : comme elles, elle est immiscible à l'eau, forme des savons avec les alkalis, et brûle à l'air libre par le contact d'un corps embrasé et d'une chaleur suffisante.

Neumann a traité les graisses d'oie, de porc, de mouton et de bœuf, dans une cornue de verre à un feu gradué ; il en a retiré du phlegme, de l'huile empyreumatique et brunâtre, et un charbon brillant : il conclut de ses analyses qu'il y a peu de différence dans les graisses ; que celle du bœuf paroît seulement tenir un peu plus de matière terreuse. Cette analyse très-imparfaite ne nous éclaire point sur la nature des graisses, et nous devons à *Segner* et *Crell* des expériences bien plus intéressantes : nous en rapporterons les principales.

1°. Le suif de bœuf, distillé au bain de sable dans une cornue de verre, donne de l'huile et une liqueur rougeâtre qui a un goût acide, fait effervescence avec l'alkali, sans rougir le sirop de violettes qui se colore en brun par ce mélange.

2°. La moëlle de bœuf donne les mêmes produits, excepté qu'il passe d'abord une matière qui a la consistance du beurre.

Crell nous a fait connoître le moyen de retirer du suif cet acide particulier qu'on connoît, en ce moment, sous le nom d'*acide sébacique*.

Il imagina d'abord de concentrer cet acide, en faisant passer le phlegme seul à la distillation : cela ne réussit pas, la liqueur du récipient étoit aussi acide que celle de la cornue. Il satura alors tout l'acide avec de la potasse, fit évaporer, et obtint un sel brunâtre qu'il fit fondre dans un creuset pour brûler l'huile qui le souilloit ; ce sel dissous et évaporé, donna alors un sel feuilleté ; il versa quatre onces d'acide sulfurique sur dix onces de ce sel, et distilla à un feu très-doux ; l'acide sébacique passa sous la forme d'une vapeur grisâtre, il en trouva demi-once fumant et très-âcre. *Crell* observe que, pour le succès de l'opération, il faut tenir le sel long-temps en fusion, sans cela l'acide est mêlé avec de l'huile, qui en affoiblit la vertu.

En distillant le suif dans un alambic de cuivre, *Crell* a obtenu l'acide pur ; mais le feu nécessaire pour cela altère le chaudron, fait couler l'étamage, et l'acide lui-même se charge de cuivre.

On savoit, depuis long-temps, que les alkalis formoient une espèce de savon avec les graisses. *Crell*, en traitant ce savon avec une dissolution d'alun, en a séparé l'huile et obtenu le sébate de potasse par l'évaporation; l'acide sulfurique distillé ensuite sur ce sel le décompose, et on sépare par ce moyen l'acide sébacique.

Morveau fait fondre le suif dans un poëlon de fer; on y jette de la chaux vive pulvérisée, et on remue continuellement dans le commencement; sur la fin on donne un feu assez fort, en observant d'élever les vaisseaux pour n'être pas exposé aux vapeurs: lorsque le tout est refroidi, on s'apperçoit que le suif n'a pás la même solidité; on le fait bouillir à grande eau, on filtre cette lessive, et on obtient un sel brun et âcre qui est du sébate de chaux. Ce sel se dissout dans l'eau, mais il seroit trop long de le purifier par des crystallisations répétées: on y parvient plus aisément en l'exposant à une chaleur capable de brûler l'huile; après quoi une seule dissolution suffit pour le purifier, il laisse son huile sur le filtre à l'état de charbon, et il n'y a plus qu'à évaporer.

La dissolution tient ordinairement un peu de chaux vive qu'on précipite par l'acide carbonique: ce sel, traité de la même manière que le sébate de potasse, donne l'acide sébacique.

Cet acide existe tout formé dans le suif, puisque les terres et les alkalis l'en dégagent. Deux livres en ont fourni un peu plus de sept onces à *Crell.*

Il a la plus grande affinité avec l'acide muriatique, puisqu'il forme avec la potasse un sel qui se fond au feu sans se décomposer, qu'il agit puissamment sur l'or quand on le mêle avec l'acide nitrique, qu'il précipite l'argent du nitrate d'argent, qu'il forme un sublimé avec le mercure, et que la dissolution de ce sublimé n'est pas troublée par le muriate de soude. Mais, quoique cet acide se rapproche du muriatique par plusieurs côtés, il s'en éloigne par d'autres, et dès ce moment ce n'en est plus une modification. Il forme, avec la soude, des crystaux en aiguilles; avec la chaux, un sel crystallisé : il décompose le sel commun, &c.

Crell a retiré l'acide sébacique du beurre de cacao par la distillation. Le blanc de baleine le fournit aussi.

Les propriétés de cet acide sont les suivantes.

Il rougit les couleurs bleues végétales.

Il prend par le feu une couleur jaune, et laisse un résidu qui annonce une décomposition partielle : *Crell*, d'après cela, le regarde comme tenant le milieu entre les acides végétaux qui se détruisent au feu, et les minéraux qui n'y reçoivent pas d'altération : son existence dans le beurre de cacao et les graisses, favorise l'idée de *Crell* à ce sujet.

Il attaque avec effervescence les carbonates de chaux et d'alkali, et forme avec eux des sels que *Bergmann* trouve très-analogues aux acétites de mêmes bases.

Il paroît, comme l'observe *Morveau*, que cet acide a quelque action sur le verre : *Crell* l'ayant fait digérer plusieurs fois sur l'or, a toujours obtenu un précipité de terre blanche qui n'étoit pas de la chaux; il présume qu'elle a été emportée de la distillation, et elle ne peut provenir que de la cornue elle-même.

Cet acide n'agit pas sensiblement sur l'or, mais il en attaque l'oxide et forme un sel crystallisable, de même qu'avec les précipités de platine.

Il s'unit au mercure et à l'argent; il cède ce dernier à l'acide muriatique, mais non le premier. Il les reprend l'un et l'autre à l'acide sulfurique; il enlève le plomb aux acides nitrique et acétique; et l'étain, à l'acide nitro-muriatique.

Il n'attaque ni le bismuth, ni le cobalt, ni le nickel.

Il ne décompose ni les sulfates de cuivre, ni ceux de fer, ni ceux de zinc, ni les nitrates d'arsenic, de manganèse, de zinc, &c.

Il réduit l'oxide d'arsenic à la distillation.

Crell en a fait un éther sébacique.

Il paroît, d'après cette analyse, que la graisse est une espèce d'huile ou de beurre rendu concret par un acide.

Ses usages sont, 1°. d'entretenir la chaleur dans les corps, de garantir les viscères de l'impression du froid externe; 2°. de servir à la nourriture de l'animal dans certains temps de disette ou de maladie, &c.

CHAPITRE V.

De la Bile.

La bile est une des humeurs qu'il est essentiel de connoître par rapport au rôle qu'elle joue dans l'état sain et dans l'état malade: nous verrons même que son analyse est assez parfaite, pour que nous puissions nous en éclairer dans une infinité de cas.

Cette

Cette humeur est séparée dans un grand viscère du bas-ventre, qu'on appelle *foie ;* elle est ensuite déposée dans une vessie ou réservoir, qu'on appelle *vésicule du fiel*, d'où elle est portée dans le *duodenum* par un canal particulier.

La bile est une humeur gluante comme l'huile, d'une saveur très-amère, de couleur verte tirant sur le jaune, et quand on l'agite elle mousse comme de l'eau de savon.

Si on la distille au bain-marie, elle donne un phlegme qui n'est ni acide ni alkalin, mais qui se pourrit. Ce phlegme, d'après l'observation de *Fourcroy*, exhale souvent une odeur analogue à celle du musc ; la bile elle-même a cette propriété, d'après l'observation générale des bouchers. Lorsqu'on a extrait de la bile toute l'eau qu'elle peut fournir au bain-marie, on trouve un extrait sec qui attire l'humidité de l'air ; il est tenace, poisseux et soluble dans l'eau ; en le distillant à la cornue, il donne de l'ammoniaque, une huile animale empyreumatique, de l'alkali concret et de l'air inflammable : le charbon est plus facile à être inciné que ceux dont nous avons parlé ; il contient du fer, du carbonate de soude et du phosphate de chaux.

Tous les acides décomposent la bile et en

dégagent une substance huileuse qui surnage : les sels qu'on obtient ensuite par évaporation sont à base de soude, ce qui fait voir que la bile est un vrai savon animal. L'huile qui est combinée avec la soude a quelque analogie avec les résines ; elle est soluble dans l'esprit-de-vin, &c.

Les dissolutions métalliques décomposent la bile par affinités doubles, et il en résulte des savons métalliques.

La bile s'unit aux huiles, et les enlève de dessus les étoffes comme les savons.

La bile se dissout dans l'alkool qui en sépare le principe albumineux : c'est ce principe albumineux qui fait que la bile se coagule par le feu et les acides ; c'est encore lui qui facilite sa putréfaction.

Les principes constituans de la bile sont donc l'eau, un arome, une substance albumineuse, une huile résineuse et la soude. *Cadet* y a trouvé un sel qu'il a cru analogue au sucre de lait ; ce sel n'est probablement que celui qu'y a découvert *Poulletier.*

La bile est donc un savon résultant de la combinaison de la soude avec une matière analogue aux résines et une substance albumineuse qui la rend susceptible de putréfaction et de coagulation ; cette substance donne à la bile un caractère d'*animalisation*, diminue son âcreté et favorise son mélange avec les autres humeurs.

La portion résineuse diffère des résines végétales, 1°. parce que celles-ci ne forment point de savon avec les alkalis fixes; 2°. parce qu'elles sont plus âcres et plus inflammables; 3°. parce que la résine animale se fond à quarante degrés, et acquiert une fluidité semblable à celle de la graisse, dont elle diffère néanmoins en ce qu'elle est soluble dans l'alkool, et en cela elle se rapproche du blanc de baleine.

Les acides qui agissent sur la bile dans les premières voies, la décomposent : la couleur d'un jaune verdâtre, dont les excrémens des enfans à la mamelle se colorent, provient d'une pareille décomposition, et ils sont teints par la partie résineuse. De l'action de la bile sur les acides, on peut déduire l'effet de ces remèdes lorsque les évacuations sont putrides et que la dégénération de la bile est *septique*: alors la lymphe est coagulée, et les excrémens deviennent plus durs; on peut expliquer par-là pourquoi les excrémens des enfans sont si souvent caillebotés.

Lorsque la bile séjourne long-temps dans les premières voies, par exemple dans les maladies chroniques, elle y prend une teinte noire, s'y épaissit, acquiert la consistance d'un onguent, forme un enduit de plusieurs lignes d'épaisseur sur les parois du canal intestinal, selon l'observation de *Fourcroy*; mise sur le papier et desséchée, elle devient verte; étendue d'eau, elle forme une teinture d'un jaune verd, d'où se précipite une grande quantité de petites écailles noires; dissoute dans l'alkool, elle forme aussi une teinture verte, et laisse déposer ce sel brillant lamelleux découvert dans les calculs biliaires par *Poulletier de la Salle*. Cette humeur qui forme l'atrabile des anciens, n'est que de la bile épaisse; et on conçoit dans ce cas l'effet des acides et le danger des irritans: cet épaississement empâte les viscères du bas-ventre, et produit des obstructions.

Beaucoup de maladies doivent être rapportées au caractère prédominant de la bile. On peut consulter à ce sujet les Mémoires intéressans de *Fourcroy*, publiés dans le Recueil de la Société de Médecine, années 1782 et 83.

Lorsque la bile s'épaissit dans la vésicule, elle forme des concrétions qu'on appelle *calculs biliaires*. *Poulletier* s'est beaucoup occupé de l'analyse de ces calculs; il a observé qu'ils étoient solubles dans l'esprit ardent: lorsque la dissolution est abandonnée à elle-même pendant quelque temps, on apperçoit des particules brillantes et légères qui forment un sel particulier, que *Poulletier* n'a trouvé que dans les calculs humains, et il lui a reconnu la plus grande analogie avec *le sel de benjoin.*

Fourcroy observe que la découverte de *Poulletier* a été confirmée par la Société de Médecine, qui a reçu plusieurs calculs biliaires, qui paroissent formés par un sel analogue à celui qui a été observé par ce chymiste. Ce sont des amas de lames crystallines transparentes, semblables au mica, ou au talc. La société de Médecine a dans sa collection une vésicule de fiel entièrement remplie de cette concrétion saline. Ce chymiste a démontré la plus grande analogie entre le blanc de baleine et cette substance crystalline; il a prouvé que cette matière, très-disposée à se concrètre, étoit abondamment contenue dans les pores biliaires, et que les calculs biliaires de la nature de ces concrétions crystallisées n'étoient dûs qu'à une surabondance de cette substance lorsque la bile ne peut pas la tenir toute en dissolution.

On peut donc, comme l'observe *Fourcroy*, établir deux espèces de calculs: les uns sont opaques et ne sont fournis que par de la bile épaisse ; les autres sont fournis par les crystaux que nous venons de décrire. Dans tous, existe la matière analogue au blanc de baleine ; mais elle prédomine dans les uns, tandis que la bile épaissie domine dans les autres.

Boerhaave avoit déjà observé que la vésicule des bœufs, à la fin de l'hiver, étoit remplie de calculs ; mais que le fourrage frais dissipoit ces concrétions.

On a proposé, pour fondre les calculs, les savons. L'Académie de Dijon a publié les succès du mélange d'essence de térébenthine et d'éther. Les plantes fraîches, si souveraines pour détruire ces concrétions, ne doivent peut-être leur vertu qu'à ce qu'elles développent un acide dans l'estomac, comme nous l'avons observé en parlant des sucs gastriques.

L'usage de la bile, dans l'économie animale, est sans doute de diviser les matières qui ont subi une première digestion dans l'estomac, et de donner de la force et du jeu aux intestins languissans, &c. Lorsque son flux est interrompu, elle surabonde dans le sang, et tout le corps prend une teinte jaune.

La bile ou le fiel est un excellent vulnéraire appliqué extérieurement : prise intérieurement, c'est un bon stomachique et un des meilleurs fondans que la médecine connoisse. Ces sortes de remèdes, analogues à la constitution, méritent la préférence : ainsi la bile convient lorsque les digestions sont languissantes ou que les viscères du bas-ventre sont empâtés.

La bile, appliquée extérieurement, enlève les taches d'huile comme les autres savons.

CHAPITRE VI.

Des parties molles et blanches des animaux.

Ces parties sont peut-être moins connues que celles dont nous venons de parler, mais leur analyse n'en intéresse pas moins ; on peut même ajouter qu'elle intéresse davantage, puisque l'application des connoissances que nous pouvons acquérir sur cette matière se présente journellement dans les usages les plus communs de la vie domestique.

Toutes les parties animales, membraneuses, tendineuses, aponévrotiques, cartilagineuses, ligamenteuses, même la peau et les cornes, contiennent une substance muqueuse, très-soluble dans l'eau et insoluble dans l'alkool, qu'on connoît sous le nom de *gelée* : il suffit, pour l'obtenir, de faire bouillir les substances animales dans l'eau, et d'en rapprocher la décoction jusqu'à ce que par le seul refroidissement elle se prenne en une masse solide et tremblante.

Les gelées sont très-communes dans nos cuisines ; et les cuisiniers n'ignorent, ni les moyens de les faire, ni celui de les faire *prendre* lorsque la chaleur atmosphérique est très-forte. C'est par une opération semblable qu'on extrait la gelée de la corne de cerf, qu'on blanchit ensuite avec le lait d'amande : ce mets convenablement parfumé est servi sur nos tables sous le nom de *blanc-manger*. Les gelées sont en général restaurantes et nourrissantes; celle de corne de cerf est astringente et adoucissante.

En général les gelées n'ont presque point d'odeur dans l'état naturel : la saveur en est fade : elles donnent à la distillation un phlegme insipide et inodore qui se pourrit aisément ; exposées à un feu plus fort elles se gonflent, se boursoufflent, noircissent et répandent une odeur fétide, accompagnée d'une fumée blanche et âcre ; il passe alors un phlegme alkalin, une huile empyreumatique et un peu de carbonate d'ammoniaque ; il reste un charbon spongieux qui se réduit difficilement en cendres, et qui donne, par l'analyse, du muriate de soude et du phosphate de chaux.

La gelée ne peut se conserver qu'un jour pendant l'été et deux ou trois pendant l'hiver: lorsqu'elle se gâte il se forme des taches blanches, livides, à la surface, qui gagnent promptement le fond des pots ; il se dégage une grande quantité de gaz nitrogène, hydrogène et carbonique.

L'eau dissout parfaitement les gelées ; l'eau chaude en dissout beaucoup plus, puisqu'elles ne prennent de la consistance que par le refroidissement ; les acides les dissolvent aussi, mais les alkalis sur-tout.

L'acide nitrique en dégage du gaz nitrogène, d'après les belles expériences de *Berthollet*.

Lorsque la gelée n'a pas été extraite par une longue décoction, et que l'albumen ne s'est pas mêlé avec elle, alors elle a presque tous les caractères des gelées végétales ; mais il est rare de l'obtenir sans mélange, et dans ce cas elle diffère essentiellement des gelées végétales, en ce qu'elle donne du gaz nitrogène et de l'ammoniaque.

Si on rapproche la gelée jusqu'à lui donner la forme d'une tablette, on lui ôte la propriété de se pourrir, et on forme par ce moyen des bouillons secs ou tablettes de bouillon, qui peuvent être d'une grande ressource dans les voyages de long cours. Pour préparer ces tablettes on peut employer la recette suivante :

Pied de veau.	4 pieds.
Cuisse de bœuf.	12 livres.
Rouelle de veau.	3 livres.
Gigot de mouton.	10 livres.

On fait cuire ces viandes à petit feu dans une suffisante quantité d'eau, et on les écume comme à l'ordinaire ; on passe le bouillon avec expression ; on fait bouillir la viande une seconde fois dans de nouvelle eau, on réunit les liqueurs, on les laisse refroidir pour en séparer exactement la graisse, on clarifie le bouillon avec cinq ou six blancs d'œufs, on ajoute une suffisante quantité de sel marin ; on passe la liqueur au travers d'un blanchet, et on la fait évaporer au bain-marie jusqu'à consistance de pâte très-épaisse ; alors on l'étend un peu mince sur une pierre unie, on la coupe par tablettes, on achève de les sécher dans une étuve jusqu'à ce qu'elles soient cassantes, et on les enferme dans des bouteilles qu'on bouche exactement. On peut faire entrer dans la composition des tablettes de la volaille et des aromates.

Ces tablettes peuvent être conservées pendant quatre à cinq ans. Lorsqu'on veut s'en servir, on en met demi-once dans un grand verre d'eau bouillante, on couvre le vaisseau et on le tient sur les cendres chaudes pendant un quart-d'heure, ou jusqu'à ce que ces tablettes soient entièrement dissoutes, ce qui forme un excellent bouillon ; on y ajoute un peu de sel s'il n'est pas suffisamment salé.

Les tablettes de *hockiac*, qu'on prépare à la Chine, et que l'on connoît en France sous le nom de *colle de peau d'âne*, sont faites avec des substances animales ; on les emploie dans les maladies de poitrine : la dose est depuis demi-gros jusqu'à deux gros.

On peut laisser fondre ces tablettes dans la bouche comme le suc de réglisse.

En rapprochant jusqu'à siccité la partie extractive des parties blanches des animaux, on forme ce qui est usité dans les arts sous le nom de *colle*.

La nature des substances employées et la manière d'opérer, établissent quelques différences parmi ces produits : les vieux animaux, de même que les maigres, donnent en général une meilleure colle que les jeunes et les gras. Pour avoir des détails circonstanciés sur l'art de faire la colle, on peut consulter l'art de faire différentes espèces de colle par *Duhamel de Monceau* de l'Académie des Sciences.

1°. Pour faire la *colle forte* ou la *colle d'Angleterre*, on emploie les rognures des cuirs, la peau des animaux, les oreilles de bœuf, de veau, de mouton, &c. On fait digérer d'abord ces matières dans l'eau pour pénétrer le tissu des cuirs; on les fait ensuite tremper dans une eau de chaux, ayant soin de remuer et d'agiter de temps en temps; on les conserve ensuite amoncelées pendant quelque temps, on les lave encore, puis on les passe sous la presse pour exprimer l'eau surabondante dont elles sont imprégnées; on fait ensuite digérer ces peaux dans l'eau qu'on chauffe par degrés jusqu'à faire bouillir, on coule ensuite la liqueur avec expression, et on la fait épaissir sur le feu, on la jette sur des pierres plates et polies, ou dans des moules, et on l'y laisse sécher et durcir.

Cette colle est cassante, on la fait ramollir au feu avec un peu d'eau pour s'en servir, on l'applique avec le pinceau; les ébénistes et les menuisiers s'en servent pour assujettir des pièces de bois.

2°. *La colle de Flandres* n'est qu'un diminutif de la colle forte; elle n'a point la même consistance, et elle ne peut pas servir pour coller le bois; elle est plus mince et plus transparente que la première. Elle se fait avec plus de choix et de propreté. Cette colle sert à la peinture : on en fait de la colle à bouche pour coller le papier, en la faisant refondre, y ajoutant un peu d'eau et quatre onces de sucre-candi par livre de colle.

3°. *La colle de gant* se fait avec des rognures de gants blancs, bien trempées dans l'eau et bouillies; on en fait aussi avec les rognures de parchemin. Il faut, pour que ces deux colles soient bonnes, qu'elles aient la consistance de gelée tremblante lorsqu'elles sont refroidies.

4°. On fait la *colle de poisson* avec les parties mucilagineuses d'un gros poisson, qu'on trouve communément dans les mers de Moscovie : on prend la peau, les nageoires et les parties nerveuses, on les coupe par tranches, on les fait bouillir à petit feu jusqu'à consistance de gelée; on l'étend de l'épaisseur d'une feuille de papier, et on en forme des pains ou cordons, tels que nous les recevons de Hollande. Les ouvriers en soie et principalement les rubaniers s'en servent pour lustrer leurs ouvrages; on en blanchit les gazes et on en éclaircit les vins en y mêlant de sa dissolution. La colle de poisson entre dans quelques emplâtres ; elle est excellente pour corriger l'âcreté des humeurs et terminer les maladies vénériennes rebelles.

La colle pour dorer, se fait en faisant bouillir dans de l'eau la peau d'anguille avec un peu de chaux ; on passe l'eau et on y ajoute quelques blancs d'œufs. Pour l'employer on la fait chauffer, on en passe sur le champ une couche, on la laisse sécher et on applique l'or.

5°. *La colle de limaçon* se fait en prenant des limaçons qu'on expose au soleil, et on reçoit dans un vaisseau la liqueur qui en distille; on mêle ce suc avec le lait du tithymale, on s'en sert pour coller des verres, et on les expose au soleil dès qu'ils sont collés.

6°. Pour faire la *colle de parchemin*, on met deux ou trois livres de rognures de parchemin dans un seau d'eau, on les fait bouillir dans un chaudron jusqu'à réduction de moitié, on passe ensuite le tout au travers d'une toile, et on laisse reposer.

La colle dont on se sert dans les papeteries pour fortifier le papier et en réparer les défauts, se fait avec la fleur de farine détrempée dans l'eau bouillante et passée par l'étamine; cette colle doit être employée le lendemain, ni plutôt, ni plus tard : ensuite on bat le papier avec le marteau, on y passe une seconde fois de la colle, on le met en presse pour le lisser et l'unir, et on l'étend à coups de marteau.

CHAPITRE VII.

Des Muscles ou parties charnues.

Les muscles des animaux sont formés par des fibres longitudinales liées entre elles par le tissu cellulaire, et imprégnées de diverses humeurs dans lesquelles nous retrouvons en partie celles que nous avons déjà examinées séparément.

L'analyse de ces substances à la cornue nous avoit peu instruits sur leur nature : on en retiroit de l'eau qui se corrompoit aisément, un phlegme alkalin, de l'huile empyreumatique, du carbonate d'ammoniaque, et un charbon qui fournit, par l'incinération, un peu d'alkali fixe et du sel fébrifuge.

Le procédé qui réussit le mieux pour obtenir séparément les diverses substances qui composent le muscle, est le suivant : il nous a été indiqué par *Fourcroy*.

1°. On lave d'abord le muscle dans l'eau froide; par ce moyen on en enlève la lymphe colorante et une substance saline; en évaporant lentement l'eau de cette lessive, la lymphe se coagule, on la sépare par le filtre, et l'évaporation continuée fournit la matière saline.

2°. On fait digérer le résidu du premier lavage dans l'alkool qui dissout la matière extractive et une portion du sel; on sépare l'extrait par l'évaporation de l'alkool.

3°. On fait bouillir dans l'eau le résidu de ces deux premières opérations, et on enlève par ce moyen la gelée; la partie graisseuse, ce qui reste du sel et de l'extrait. L'huile graisseuse nage à la surface, et on peut l'enlever.

4°. Ces opérations faites, il ne reste que le tissu fibreux blanc, insipide, insoluble dans l'eau; il se contracte au feu comme les autres substances animales, donne de l'ammoniaque et de l'huile très-fétide à la cornue; on en retire du gaz nitrogène par l'acide nitrique: il a tous les caractères de la partie fibreuse du sang; c'est dans ce fluide qu'il se forme, pour être ensuite déposé dans les muscles où il reçoit le dernier caractère qui lui convient.

Thouvenel, à qui nous devons des recherches intéressantes sur cet objet, a trouvé dans les chairs une substance muqueuse extractive,

tive, soluble dans l'eau et dans l'alkool, qui a une saveur marquée, tandis que la gelée n'en a point; et lorsque cette substance est très-concentrée, elle prend un goût âcre et amer, elle a une odeur aromatique que le feu développe : cette substance évaporée jusqu'à siccité, prend une saveur amère, âcre et salée, elle se boursouffle sur les charbons, se liquéfie en exhalant une odeur acide, piquante, semblable à celle du sucre brûlé; elle attire l'humidité de l'air, et il se forme une efflorescence saline à sa surface, elle s'aigrit et se pourrit à un air chaud : tous ces caractères rapprochent cette substance des extraits savonneux et de la matière sucrée des végétaux.

Thouvenel, qui a aussi analysé le sel qu'on obtient par la décoction et l'évaporation lente des chairs, l'a obtenu tantôt sous la forme de duvet, tantôt sous celle de crystaux dont il n'a pas pu nous donner la figure; ce sel lui a paru un phosphate de potasse dans les quadrupèdes frugivores, et un muriate de potasse dans les reptiles carnassiers : il est probable, comme l'observe *Fourcroy*, que ce sel est un phosphate de soude ou d'ammoniaque mêlé de phosphate de chaux : ces sels y sont indiqués, et même avec excès d'acide comme dans l'urine, par l'eau de chaux et l'ammoniaque qui forment des précipités blancs dans le bouillon.

La partie la plus abondante dans le muscle, celle même qui en constitue le caractère, est la partie fibreuse : les caractères qui distinguent cette substance, sont, 1°. de ne pas se dissoudre duns l'eau ; 2°. de donner plus de gaz nitrogène par l'acide nitrique que les autres substances ; 3°. de fournir ensuite de l'acide oxalique et de l'acide malique ; 4°. de se pourrir facilement lorsqu'elle est humectée, et de donner beaucoup d'ammoniaque concret à la distillation.

Les autres trois substances contenues dans la chair, la lymphe, la gelée et la partie grasse, sont de la même matière que celles dont nous avons déjà parlé sous les mêmes dénominations.

D'après ces principes, nous pouvons donner l'éthiologie de la formation d'un bouillon, et suivre le dégagement successif de tous les principes dont nous venons de parler.

La première impression du feu, lorsqu'on fait un bouillon, en dégage une écume assez considérable qu'on a soin d'enlever jusqu'à ce qu'il n'en paroisse plus : cette écume n'est dûe qu'au dégagement de la lymphe qui se coagule par la chaleur ; elle prend même, par l'impression du feu, une couleur rouge qu'elle n'a pas naturellement.

En même temps se dégage la partie gélatineuse qui reste en dissolution dans le bouillon ; elle ne se fige que par le refroidissement ; elle vient former à la surface des bouillons froids, une couche plus ou moins épaisse, selon la nature des substances qui entrent dans le bouillon et d'après l'âge des animaux ; car les jeunes en fournissent plus que les vieux.

Du moment que la viande est pénétrée par la chaleur, on voit surnager des gouttes applaties et arrondies qui ne se dissolvent point, mais qui se figent par le refroidissement, et présentent tous les caractères de la graisse.

A mesure que la digestion au feu se soutient, la partie muqueuse extractive se sépare; le bouillon se colore, il prend de l'odeur et de la saveur, et c'est sur-tout à ce principe que sont dues ses propriétés.

Le sel qui se dissout en même temps relève la fadeur de tous les principes ci-dessus, et le bouillon est fait dès ce moment.

D'après la nature des divers principes qui se dégagent, et l'ordre dans lequel ils paroissent, il est évident que la conduite du feu n'est pas indifférente : si on précipite l'ébullition, et qu'on ne donne pas le temps convenable pour que la partie mucoso-extractive se dégage, alors on obtient les trois principes qui sont inodores et insipides, et c'est ce qu'on observe dans les bouillons faits par les cuisiniers pressés, qui n'ont pas le temps de soigner ou de *mitonner* un potage : lorsqu'au contraire on fait digérer à petit feu, les principes se séparent l'un après l'autre et avec ordre, on écrême plus exactement, le parfum qui se dégage se combine plus intimement, et on a un bouillon bien parfumé et très-agréable. Ce sont là les bouillons des bonnes femmes, lesquelles font mieux, avec peu de viande, que les cuisiniers avec leur prodigalité ordinaire; et c'est le cas de dire que la *forme vaut mieux que le fond.*

Il ne faut pas trop long-temps soutenir le feu, car la grande évaporation, en rapprochant le principe de l'odeur et de la saveur en même temps que le sel, développe l'âcreté et l'amertume.

CHAPITRE VIII.

De l'Urine.

L'URINE est une humeur excrémentielle du corps humain; et c'est un des fluides dont il importe le plus d'avoir des connoissances exactes, puisque le médecin praticien peut en tirer le plus grand avantage. On sait jusqu'à quel point d'extravagance le merveilleux en ce genre a été poussé : on a porté le délire jusqu'à prétendre connoître, d'après l'examen des urines, non-seulement la nature de la maladie, le caractère du malade, mais même le sexe et les conditions. Le vrai médecin n'a jamais donné dans ces excès; mais il s'est toujours aidé dans sa pratique, des divers caractères que lui présente l'urine, et c'est encore l'humeur dont on peut tirer le parti le plus avantageux; elle porte, pour ainsi dire, au dehors le caractère du dedans, et un médecin qui y sait lire, en tire des conséquences bien lumineuses.

Monro a décrit, dans son Traité d'anatomie comparée, les organes qui, chez les oiseaux, suppléent aux reins; ils sont placés près de la colonne vertébrale, et aboutissent par deux conduits aux environs de l'*anus :* il dit que l'urine des oiseaux est cette matière blanchâtre qui accompagne presque toujours les excrémens.

L'analyse chymique doit éclairer le médecin dans les recherches qu'il peut faire sur les urines ; la nature des principes qu'elles charrient dans certaines circonstances, l'éclaire infiniment sur le principe prédominant dans les humeurs du corps humain. Leurs divers états font connoître la disposition du corps : les personnes très-irritables ont les urines plus claires que les autres, les goutteux rendent des urines troubles, et on a observé que lorsque les os se ramollissent, les urines poussent au dehors le phosphate de chaux qui en fait la base : on l'a observé dans la femme *Supiot*, la veuve *Merlin*, &c. Les divers états d'une maladie sont toujours marqués par l'état des urines, et le médecin vraiment praticien y trouve les signes de crudité et de coction qui éclairent sa conduite.

L'urine est encore une humeur intéressante à connoître, par rapport aux divers usages auxquels on la fait servir dans les arts : c'est d'elle seule qu'on a retiré pendant long-temps le phosphore, c'est à elle que nous devons le développement de la couleur bleue du tournesol et du violet de l'orseille ; on peut l'employer avec succès pour former des nitrières artificielles ; elle contribue puissamment à la formation du sel ammoniac ; on peut s'en servir pour préparer l'alkali dans le bléu de Prusse : en un mot, elle peut servir dans toutes les opérations où l'on a besoin du concours d'une humeur animale.

L'urine, dans son état naturel, est transparente, d'un jaune citron, d'une odeur particulière, d'une saveur salée.

Elle est plus ou moins abondante, suivant les saisons et l'état des personnes ; il suffit d'observer, à ce sujet, que la transpiration, et sur-tout la sueur, suppléent à la secrétion de l'urine, et qu'en conséquence, lorsqu'on transpire beaucoup, l'urine est peu abondante.

Les médecins distinguent deux espèces d'urines ; l'une qui est rendue une ou deux heures après la boisson, celle-ci est aqueuse, ne contenaut presque pas de sels, sans couleur ni odeur ; c'est celle que l'on rend si abondamment lorsqu'on boit des eaux minérales ; l'autre est celle qui n'est poussée au dehors que lorsque les fonctions de la sanguification sont finies ; c'est ce qu'on pourroit appeller *fœces sanguinis*. Celle-ci a tous les caractères que nous avons reconnus et assignés à l'urine : elle est portée par les artères dans les reins ; là elle est séparée et versée dans les bassinets de ces organes, d'où elle se rend par les uretères dans la vessie, où elle séjourne plus ou moins long-temps, suivant l'habitude de la personne, la nature de l'urine, l'irritabilité, ou la grandeur de la vessie elle-même.

L'urine a été long-temps regardée comme une liqueur alkaline ; mais de nos jours, on y a démontré un excès d'acide : il paroît par les expériences de *Berthollet*, 1°. que cet acide est de la nature du phosphorique ; 2°. que les urines des goutteux contiennent moins de cet acide ; et il conjecture, avec fondement, que cet acide, retenu dans le sang et porté dans les articulations, y produit une irritation, et conséquemment un abord d'humeurs qui déterminent la douleur et puis le gonflement.

L'analyse de l'urine par la distillation a été faite avec exactitude par plusieurs Chymistes, mais sur-tout par *Rouelle* le jeune : on en retire beaucoup de phlegme qui se pourrit avec la plus grande facilité, et donne de l'ammoniaque par la putréfaction, quoiqu'il n'en contienne point par lui-même ; il se précipite dans le même temps une substance terreuse en apparence, mais qui est un véritable phosphate de chaux ; c'est ce même sel qui forme le sédiment des urines, qu'on observe en les exposant au froid pendant l'hiver, même en parfaite santé : lorsque, par une suffisante évaporation, l'urine a pris la consistance d'un sirop, il suffit de l'exposer à un vent frais pour en obtenir des crystaux, où l'analyse a démontré les muriates de soude et d'ammoniaque ; ce précipité de crystaux a été connu sous le nom de *sel fusible, sel natif, sel microscomique*. On peut dépouiller l'urine de toute substance saline par des dissolutions, filtrations et évaporations répétées ; la matière qui empâte ces crystaux, et dont on les débarrasse par ces opérations, est soluble, partie dans l'alkool, partie dans l'eau : la partie savonneuse, ou celle qui est soluble dans l'alkool, est susceptible de crystallisation, se dessèche difficilement, et donne à la distillation un peu d'huile, du carbonate d'ammoniaque, du muriate d'ammoniaque, et le résidu verdit le sirop de violette. Le principe extractif se dessèche facilement, et se comporte à la distillation comme les substances animales. Voyez *Rouelle*.

Les phénomènes que nous présente la décomposition spontanée de l'urine, sont très-intéressans à connoître : on peut consulter avec avantage un excellent mémoire de *Hallé*, de la société de Médecine, vol. de 1779. L'urine abandonnée à elle-même perd bientôt son odeur naturelle, qui est remplacée par une odeur d'ammoniaque, celle-ci se dissipe à son tour; la couleur jaune devient brunâtre, et l'odeur paroît fétide et nauséabonde. Nous devons à *Rouelle* l'observation intéressante que l'urine crue, *urina potus*, présente des phénomènes très-différens, et qu'elle se recouvre de moisissure comme les sucs exprimés des végétaux. L'urine putréfiée présente beaucoup plus d'acide à nud que lorsqu'elle est fraîche.

Les alkalis fixes et la chaux dégagent de l'urine beaucoup d'ammoniaque, en décomposant le phosphate d'ammoniaque.

Les acides détruisent l'odeur de l'urine en se combinant avec l'ammoniaque qui est le principal véhicule de l'odeur.

Nous pouvons donc regarder l'urine dans son état naturel, comme de l'eau qui tient en dissolution des matières purement extractives et des sels phosphoriques ou muriatiques; ces sels phosphoriques sont à base de chaux, d'ammoniaque ou de soude. Nous jetterons un coup-d'œil sur chacun en particulier.

Ce qu'on a appellé *sel fusible*, n'est que le mélange de tous les sels contenus daus l'urine, empâtés dans le principe extractif. Tous les anciens chymistes conseillent l'évaporation et la filtration répétées pour les débarrasser de cet extrait animal; mais *Rouelle* et *de Chaulnes* ont observé qu'une grande partie du sel se dégageoit et se dissipoit par ces opérations, à tel point qu'on en perd les trois quarts; pour éviter en grande partie cette perte, *de Chaulnes* conseille de le dissoudre, de le filtrer, de le laisser refroidir dans des vaisseaux bien fermés : on obtient alors deux couches de sel, l'une supérieure qui paroît en tables quarrées, où *Rouelle* a reconnu des prismes tétraèdres applatis à sommet dihèdre; c'est le phosphate de soude : sous cette couche repose un autre sel crystallisé en prismes tétraèdres réguliers, c'est le phosphate d'ammoniaque.

1°. Le phosphate d'ammoniaque présente ordinairement la forme d'un prisme tétraèdre rhomboïdal très-comprimé; mais cette forme varie beaucoup, et les mélanges de phosphate ou de muriate de soude la modifient à l'infini.

La saveur de ce sel est fraîche, ensuite urineuse, amère et piquante.

Ce sel se boursouffle sur les charbons, répand une odeur forte d'ammoniaque, et se fond au chalumeau en un verre très-fixe et très-fusible.

Il est soluble dans l'eau; cinq parties d'eau

froide à dix degrés n'en ont dissous qu'une de ce sel; et, à une température de soixante degrés, ce sel se décompose, et il se volatilise même une portion de son acide.

Ce sel sert de fondant à toutes les terres; mais dans ce cas l'alkali se dégage, et l'acide phosphorique s'unit à la terre, comme je m'en suis convaincu : *Bergmann* l'a proposé comme fondant; les alkalis fixes et l'eau de chaux en dégagent l'ammoniaque.

Ce sel traité avec le charbon donne du phosphore.

2°. Le phosphate de soude a été connu, en 1740, par *Haupt* sous le nom de *sel admirable perlé* : *Hellot* avant lui, et *Pott* dix-sept ans après lui, l'ont pris pour de la sélénite. *Margraaf* en a donné une description exacte dans ses Mémoires, en 1745; et *Rouelle* le jeune l'a décrit avec détail, en 1776, sous le nom de *sel fusible à base de natrum;* tous convenoient qu'il différoit du précédent, en ce qu'il ne donnoit pas de phosphore avec le charbon.

Suivant *Rouelle*, ces crystaux sont des prismes tétraèdres applatis, irréguliers, à sommet dihèdre; les quatre côtés du prisme sont deux pentagones irréguliers alternes, et deux rhomboïdes alongés et taillés en bizeaux.

Exposé au feu, il se fond et donne un verre

qui devient opaque par le refroidissement.

Il se dissout dans l'eau distillée, et la dissolution verdit le sirop de violette.

Il ne donne point de phosphore avec le charbon.

La chaux en dégage la soude ; on peut même l'obtenir caustique, en le précipitant par l'eau de chaux.

Les acides minéraux, même le vinaigre distillé, le décomposent en s'emparant de l'alkali : *Proust*, à qui nous devons presque toutes les connoissances précises que nous avons sur ces substances, a cru que la base à laquelle adhéroit la soude n'étoit point l'acide phosphorique, mais un sel très-singulier, dont les propriétés étoient très-analogues à celles de l'acide boracique. Il a trouvé ce sel dans l'eau-mère, après avoir décomposé le phosphate de soude par l'acide acéteux et retiré l'acétite de soude par la crystallisation ; il obtenoit ce même sel en traitant par la dissolution et l'évaporation le résidu de la distillation du phosphore : une once de verre phosphorique en contient de cinq à six gros. Ce sel étoit caractérisé par les propriétés suivantes.

1°. Il crystallise en parallélogrammes.

2°. La saveur est alkaline et verdit le sirop de violette.

3°. Il se boursoufle au feu, rougit et se fond.

4°. Il effleurit à l'air : cela peut ne pas avoir lieu lorsque l'acide phosphorique n'a pas été suffisamment décomposé par la distillation pour que l'alkali soit mis à nud : c'est ce que j'ai observé.

5°. L'eau bouillante en dissout six gros par once.

6°. Il aide la vitrification des terres, et forme un verre parfait avec la silice.

7°. Il décompose le nitre et le sel marin, et sépare les acides.

8°. Il est insoluble dans l'alkool.

Klaproth a publié, dans le Journal de *Crell*, une analyse du sel fusible, dans laquelle il fait voir que le *sel perlé*, *sel de Proust*, n'est que du phosphate de soude : pour le prouver, il n'est question que de dissoudre ce sel dans l'eau et d'y ajouter une dissolution de nitrate de chaux. L'acide nitrique se porte sur la soude, et l'acide phosphorique se précipite avec la chaux : on peut ensuite séparer l'acide phosphorique par l'acide sulfurique.

Si on sature l'acide phosphorique, obtenu par la combustion lente du phosphore, avec un peu d'excès de soude, on forme le sel fusible ; si on s'empare de cet excès par le vinaigre, ou si on y ajoute de l'acide phosphorique, on forme la substance décrite par *Proust.*

Le phosphate de soude est indécomposable par le charbon; et l'on voit à présent pourquoi le sel fusible donne peu de phosphore, et pourquoi *Kunckel*, *Margraaf* et autres recommandent le mélange du muriate de plomb : il se forme, par ce moyen, du phosphate de plomb, qui permet la décomposition de l'acide phosphorique et fournit du phosphore.

Du calcul de la vessie.

Paracelse a fait quelques recherches sur le calcul de la vessie, qu'il appelle *duelech*; il le regarde comme une substance moyenne entre le tartre et la pierre, et croit que sa formation est due à la modification d'une résine animale; il le croit absolument analogue à la matière arthritique. *Van-Helmont* n'admet point cette analogie, et regarde le calcul comme un *coagulé animal* né des sels de l'urine et d'un esprit volatil terreux. *Boyle* a trouvé ce calcul composé d'huile et de sel volatil. *Boerhaave* y supposoit une terre subtile intimement unie aux sels alkalins volatils :

Hales avoit observé qu'un calcul du poids de deux cent trente grains donnoit six cent quarante-cinq fois son volume d'air, et qu'il ne restoit qu'une chaux du poids de quarante-neuf grains.

Indépendamment de ces connoissances chymiques, quelques médecins, tels que *Alston*, *Haen*, *Vogel*, *Meckel*, &c. avoient observé la vertu dissolvante des savons, de l'eau de chaux et des alkalis.

Mais nous n'avons des notions précises que depuis que *Scheele* et *Bergmann* se sont sérieusement occupés de cette matière. Le bézoard de la vessie est formé, pour la plus grande partie, d'un acide concret particulier, que *Morveau* a appellé *acide lithiasique*. (On peut consulter l'Encyclopédie méthodique, dont cet article n'est qu'un extrait.) Cet acide est connu, dans la nouvelle nomenclature, sous le nom d'*acide lithique*.

Le calcul est en partie soluble dans l'eau bouillante : la lessive rougit la teinture de tournesol, et dépose, en se refroidissant, la plus grande partie de ce qu'elle a dissous ; les crystaux qui forment ce dépôt sont l'acide lithique concret.

Scheele a encore observé, 1°. que l'acide sulfurique ne dissolvoit le calcul qu'à l'aide de

la

la chaleur, et qu'il passoit alors à l'état d'acide sulfureux : 2°. que l'acide muriatique n'avoit pas d'action sur lui : 3°. que l'acide nitrique le dissout avec effervescence, et qu'il se dégage du gaz nitreux et de l'acide carbonique : cette dissolution est rouge, elle tient un acide libre, teint la peau en rouge : cette dissolution n'est point précipitée par le muriate de barite, ni troublée par l'acide oxalique : 4°. que le calcul n'étoit point attaqué par le carbonate de potasse, mais que l'alkali caustique le dissolvoit, de même que l'alkali volatil : 5°. que mille grains d'eau de chaux en dissolvoient 5,37 par la seule digestion, et qu'elle en étoit de nouveau précipitée par les acides : 6°. que toute urine, même celle des enfans, tenoit un peu de la matière des calculs, ce qui fait peut-être que lorsque cette matière trouve un noyau dans la vessie elle l'incruste plus aisément : j'ai vu un calcul dont le centre étoit un gros noyau de prune : 7°. que le dépôt de couleur de brique de l'urine des fiévreux, étoit de la nature des calculs.

Ces expériences présentent plusieurs conséquences importantes, par rapport à la composition du calcul et aux propriétés de l'acide lithique.

Le calcul contient en petite quantité de l'ammoniaque : le résidu charbonneux de la combustion annonce une substance animale de la nature des gelées ; le célèbre *Scheele* n'y a pas trouvé un atôme de terre calcaire ; mais *Bergmann* a précipité un vrai sulfate de chaux en versant de l'acide sulfurique sur la dissolution nitreuse du calcul ; il convient que la chaux y est en bien petite quantité, puisqu'elle excède rarement $\frac{1}{200}$ du poids total. Le même chymiste y a apperçu une substance blanche, spongieuse, qui ne se dissout point dans l'eau, qui n'est attaquée, ni par l'esprit-de-vin, ni par les acides, ni par les alkalis, qui donne enfin un charbon dont l'incinération est difficile, et que l'acide nitrique ne dissout même pas à l'état de cendres ; mais cette matière y existe en quantité si petite, qu'il n'a pas pu s'en procurer assez pour l'examiner.

Le calcul n'est donc pas de nature analogue à celle des os : ce n'est donc pas non plus un phosphate de chaux, comme on l'a prétendu ; cela résulte des expériences des chymistes du Nord ; mais je dois observer qu'après avoir décomposé bien des calculs par l'alkali caustique, j'ai précipité de la chaux et ai formé des phosphates de potasse, dans quelques-uns.

Plusieurs médecins, tels que *Sydenham*, *Cheyne*, *J. A. Murray*, &c. ont pensé que le tuf arthritique étoit de la même nature que le calcul : l'usage que *Boerhaave* faisoit des alkalis dans la goutte; les vertus reconnues par *Fred. Hoffmann* des eaux thermales de *Carlsbad*, qui contiennent de la soude avec un excès d'acide carbonique; l'autorité de *Springsfeld*, qui assure que le calcul se dissout très-promptement dans ces eaux, même dans l'urine de ceux qui en boivent; le succès de l'eau de chaux employée par *Alston* contre la goutte, tout cela étoit fait pour donner quelque crédit à l'opinion des premiers médecins; mais les expériences suivantes ne s'accordent point avec ces idées.

Van-Swieten assure que le tuf arthritique n'acquiert jamais la dureté du calcul; *Pinelli* (Transact. philosoph.) a traité à la cornue trois onces de tuf arthritique recueilli des articulations de plusieurs goutteux, et il a obtenu de l'ammoniaque et quelques gouttes d'huile, le résidu pesoit deux gros; ce résidu, soluble dans les acides muriatique, sulfurique, acéteux, n'étoit point attaqué par l'alkali volatil : on a publié, dans les Mémoires de l'Académie de *Stockholm* pour 1783, une observation de *Ræring*, qui constate que des concrétions expectorées par un vieillard sujet à la goutte, se sont trouvées de nature osseuse ou phosphate de chaux. Mais un des faits les plus nouveaux et les plus importans, est celui que *H. Watson* a consigné dans le *Medical communication de Londres, tome 1*, 1784. Il conclut de l'examen du tuf arthritique d'un cadavre goutteux, que le tuf est très-différent de la matière du calcul, puisqu'il se dissout dans la synovie et se mêle facilement à l'huile et à l'eau, ce que ne fait point le calcul.

Il suit de ce que nous avons observé sur l'acide lithique, que cet acide est concret et peu soluble dans l'eau, qu'il se décompose et se sublime en partie à la distillation. Cet acide décompose l'acide nitrique, s'unit aux terres, aux alkalis et aux oxides métalliques; il cède ses bases aux plus foibles acides végétaux, même à l'acide carbonique.

CHAPITRE IX.

Du Phosphore.

Le phosphore est une des substances les plus étonnantes qu'ait produit la chymie : on a prétendu avoir trouvé des traces de la connoissance de cette matière dans les plus anciens chymistes : mais ce que nous avons de plus positif à ce sujet, est dans l'histoire que nous en a laissée *Leibnitz* dans les Mélanges de Berlin pour 1710 ; il en donne la découverte à *Brandt*, chymiste de Hambourg, qui, travaillant sur l'urine pour en tirer une liqueur propre à convertir l'argent en or, trouva le phosphore en 1667 ; il fit part de sa découverte à *Kraft*, qui montra ce produit à *Leibnitz* ; étant ensuite en Angleterre, il le communiqua à *Boyle*. *Leibnitz* fit venir le premier inventeur par ordre du duc d'Hanovre ; et, l'ayant fait travailler devant lui, il apprit toute l'opération ; il en envoya un échantillon à *Hughens*, qui le fit voir à l'Académie des Sciences de Paris.

On assure que *Kunckel* s'étoit associé avec *Kraft* pour acheter le procédé de *Brandt* :

mais *Kunckel*, ayant été trompé par *Kraft* qui garda le secret pour lui seul, sachant qu'on employoit l'urine dans cette opération, se mit à travailler, et trouva un procédé pour obtenir cette substance; c'est ce qui a engagé les chymistes à lui donner le nom de *phosphore de Kunckel.*

Quoique le procédé eut été rendu public, *Kunckel* et un Allemand appellé *Godefred Hatwith*, ont été les seuls pendant long-temps à préparer le phosphore : ce n'est qu'en 1737 qu'on le fit à Paris dans le laboratoire du Jardin des Plantes : un étranger exécuta cette opération en présence de *Hellot*, *du Fay*, *Geoffroy* et *Duhamel* : on peut voir le détail de l'opération dans le volume de l'académie pour 1737; *Hellot* y a rassemblé toutes les circonstances essentielles. En 1743, *Margraaf* publia une nouvelle méthode, qui a été suivie jusqu'à ce que *Scheele* et *Gahn* nous ont appris à le retirer des os.

Le procédé de *Margraaf* consiste à mêler du muriate de plomb, résidu de la distillation de quatre livres de minium et de deux livres de sel ammoniac, avec dix livres d'extrait d'urine en consistance de miel; on y ajoute demi-livre de charbon en poudre, on dessèche ce mélange dans une chaudière de fer, jusqu'à ce qu'il soit réduit en une poudre noire, on met cette poudre dans une cornue et on en retire l'alkali volatil, l'huile fétide et le sel ammoniac; le résidu contient le phosphore. On l'essaie en en jetant un peu sur les charbons ardens : s'il répand une odeur d'ail et une flamme phosphorique, on le met dans une bonne cornue de grès, et on procède à la distillation. Par ce procédé, on obtient beaucoup plus de phosphore qu'on n'en obtenoit par l'ancien, et cela tient à l'addition que fait *Margraaf* du muriate de plomb qui décompose le phosphate de soude, forme un phosphate de plomb qui donne du phosphore; tandis que le phosphate de soude est indécomposable par le charbon. Le fameux chymiste de Berlin a encore prouvé que c'étoit le sel fusible de l'urine qui donnoit le phosphore.

Gahn fit connoître en 1769, que la terre que laissoient les os après leur calcination étoit la chaux unie à l'acide de l'urine : mais *Scheele* fut le premier à prouver, qu'en décomposant le sel des os par l'acide nitrique et le sulfurique, évaporant le résidu lorsque l'acide phosphorique y est à nud, et traitant par la distillation l'extrait avec la poudre du charbon, on en retire du phosphore. Ces renseignemens fournis par *Bergmann* lui-même, dans ses notes à la chymie de *Scheffer*, rapportoient à *Scheele* la découverte d'extraire le phosphore des os.

Ce n'est qu'en 1775 qu'on fit connoître le procédé dans la Gazette salutaire de Bouillon. On a successivement ajouté et perfectionné ce procédé : on peut voir ces détails dans le Dictionnaire encyclopédique.

Le procédé qui m'a le plus constamment réussi est le suivant : on choisit les os les plus durs, on les enflamme et on les laisse brûler; par cette combustion, l'extérieur devient blanc, et l'intérieur est noirâtre.

On les pulvérise ensuite, on les tamise, on les met dans une terrine ou dans un vaisseau de bois cerclé, on verse dessus moitié en poids d'huile de vitriol, et on remue constamment; à mesure qu'on agite, il s'excite une chaleur considérable, on laisse ce mélange en digestion pendant deux à trois jours, puis on y ajoute de l'eau peu à peu et on remue; je fais digérer le dernier mélange sur le feu, afin d'augmenter la vertu dissolvante de l'eau.

On prend l'eau de la lessive et on l'évapore dans des vaisseaux de grès, d'argent ou de cuivre. (*Pelletier* recommande ces derniers vases, parce que, selon lui, l'acide phosphorique n'attaque pas le cuivre). On évapore jusqu'à siccité, on passe de nouvelle eau bouillante sur le résidu, et on lessive jusqu'à ce qu'il soit épuisé, ce que l'on reconnoît lorsque l'eau ne se colore plus en jaune; on évapore toutes ces eaux, et on forme un extrait.

Pour séparer le sulfate de chaux, on dissout l'extrait dans le moins d'eau possible; on filtre, et ce sel reste sur le filtre; on peut mêler cet extrait avec la poudre de charbon, et distiller; mais je préfère de le convertir en verre animal, et, à cet effet, je mets l'extrait dans un grand creuset et pousse au feu, il se boursouffle, mais il finit par s'affaisser, et dès ce moment le verre est fait. Ce verre est blanc, couleur de lait : *Becher* le connoissoit parfaitement; il nous laisse ignorer son procédé par rapport aux abus qui, selon lui, pourroient s'en suivre, *propter varios abusus* : il nous dit en propres termes, *homo vitrum est et in vitrum redigi potest sicut et omnia animalia*. Il regrette que les Scythes, qui buvoient dans des crânes dégoûtans, n'aient pas connu l'art de les convertir en verre; il fait entrevoir qu'il seroit possible de former une suite de ses aïeux en verre comme on les a en peinture, &c.

J'ai observé une fois, à mon grand étonnement, que du verre phosphorique que je venois de faire donnoit des étincelles électriques, très-fortes : quand on approchoit la main, ces étincelles s'élançoient à deux pouces; j'ai rendu tout mon auditoire témoin de ce phénomène : ce verre a perdu cette propriété en deux à trois jours, quoique conservé dans une capsule de verre ordinaire.

Il arrive quelquefois que ce verre est déliquescent ; mais alors il est acide, et cela provient ou de ce qu'on a employé une trop grande quantité d'acide sulfurique, ou de ce que cet acide n'a pas été saturé par une digestion assez longue.

J'ai obtenu encore du verre coloré comme les turquoises, lorsque j'avois fait évaporer dans le cuivre.

Le verre peut être privé des bulles qu'il contient ordinairement par un coup de feu soutenu ; alors il est transparent et on peut le tailler en diamant : suivant *Crell*, sa pesanteur spécifique est à celle de l'eau : : 3, 1, tandis que celle du diamant est : : 35 : 10. Ce verre est insoluble dans l'eau, &c. Un squélette du poids de dix-neuf livres, brûlé, fournit cinq livres de verre phosphorique. Je pulvérise ce verre, le mêle avec parties égales de poudre de charbon, le mets dans une cornue de porcelaine bien luttée, dont je fais plonger en partie le bec dans l'eau du récipient, de façon qu'il n'y ait que le passage de l'air ou gaz phosphorique ; j'adapte un large tube à la tubulure du récipient, et le fais plonger dans un bocal rempli d'eau; on pousse le feu par degrés, et on voit passer le phosphore du moment que le mélange a été porté au rouge; le phosphore se sublime, partie sous forme d'une fumée qui se concret et se précipite sur la surface de l'eau, partie sous forme de gaz inflammable, et partie sous la forme d'une cire fondue qui coule par le bec de la cornue, et tombe dans l'eau comme de belles larmes transparentes. L'éthiologie de cette opération est facile à saisir; l'acide phosphorique est déplacé par le sulfurique, ce qui est annoncé par la grande quantité de sulfate de chaux qu'on obtient. Toutes les autres opérations ne tendent qu'à concentrer cet acide phosphorique encore combiné avec d'autres substances animales; et la distillation avec le charbon décompose l'acide phosphorique, son oxigène s'unit au charbon et donne de l'acide carbonique, tandis que le phosphore se dégage.

Pour purifier le phosphore, on mouille une peau de chamois et on y met le phosphore en forme de nouet; on met le nouet dans une terrine d'eau bouillante, et lorsque le phosphore est fondu on l'exprime; il passe à travers la peau comme le mercure; la peau ne peut servir qu'une fois, le second phosphore qu'on y passeroit se colore ; ce procédé est de *Pelletier.* Pour mouler le phosphore en bâtons, on prend un entonnoir à long bec, dont on bouche l'orifice avec un petit bouchon de liège ou un morceau de bois, on le remplit d'eau et on y met le phosphore; on le plonge dans l'eau bouillante, la chaleur qui se communique à celle de l'entonnoir fond le phosphore qui coule dans le bec dont il prend la forme, on retire l'entonnoir, on le plonge dans l'eau froide, et lorsque le phosphore est figé, on enlève le bouchon et on le fait sortir du moule en le poussant avec un morceau de bois.

On conserve le phosphore dans l'eau : au bout de quelque temps il perd sa transparence, se recouvre d'une poussière blanche, et l'eau s'acidule.

De quelque manière qu'on ait fait le phosphore, c'est toujours une substance identique, caractérisée par les propriétés suivantes: il a une couleur de chair et une transparence marquée ; il a la consistance de la cire, on peut le couper avec le couteau et même avec les doigts, en tournant le bâton en divers sens; mais dans ce dernier cas, il faut avoir la précaution de le plonger souvent dans l'eau, sans quoi il s'enflammeroit.

Lorsque le phosphore a le contact de l'air,

il répand une fumée blanche ; il est lumineux dans l'obscurité ; on peut écrire sur un corps solide avec un bâton de phosphore comme avec un crayon ; les traits sont visibles dans les ténèbres, et l'on s'est servi plusieurs fois de ce moyen pour effrayer des ames timides.

Lorsque le phosphore éprouve vingt-quatre degrés de chaleur, il s'allume avec décrépitation, brûle en répandant une flamme très-vive, et donne une vapeur blanche très-abondante et lumineuse dans l'obscurité ; le résidu de la combustion est une substance rouge caustique, qui attire l'humidité de l'air et se résout en liqueur ; c'est l'acide phosphorique dont nous parlerons dans le moment. *Berthollet* a prouvé qu'à une température basse, le phosphore se dissolvoit dans l'azote et étoit insoluble dans l'oxigène. J'avois déjà observé que l'azote ne se combinoit naturellement avec l'oxigène, pour former le salpêtre, que lorsqu'il est à l'état concret.

Wilson prétend que les rayons solaires allument le phosphore, et prouve que cette flamme a la couleur propre au phosphore et non la couleur du rayon. (Lettre de *Wilson* à *Euler*, lue à la Société royale de Londres, en juin 1779.)

De nos jours on a tiré un parti avantageux de la propriété combustible du phosphore pour se procurer du feu commodément et en tout lieu : on en a fait les *bougies phosphoriques* et les *briquets physiques* dont nous indiquerons le procédé.

1°. Le procédé le plus simple pour faire les bougies phosphoriques, consiste à prendre un tube de verre de quatre pouces de long sur une ligne de large, fermé par un bout; on met dans le tube un peu de phosphore qu'on pousse jusqu'à son extrémité, on introduit ensuite dans le même tube une bougie enduite d'un peu de cire, on scelle l'extrémité, et on plonge le bout dans l'eau bouillante; le phosphore se fond et se fixe sur la mèche.

On trace une ligne sur le tiers de la longueur avec une pierre à fusil pour casser le tube au besoin.

On tire brusquement la mèche pour enflammer le phosphore.

Le procédé de *Louis Peyla* pour faire les bougies inflammables, consiste à prendre un tube de verre de la longueur de cinq pouces, et de deux lignes de largeur; on en scelle une extrémité avec le chalumeau; on a de petites bougies de cire faites avec trois fils doubles de coton filé, le bout de la mèche est d'un demi-pouce de long, et ne doit pas être recouvert de cire.

On met dans une soucoupe qu'on a remplie d'eau une lame de plomb, on coupe le phosphore dans l'eau sur le plomb, on le réduit en fragmens de la grosseur d'un grain de millet; on en essuie un grain et on l'introduit dans le tube de verre, on met ensuite la quatorzième partie d'un grain de soufre bien sec, c'est-à-dire, la moitié du poids du grain de phosphore, on prend une bougie dont on trempe l'extrémité de la mèche dans de l'huile de cire bien claire : si elle monte en trop grande quantité, il faut l'essuyer avec un linge.

On introduit la mèche dans le tube en tournant la bougie toujours entre les doigts.

On trempe le fond du tube dans de l'eau presque bouillante pour ramollir le phosphore, on ne le laisse que trois ou quatre secondes dans l'eau.

On scelle ensuite l'autre extrémité.

Il faut tenir ces bougies dans un tube de ferblanc pour éviter les risques de l'inflammation.

2°. Pour former les briquets physiques, on a un flacon de verre qu'on fait chauffer en le fixant dans une cuiller remplie de sable, on y introduit deux ou trois petits morceaux de phosphore, et on y plonge un petit fil de fer rougi au feu ; le phosphore se répand sur les parois où il forme une couche rougeâtre, on introduit ce fil bien chauffé à plusieurs reprises, et lorsque tout le phosphore est rejetté sur les parois, alors on laisse le flacon débouché pendant un quart-d'heure, et ensuite on le bouche. Pour s'en servir, on introduit une allumette soufrée dans le flacon, on la tourne et on la tire promptement, le phosphore qui est entraîné par l'allumette prend feu et enflamme l'allumette.

La théorie de ce phénomène tient à ce que dans ce cas le phosphore est fortement séché, à demi-calciné, et qu'il n'a besoin que du contact de l'air pour s'enflammer.

Le phosphore peut se dissoudre dans les huiles, sur-tout dans les volatiles; elles sont alors lumineuses; et si on tient cette dissolution dans un flacon et qu'on le débouche, on voit s'élancer un jet phosphorique qui répand un peu de lumière : on emploie l'huile de girofle à cette opération. Cette combinaison du phosphore et de l'huile paroît être naturelle dans le ver-luisant (*lampyris splendidula.* LINNÉ). *Forster* de Gottingue observe que dans le ver-luisant la matière luisante est liquide; si on écrase le ver-luisant entre les doigts, la phosphorescence existe sur le doigt. *Henckel* rapporte (huitième dissertation de sa Pyritologie) qu'un de ses amis, d'un tempé-

rament

rament sanguin, après avoir beaucoup dansé, sua beaucoup et faillit mourir : pendant qu'on le déshabilloit, on appercevoit des traînées de flamme phosphorique qui laissoient sur la chemise des taches jaunes-rouges comme celles du résidu du phosphore brûlé : cette lueur fut long-temps visible.

On peut extraire un gaz phosphorique du phosphore, qui s'enflamme par le seul contact de l'air : *Gengembre* a fait connoître le moyen de l'extraire, en faisant digérer les alkalis dessus, (Mémoire lu à l'académie de Paris, le 3 mai 1785); et trois ou quatre années auparavant j'avois fait voir qu'on pouvoit l'extraire par le moyen des acides qu'on décomposoit sur le phosphore : j'ai même annoncé (Mémoire sur la décomposition de l'acide nitrique par le phosphore) que lorsque l'acide digéroit dessus, il s'échappoit un gaz qui s'enflammoit dans le récipient, ce qui m'a donné plusieurs fois le spectacle de plusieurs éclairs qui sillonnoient la cavité des vaisseaux; mais ce phénomène disparoissoit dès que l'air vital y étoit absorbé.

C'est au dégagement d'un pareil gaz qu'on peut attribuer les feux follets qui serpentent dans les cimetières, et généralement dans tous les lieux où il y a des animaux enfouis et qui se pourrissent ; c'est à un semblable gaz que nous devons rapporter l'air inflammable qui entretient le feu dans certains lieux et à la surface de certaines sources d'eau froide.

Le phosphore se trouve dans les trois règnes. *Gahn* a trouvé l'acide phosphorique dans la mine de plomb : la *syderite* est un phosphate de fer ; les semences de roquette, de moutarde, de cressón de jardin et de froment, traitées par *Margraaf*, lui ont donné du beau phosphore. *Meyer* de Stetin a annoncé (Annales chymiques de *Crell*, année 1784) que la partie verte résineuse des feuilles des plantes contenoit l'acide phosphorique. *Pilatre du Rozier* a renouvellé en 1780 (mois de novembre, Journal de Physique), l'opinion de *Rouelle* l'aîné, qui regardoit l'acide phosphorique comme analogue à celui des corps muqueux, et il assure que la distillation du pyrophore fournit cinq à six grains de phosphore par once. L'acide phosphorique existe dans l'urine, les os, les cornes, &c. *Maret*, en traitant douze onces de chair de bœuf par la combustion, a obtenu près de trois gros de verre phosphorique transparent. *Crell* l'a retiré du suif de bœuf et de la graisse humaine ; *Hannkwitz*, des excrémens ; *Leidenfrost*, du vieux fromage; *Fontana*, des os de poisson; *Berniard*, des coquilles d'œuf, &c. *Macquer* et *Struve* ont trouvé l'acide phosphorique dans le suc gastrique.

La combinaison du phosphore avec l'air vital est la plus intéressante : de cette combinaison il en résulte toujours de l'acide phosphorique ; mais cet acide paroît modifié par la manière dont se fait la combustion.

Le phosphore s'unit à l'oxigène, 1°. par la déflagration ou combustion rapide ; 2°. par la combustion lente ; 3°. par la voie humide, sur-tout par la décomposition de l'acide nitrique.

1°. Si l'on fait éprouver au phosphore une chaleur sèche de vingt-quatre degrés, il s'enflamme, donne une fumée blanche et épaisse, et laisse un résidu rougeâtre qui attire puissamment l'humidité de l'air et se résout en liqueur : on peut opérer cette combustion sous des cloches de verre, alors il se dépose sur les parois des flocons blancs qui se résolvent en liqueur par le contact de l'air, et forment de l'acide phosphorique : on a soin d'introduire une nouvelle quantité d'air vital lorsque la combustion du phosphore n'a pas été complète. *Lavoisier* a brûlé le phosphore à l'aide d'un verre ardent, sous une cloche de verre plongée dans le mercure. (Mémoires de l'Académie des Sciences, 1777.)

Margraaf avoit observé que l'air étoit absorbé dans cette opération : *Morveau* l'a annoncé, en 1772, d'après ses propres expériences ; et *Fontana* a prouvé aussi que le phosphore absorboit de l'air et le vicioit, comme tous les autres combustibles. *Lavoisier* et *de la Place* ont vu que quarante-cinq grains de phosphore absorbent en brûlant 65,62 d'air vital.

L'acide obtenu par ce moyen n'est pas pur : il contient toujours du phosphore en dissolution et non saturé d'oxigène.

2°. Le phosphore est plus complètement décomposé par la combustion lente : à cet effet on plonge le bec d'un entonnoir dans un flacon de crystal, on met un tube creux dans le milieu, et on dispose des bâtons de phosphore tout autour sans qu'ils se touchent ; on recouvre l'entonnoir avec un papier qu'on assujettit avec un fil, de sorte qu'il n'y a que l'ouverture par laquelle passe le cylindre de verre : le phosphore se décompose lentement ; et à mesure qu'il se résout en liqueur, il coule dans le flacon, où il forme une liqueur sans odeur et sans couleur. Cet acide retient presque toujours un peu de phosphore non-décomposé, dont on peut le débarrasser en faisant digérer dessus de l'alkool, qui dissout le phosphore sans volatiliser l'acide.

Une once de phosphore produit de cette manière environ trois onces acide phosphorique.

3°. On peut décomposer l'acide nitrique en le faisant digérer sur le phosphore : le gaz nitreux se dissipe, et l'oxigène reste uni au phosphore pour former l'acide phosphorique. Lorsque l'acide nitrique est très-concentré, le phosphore s'enflamme et brûle à la surface : j'ai fait connoître ce procédé, avec toutes les circonstances de l'opération, en 1780, la même année que fut imprimé l'excellent Mémoire de *Lavoisier*, sur la même question, et dont je n'avois alors aucune connoissance.

L'eau dans laquelle on conserve le phosphore contracte de l'acidité avec le temps, ce qui annonce que l'eau elle-même se décompose et cède son oxigène au phosphore.

Le phosphore précipite quelques oxides métalliques de leurs dissolutions à l'état de métal : on observe qu'il se forme de l'acide dans cette opération, ce qui prouve que l'oxigène abandonne le métal pour s'unir au phosphore.

L'acide phosphorique est blanc, inodore,

sans être corrosif : on peut le concentrer jusqu'à siccité : *Crell* l'ayant concentré jusqu'à la siccité vitreuse, a trouvé son rapport de pesanteur avec l'eau :: 3 : 1.

Cet acide est très-fixe : si on le concentre dans un matras, l'eau se dissipe d'abord, on sent bientôt une odeur d'ail qui est due à une portion de phosphore dont on débarrasse difficilement cet acide, il s'élève même des vapeurs acides ; la liqueur se trouble, prend un coup-d'œil laiteux, une consistance pâteuse ; et si on met la matière dans un creuset sur les charbons ardens, elle bouillonne considérablement ; la vapeur qui sort verdit la flamme, et la masse finit par se convertir en un verre blanc transparent qui n'est plus soluble dans l'eau.

L'acide phosphorique n'a aucune action sur le quartz.

Il dissout l'argille et bouillonne avec elle.

Il dissout la baryte et s'unit sur-tout avec facilité à la craie, avec laquelle il forme un sel peu soluble ; la dissolution bien chargée laisse précipiter, au bout de vingt-quatre heures, des crystaux en petites aiguilles applaties, minces, de plusieurs lignes de longueur et coupées obliquement par les deux bouts. L'acide phosphorique précipite la chaux de l'eau de chaux; c'est alors un vrai phosphate de chaux très-analogue à la base des os, décomposable par les acides minéraux.

L'acide phosphorique saturé de potasse forme un sel très-soluble, qui donne des crystaux en prismes tétraèdres, terminés par des pyramides tétraèdres. Ce phosphate est acide, se boursouffle sur les charbons, se fond difficilement : l'eau de chaux le décompose.

La soude combinée avec l'acide phosphorique donne un sel de saveur analogue à celle du muriate de soude : ce phosphate ne crystallise point, et se réduit par l'évaporation en une matière gommeuse et déliquescente : *Sage* assure que le phosphate de soude préparé avec l'acide obtenu par la combustion lente, forme un sel susceptible de crystallisation.

George Pearson a combiné l'acide phosphorique obtenu par l'acide nitrique avec la soude, et a eu un sel neutre en rhombes.

Ce sel, quoique saturé, verdit le sirop de violette, effleurit à l'air, a un goût salé qui approche de celui du muriate de soude, purge à la dose de six à huit gros, sans nausée, sans douleur, sans mauvais goût.

Le phosphate d'ammoniaque est un sel qui, d'après *Lavoisier*, présente des crystaux qui ont quelque rapport avec ceux d'alun.

L'acide phosphorique n'agit que sur un petit nombre de substances métalliques : on doit consulter, à ce sujet, les travaux de *Margraaf* et de *Morveau*.

L'acide phosphorique a une action marquée sur les huiles : mêlé à parties égales avec l'huile d'olive, il prend par la seule agitation une couleur fauve qui subsiste même après la séparation ; cette nuance augmente si on les fait digérer ensemble, l'acide s'épaissit, l'huile qui surnage devient noire et charbonneuse, et il s'en dégage une odeur forte.

CHAPITRE X.

Du Sperme humain.

Le sperme se présente, lorsqu'il est parvenu à son degré convenable de maturité ou d'élaboration, sous deux degrés de consistance ; on apperçoit un mucilage épais, délayé dans une liqueur assez fluide et laiteuse.

J'ai démontré, en 1779, que la première de ces humeurs, la seule vraiment séminale et fécondante, se sépare dans les testicules et se dépose dans les renflemens qui s'observent dans les canaux déférens derrière les vésicules séminales, tandis que l'autre est séparée par les glandes qui se trouvent entre les membranes de la vésicule et est versée dans ces réservoirs. Les hommes et tous les animaux mutilés et rendus inhabiles à la génération par la séparation des testicules, se procurent l'émission de cette dernière liqueur, et il n'y a que deux ou trois espèces d'animaux dont les canaux déférens communiquent avec les vésicules ; chez tous les autres, les canaux déférens et les vésicules s'ouvrent par des conduits séparés dans l'urètre : on doit donc regarder l'humeur des vésicules séminales comme destinée à servir de véhicule au véritable sperme dont la secrétion s'opère dans les testicules : ces deux liqueurs ne se mêlent que dans le trajet de l'urètre ; et, lorsque les éjaculations sont trop fréquentes, la testiculaire, dont la secrétion est plus lente, n'accompagne point la vésiculaire.

Le sperme a une odeur fade et forte, analogue à celle de plusieurs autres matières animales et à celle de quelques *pollens* dans les végétaux, tels que celui du châtaignier : la saveur en est âcre et irritante ; elle resserre et pince l'organe du goût.

Il est plus pesant que l'eau.

Il s'épaissit et devient écumeux sous le pilon et par le froissement dans les mains.

Ces propriétés sont connues depuis long-temps; mais nous devons à *Vauquelin* tout ce que nous avons acquis de connoissances chymiques sur cette matière : ce chymiste nous a appris que le sperme verdit le bleu des violettes et de la mauve, quand il est frais, qu'il précipite la chaux et les métaux de leurs dissolutions, &c.

La portion du sperme la plus épaisse prend de la transparence en se refroidissant, et redevient fluide en diminuant sensiblement de poids ; ce changement de consistance s'opère en moins de vingt minutes : l'état de l'atmosphère n'y influe en rien.

Exposé à l'air à une température de dix à douze degrés, il se couvre d'une pellicule transparente, et dépose, au bout de trois ou quatre jours, des crystaux transparens, d'environ une ligne de long, très-minces et qui se croisent comme les rayons d'une roue : ces crystaux sont des solides à quatre pans, terminés par des pyramides à quatre faces : quelques jours après, la pellicule s'épaissit et se remplit de petits corps blancs de figure ronde; la liqueur prend de la consistance, et l'odeur fade est remplacée par celle de la franchispane : lorsque l'air est sec, il finit par devenir transparent comme la corne, et se casse en produisant un bruit sec : il perd 0, 9 de son poids par la dessication.

Si on l'expose, en assez grande quantité, à un air chaud et humide, par exemple à vingt degrés thermom. de *Réaumur* et soixante-quinze hygrom. de *Saussure*, il s'altère avant de se dessécher, prend une couleur analogue à celle du jaune d'œuf, et devient acide ; il répand alors une odeur de poisson pourri, et se couvre d'une grande quantité de *byssus septica* de *Linné*.

Le calorique dessèche le sperme, le noircit, le boursouffle et en dégage des vapeurs jaunes empyreumatiques et ammoniacales : le résidu est un charbon léger qui brûle aisément et laisse une cendre blanche.

L'eau froide ou chaude n'a pas d'action dissolvante sur le sperme avant qu'il soit liquéfié ; mais, dans ce dernier état, il se dissout dans l'une et dans l'autre.

L'alkool et l'acide muriatique oxigéné le séparent de l'eau en flocons blancs.

Tous les alkalis un peu concentrés facilitent la combinaison du sperme avec l'eau.

La chaux vive ne dégage point d'ammoniaque du sperme frais ; mais elle en extrait beaucoup lorsqu'il est resté quelque temps à l'air chaud et humide.

Les acides dissolvent le sperme avec facilité, et cette dissolution n'est pas décomposée par les alkalis, de même que les dissolutions alkalines ne le sont pas par les acides.

L'acide muriatique oxigéné le coagule en flocons et le rend insoluble dans l'eau et les acides; il se colore en jaune lorsqu'on le fait digérer dessus en grande quantité. L'acide perd son odeur dans ces circonstances.

Vauquelin a démontré que les crystaux qui se déposent par une légère évaporation spontanée du sperme sont du phosphate de chaux: les petits corps blancs opaques qui s'offrent à la surface du sperme après la précipitation des premiers crystaux ne diffèrent des premiers que par l'opacité; on les sépare les uns et les autres d'avec la partie mucilagineuse qui les empâte à l'aide de l'eau qui diminue cette viscosité.

Pour extraire l'alkali qui est à nud dans le sperme, *Vauquelin* a calciné et brûlé dans un creuset quatre cents grains de sperme : la lessive du charbon lui a donné neuf grains de soude; le résidu se fond en un émail blanc opaque qui répand une lueur phosphorique tant qu'il est en fusion : cet émail se délite à l'air, attire l'humidité, se dissout dans les acides, et a tous les caractères du phosphate de chaux.

Les principes de 1000 parties de sperme sont donc :

Eau.	900
Mucilage.	60
Soude.	10
Phosphate de chaux. . . .	30
	1000

On peut conclure de ce qui précède, 1°. que le sperme est constamment alkalin et qu'il doit cette propriété à la soude ; 2°. que les crystaux qu'il dépose pendant son exposition à l'air, sont du phosphate de chaux transparent et crystallisé ; 3°. que les corps blancs qui s'y forment, quelques jours après, sont du phosphate de chaux opaque et irrégulier (probablement parce que l'eau de crystallisation à manqué à ceux-ci) ; 4°. que dans un air humide il jaunit et devient acide ; 5°. qu'il n'est soluble dans l'eau que lorsqu'il a été liquéfié.

CHAPITRE XI.

Des Larmes et du Mucus des narines.

L'HUMEUR des larmes est claire et transparente comme de l'eau, sans odeur, avec une saveur salée; l'écoulement en est déterminé par des affections profondes de tristesse ou par les secousses de rires immodérés. Nous devons l'analyse de cette humeur à *Fourcroy* et *Vauquelin*.

L'humeur des larmes verdit le bleu des violettes et de la mauve. Soumise à une évaporation lente et spontanée, elle se dessèche peu à peu, et on voit, sur la fin, se former des crystaux cubiques au milieu d'un mucilage qui leur sert, pour ainsi dire, d'eau-mère: ces crystaux dissous dans l'alkool qui ne touche pas à la partie muqueuse, ont présenté les mêmes propriétés que le muriate de soude. Cette humeur prend une couleur jaune en s'épaississant, et il ne reste à la fin qu'une matière sèche, qui fait à peine la vingt-cinquième partie de l'humeur employée.

Les produits de la décomposition par le feu sont, 1°. de l'eau, 2°. de l'huile, 3°. un charbon riche en matières salines.

Cette liqueur fraîche et non altérée se dissout dans l'eau, quelle que soit sa température; mais lorsque cette humeur a éprouvé l'évaporation spontanée qui lui a donné de la consistance et développé une couleur jaune, elle ne paroît plus s'y dissoudre : néanmoins l'eau sur laquelle séjourne cette humeur épaissie, mousse par l'agitation; ce qui annonce qu'elle en a dissous une partie quelconque.

Les alkalis la dissolvent dans tous les états.

L'acide muriatique oxigéné versé sur cette humeur la coagule en flocons blancs, qui deviennent jaunes si l'acide est assez abondant; ces flocons ne sont pas solubles dans l'eau; l'acide muriatique oxigéné perd, dans ce cas, son odeur et ses propriétés caractéristiques : l'épaississement et la couleur jaune sont dus, par conséquent, à la combinaison de l'oxigène, et c'est à une semblable cause que *Fourcroy* et *Vauquelin* rapportent, 1°. l'épaississement et la couleur jaune que prend l'humeur lacrymale par son séjour dans le sac nazal; 2°. la formation de cette substance jaune et compacte qui se ramasse dans les angles des yeux pendant le sommeil et lorsque le canal nazal n'est pas libre.

Les acides sulfuriques et muriatiques ne produisent aucun changement sur cette humeur récente et liquide ; mais ils occasionnent une effervescence sensible lorsqu'elle est desséchée à l'air : l'acide sulfurique en dégage alors de l'acide muriatique et de l'acide carbonique ; l'acide muriatique n'en extrait que ce dernier ; la soude qui y est libre passe donc à l'état de carbonate par l'exposition et le séjour de l'humeur dans l'air.

L'alkool en précipite la matière muqueuse en flocons blancs ; cet alkool évaporé laisse du sel marin et de la soude.

L'analyse du charbon a présenté du phosphate de chaux et du phosphate de soude dans une proportion très-petite.

L'humeur que filtre la membrane pituitaire a donné les mêmes principes par l'analyse : comme l'humeur des larmes, elle jaunit et s'épaissit par l'oxidation : *Fourcroy* et *Vauquelin* en ont déduit une théorie très-satisfaisante pour expliquer les divers changemens que présente le *mucus* dans les différens périodes des rhumes, dans les individus travaillés par la fièvre, &c. Ils ont ramené à ces mêmes principes, les symptômes et les phénomènes que présente le rhume artificiel qui est déterminé par la respiration du gaz acide muriatique oxigéné et qui parcourt les mêmes périodes que le rhume de cerveau.

CHAPITRE

CHAPITRE XII.

De la Synovie.

La synovie arrose, lubréfie et assouplit les articulations; elle est d'un blanc verdâtre, demi-transparente, visqueuse et d'un goût salé.

Elle verdit, comme presque toutes les humeurs animales, le bleu de la violette et de la mauve.

Elle précipite l'eau de chaux.

Elle s'épaissit comme une gelée, peu de temps après qu'elle est extraite des articulations. *Margueron* a prouvé que ce phénomène n'étoit dû ni à l'absorption de l'air, ni à la déperdition du calorique. Elle reprend bientôt sa première fluidité, devient même moins visqueuse, et laisse déposer une matière filandreuse.

La synovie se dessèche à un air sec, et laisse pour résidu un rézeau écailleux, dans lequel on peut distinguer des crystaux cubiques de muriate de soude, et un sel effleuri qui n'est que du carbonate de soude.

Exposée à un air humide, elle perd sa viscosité, se trouble, exhale l'odeur de poisson pourri, se couvre d'une pellicule, prend une couleur brune, et laisse un résidu d'une consistance molle et d'une odeur fétide : la chaux et les alkalis fixes en dégagent alors beaucoup d'ammoniaque.

Le mélange d'eau et de synovie prend une fluidité visqueuse qui lui donne la propriété de mousser : ce mélange, poussé à l'ébullition, conserve sa viscosité, perd sa transparence, devient laiteux, et présente quelques pellicules sur les bords du vase : le seul acide acéteux rétablit la transparence du mélange et précipite des fibres blanches qu'on peut aisément séparer. Le résidu évaporé fournit des pellicules d'albumine, du muriate et de l'acétite de soude.

Les acides sulfurique, muriatique, nitrique, purs ou étendus de douze à quinze fois leur poids d'eau, n'en détruisent pas la viscosité; mais s'ils sont si étendus d'eau qu'ils soient à peine acides, ils la détruisent et dégagent une matière filandreuse qu'on enlève facilement. L'acide acéteux, sans être étendu d'eau, en sépare cette matière.

Les carbonates de soude et de potasse s'unissent à la synovie sans changer son état visqueux : les alkalis purs la rendent plus fluide et la dissolvent complètement lorsqu'elle est desséchée.

La distillation à la cornue fournit de l'ammoniaque pure et une portion a l'état de carbonate, de l'huile empyreumatique, &c. Le charbon contient du muriate et du carbonate de soude; le résidu inciné est soluble dans l'acide nitrique; l'acide oxalique versé dans cette dissolution en précipite de l'oxalate de chaux; la liqueur rapprochée et le résidu traité au chalumeau, donnent du verre phosphorique, ce qui annonce l'existence du phosphate de chaux.

En général, les acides végétaux versés sur la synovie pure ou mêlée à l'eau ou à l'alkool, en précipitent une matière fibreuse : cette matière a l'odeur, la saveur, la couleur et le *collant* du *gluten;* mais elle en diffère, en ce qu'elle se dissout dans l'eau froide par l'agitation, en ce qu'elle rend l'eau mousseuse, en ce que l'alkool et les acides y forment alors un précipité floconeux, en ce qu'enfin elle écume par le calorique. Il paroît donc que c'est une modification de l'albumine.

Il résulte de l'analyse de deux cents quatre-vingt-huit grains de synovie extraite des articulations du bœuf, d'après les résultats obtenus par *Margueron*, à qui nous devons presque toutes les observations que nous avons sur cette matière, qu'elle contient sur cette quantité :

Albumine modifiée. . . .	34 grains.
Albumine ordinaire. . . .	13
Muriate de soude.	5
Carbonate de soude. . . .	2
Phosphate de chaux. .	de 1 à 2
Eau.	232
	288

CHAPITRE XIII.

De quelques substances qu'on retire des animaux pour l'usage de la Médecine et des Arts.

Il n'est peut-être pas de produit animal dont les vertus n'aient été exaltées par des médecins ; il est peu d'animaux qu'on n'ait voulu faire servir dans divers temps à l'usage de la médecine : mais le temps a heureusement condamné à l'oubli les productions qui n'auroient jamais dû en sortir ; et nous ne nous occuperons que de celles dont l'observation de tous les temps a constaté les effets et confirmé la vertu.

Nous ne parlerons en conséquence ni des poumons des renards, ni du foie de loup, ni des pieds d'élan, ni des mâchoires de brochet, ni des nids d'hirondelle, ni de la poudre de crapaud, ni de la fiente de paon, ni du cœur des vipères, ni de la graisse de blaireau, pas même de celle de pendu.

Les quadrupèdes, les cétacées, les oiseaux, et les poissons, fournissent tous quelque produit auquel l'expérience chymique et médicinale a reconnu des vertus bien marquées.

ACTICLE PREMIER.

Des produits fournis par les quadrupèdes.

Nous ne nous occuperons ici que des produits les plus usités qu'on extrait des quadrupèdes; et nous ne parlerons, en conséquence, que du castoréum, du musc et de la corné de cerf.

1°. On donne le nom de *castoreum* à une liqueur onctueuse contenue dans deux poches situées dans la région inguinale du castor : on peut en voir une description exacte dans l'Encyclopédie. Cette matière très-odorante est molle et presque fluide lorsqu'elle est récemment tirée de l'animal; mais elle se dessèche par le laps du temps. Cette substance a une saveur âcre, amère et nauséabonde; l'odeur en est forte, aromatique et même puante.

L'alkool en dissout une résine qui le colore: l'eau en extrait un principe abondant; en le faisant évaporer, on en retire même un sel dont on ne connoît pas bien la nature; à la distillation le castoreum fournit un peu d'huile volatile, de l'ammoniaque, &c.

On ignore quels sont ses usages particuliers pour le castor: les Anciens avoient porté la crédulité jusqu'à se persuader que le castor en prenoit lorsqu'il avoit l'estomac débile.

Il est employé en médecine comme un puissant antispasmodique; on l'ordonne à la dose de quelques grains en substance, ou on le fait entrer dans des bols, des extraits, &c. On l'associe avantageusement à l'opium; on prescrit même sa teinture spiritueuse, depuis quelques gouttes jusqu'à 24 ou 36, dans des potions appropriées.

On voit évidemment, d'après le peu de connoissances chymiques qu'on a sur cette substance, que c'est une résine unie à un mucilage et à un sel qui facilite l'union des principes.

2°. On donne le nom de *musc* à un parfum qu'on retire de divers animaux : en 1726, on reçut à la ménagerie, sous le nom de *musc*, un animal qui étoit envoyé d'Afrique et qui ressembloit aux civettes, dont *Perrault* a laissé la description ; il a été nourri pendant six ans de viande crue : *la Peyronnie* en a donné une fort bonne description à l'Académie des Sciences, année 1731.

L'organe qui contenoit le musc étoit situé près des parties génitales (c'étoit une femelle) : à l'ouverture de la bourse qui renferme le musc, l'odeur fut si forte que *la Peyronnie* ne put l'observer sans en être incommodé : cette liqueur est préparée par deux glandes qui la versent dans le réservoir commun par une foule de petits trous.

L'autre animal qui donne le musc dans l'Orient, est dans la classe des chevreuils ; il est très-commun dans la Tartarie chinoise : il porte le musc dans une bourse sous le nombril ; cette bourse, saillante en dehors, de la grosseur d'un œuf de poule, est une substance membraneuse et musculeuse garnie d'un sphincter : on observe dans l'intérieur beaucoup de glandes qui séparent l'humeur : dès que la bête est tuée, on lui coupe la vessie et on la coud ; mais on l'altère avec les testicules, le sang, les rognons de l'animal, &c. car chaque animal n'en fournit que trois ou quatre gros. Il faut choisir le musc sec, onctueux, odorant ; il doit se consumer tout entier quand on le met sur le charbon. Le musc de *Tunquin*, qu'on estime le plus, est dans des vessies dont le poil est brun ; celui du *Bengale* est enveloppé dans des vessies garnies de poil blanc.

Le musc contient à-peu-près les mêmes principes que le castoreum : l'odeur du musc pur et sans mélange est trop forte et incommode ; on la mitige en le mêlant avec d'autres substances. On l'emploie peu en médecine : c'est un antispasmodique puissant dans quelques cas ; mais il faut être sobre sur son emploi, parce qu'il excite souvent les affections nerveuses au lieu de les calmer.

L'odeur du musc est répandue dans certains animaux : *la Peyronnie* connoissoit un homme dont le dessous de l'aisselle gauche répandoit pendant l'été une odeur de musc si marquée, qu'il étoit obligé de l'affoiblir pour n'être pas incommode.

3°. La corne de cerf fournit plusieurs produits qui sont très-employés en médecine : on a donné la préférence à la corne, parce qu'elle contient moins de sel terreux que les os; mais on peut indistinctement employer toutes sortes de cornes.

On faisoit calciner autrefois avec le plus grand soin la corne de cerf, et on faisoit un remède propre à arrêter les cours de ventre.

Les produits les plus employés aujourd'hui de la corne de cerf sont ceux qu'on retire par la distillation : on obtient d'abord un phlegme alkalin qu'on appelle *esprit volatil de corne de cerf;* vient ensuite une huile rougeâtre plus ou moins empyreumatique, et une très-grande quantité de *carbonate d'ammoniaque* sali et coloré par de l'huile empyreumatique ; on peut dégager l'huile qui colore ce sel par le moyen de l'esprit-de-vin qui la dissout : le résidu charbonneux contient du *natrum*, du sulfate et du phosphate de chaux, dont on peut retirer du phosphore par les procédés indiqués ci-dessus.

On emploie en médecine l'esprit et le sel qu'on retire de la corne de cerf, comme de bons antispasmodiques.

L'huile convenablement rectifiée forme l'*huile animale de Dippel:* comme on a attaché les plus grandes vertus à cette substance, on s'est tourmenté de mille manières pour la purifier : pendant long-temps on a employé un grand nombre de rectifications pour obtenir l'huile blanche et fluide ; mais *Model* et *Baumé* ont conseillé de ne prendre que les premières portions qui passent, parce que c'est alors la plus atténuée et la plus blanche. *Rouelle* conseilloit de la distiller avec l'eau, et, comme il n'y a que la plus volatile qui puisse monter au degré de l'eau bouillante, on est sûr d'avoir, par ce moyen, la plus fine. Quant à moi, je distille l'huile empyreumatique avec de la terre de Murviel qui retient tout le principe colorant, et j'obtiens de suite l'huile blanche et ténue.

Cette huile est odorante, elle a toutes les qualités des huiles volatiles ; mais elle verdit le sirop de violettes, comme l'a observé *Parmentier ;* ce qui prouve qu'elle retient un peu d'alkali volatil. On emploie cette huile par gouttes dans les affections nerveuses, l'épilepsie, &c. On l'emploie en frictions sur la peau, comme calmante et résolutive : mais on est revenu de nos jours des grandes vertus qu'on lui attribuoit.

Le priape du cerf a été regardé comme un bon remède pour faire uriner ; sa vessie appliquée sur la tête guérit les teigneux; ses larmes desséchées passent pour des bézoards; sa peau préparée fait des gants; sa chair sert d'aliment; en un mot, c'est, comme l'observe *Plomet, un monde de remèdes, de commodités et d'avantages.*

ARTICLE II.

De quelques produits fournis par les poissons.

L'HUILE de poisson et le blanc de baleine sont les produits les plus usités qu'on retire des poissons.

Le blanc de baleine est une huile concrète qu'on extrait du cachalot : on connoît cette espèce de graisse sous le nom très-impropre de *sperma-ceti.* Ces animaux, d'une grosseur prodigieuse, en fournissent abondamment : *Plomet* nous raconte qu'en 1688, un navire espagnol s'empara d'un cachalot, dont la tête fournit vingt-quatre barriques de cervelle, et le corps quatre-vingt-seize barriques de lard. Ce blanc de baleine est toujours mêlé d'une certaine quantité d'une huile inconcrescible, qu'on enlève avec soin.

Le blanc de baleine brûle en répandant une

flamme très-blanche : on en fait des chandelles à Bayonne et à Saint-Jean-de-Luz ; ces chandelles sont d'un blanc très-luisant, elles jaunissent à la longue, mais moins facilement que la cire et les huiles pesantes.

Si on le distille à feu nud, il ne donne point de phlegme acide, mais il passe tout entier en prenant une teinte rougeâtre : quelques distillations répétées lui font perdre sa consistance naturelle.

L'acide sulfurique le dissout, et cette dissolution est précipitée par l'eau comme l'huile de camphre : les acides nitrique et muriatique n'ont pas d'action sur lui.

L'alkali caustique dissout le blanc de baleine, et forme avec lui un savon qui acquiert peu à peu de la solidité.

L'alkool dissout à chaud le blanc de baleine, et le laisse précipiter par le refroidissement ; l'éther le dissout aussi.

Les huiles fixes et volatiles dissolvent le blanc de baleine à l'aide de la chaleur.

Autrefois on faisoit un très-grand usage du blanc de baleine : on le donnoit comme adoucissant et calmant ; mais de nos jours on l'a presque abandonné, et ce n'est pas sans raison, car il est pesant, fade et nauséeux.

On emploie encore, en médecine, les œufs,

les écailles et la liqueur noire de la sèche : les œufs détergent les reins et provoquent les urines et les règles. L'écaille ou l'os de la sèche a à-peu-près les mêmes usages ; on l'emploie aussi comme astringent ; il entre dans les remèdes dentrifiques, dans les collyres, &c. les orfèvres s'en servent aussi pour faire leurs moules de cuilliers, de fourchettes, de bagues, &c. car sa partie spongieuse reçoit aisément l'empreinte des métaux. Le suc noir de la sèche, qu'on trouve dans une poche près du *cœcum*, et dont *Lecat* nous a donné la description, peut être employé en guise d'encre. On lit dans les *Satyres* de *Perse*, que les Romains s'en servoient pour écrire, et *Cicéron* l'appelle *atramentum.* Il paroît que les Chinois en font la base de leur encre si renommée, *sepia piscis est qui habet succum nigerrimum instar atramenti quem Chinenses cum brodio orizæ vel alterius leguminis inspissant et formant, et in universum orbem transmittunt, sub nomine atramenti Chinensis.* (*Pauli Hermani cynosura, t. 1, p. 17, part. 11.*) *Pline* a cru que l'humeur noire de la sèche étoit le sang de cet animal. *Rondelet* a prouvé que c'étoit la bile : c'est ce même suc que la sèche dégorge lorsqu'elle est en danger ; une très-petite quantité suffit pour noircir un grand volume d'eau.

On emploie encore en médecine l'écaille d'huître calcinée, comme absorbant.

L'huile qu'on extrait des poissons est d'un grand usage dans les arts.

ARTICLE III.

De quelques produits fournis par les oiseaux.

Presque tous les oiseaux sont employés sur nos tables à titre de mets plus ou moins délicats; mais il en est peu qui nous fournissent des produits pour la médecine : les pierres d'aigle auxquelles on a attribué de grandes vertus pour faciliter les accouchemens, les emplâtres de nids d'hirondelle, tout cela a été oublié du moment que l'observation des faits a remplacé la crédulité et la superstition. L'analyse des œufs commence à nous être connue : ils sont composés de quatre parties; d'une enveloppe osseuse qu'on appelle *coque*, d'une membrane qui recouvre les parties constituantes de l'œuf, du blanc, et du jaune qui occupe le centre.

La coque contient, comme les os, un principe gélatineux et du phosphate de chaux.

Le blanc est de la même nature que le *serum* du sang : il verdit le sirop de violettes, et contient de la soude à nud ; la chaleur le coagule ; si on le distille, il donne un phlegme qui se pourrit aisément ; il se dessèche comme la corne, et il passe du carbonate d'ammoniaque et de l'huile empyreumatique ; il reste un charbon qui fournit de la soude et du phosphate de chaux : *Deyeux* en a aussi retiré du soufre par la sublimation.

Les acides et l'alkool le coagulent.

Si on l'expose à l'air en couches minces, il se dessèche et prend de la consistance : c'est sur cette propriété qu'est fondé l'usage de passer un blanc d'œuf sur les tableaux pour les lustrer et leur donner une espèce de vernis qui les préserve du contact de l'air : on peut hâter et favoriser le desséchement par le moyen de la chaux vive ; il en résulte alors un lut de la plus grande tenacité.

Le jaune d'œuf contient également une matière lymphatique qui se trouve mêlée avec une certaine quantité d'huile douce, et qui, en raison de ce mélange, se dissout dans l'eau ; c'est cette émulsion animale qui est connue sous le nom de *lait de poule*. Le jaune d'œuf exposé au feu se prend en une masse moins dure que le blanc; si on l'écrase il paroît n'avoir presque aucune consistance, et si on le soumet à la presse on en retire l'huile qu'il contient : cette huile est très-adoucissante, on l'emploie à l'extérieur comme liniment. Il y a la plus grande analogie entre les œufs des animaux et les semences des végétaux, puisque les uns et les autres contiennent une huile à l'aide de laquelle ils sont solubles dans l'eau.

Le jaune d'œuf rend les huiles et les résines solubles dans l'eau, et on se sert ordinairement de cet excipient.

La coque d'œuf calcinée est absorbante.

Le blanc d'œuf est employé avec succès pour clarifier les sucs des végétaux, le petit-lait, les liqueurs, &c. par la propriété qu'il a de devenir concret par la chaleur ; il monte alors à la surface de ces liqueurs, et entraîne toutes les impuretés qui peuvent y être contenues.

ARTICLE IV.

De quelques produits fournis par les insectes.

Les cloportes, les cantharides, le kermès, la cochenille et la lacque, sont les seules substances dont nous parlerons ici, parce que ce sont celles dont on fait le plus d'usage, et en même temps celles sur lesquelles nous avons le plus de connoissances.

1°. *Les cantharides.* Les cantharides sont de petits insectes dont les àiles sont verdatres; elles sont très-communes dans les pays chauds; on les trouve en été sur les feuilles du frêne, du rosier, du peuplier, du noyer, du troëne, &c. Les cantharides en poudre appliquées sur l'épiderme, causent des démangeaisons, excitent même des ardeurs d'urine, la strangurie, la soif et la fièvre; elles produisent le même effet prises intérieurement à petite dose. On lit dans *Paré* qu'une courtisanne ayant présenté des ragoûts saupoudrés de cantharides pulvérisées, à un jeune homme qu'elle avoit retenu à souper, ce malheureux fut attaqué d'un priapisme et d'une perte de sang par l'anus, dont il mourut. *Boyle* assure que des personnes ont senti des douleurs au col de la vessie pour avoir manié des cantharides.

Nous devons à *Thouvenel* quelques connoissances sur les principes constituans de ces insectes : l'eau en extrait un principe très-abondant qui la colore en un jaune rougeâtre et un principe huileux jaunâtre; l'éther en enlève une huile verte, très-âcre, dans laquelle réside éminemment la vertu des cantharides. De sorte qu'une once de cantharides fournit :

Extrait jaune-rougeâtre et amer.	3 gros.	
Matière jaune huileuse.	0	12 grains.
Substance verte huileuse analogue à la cire. . .	0	60
Parenchyme insoluble dans l'eau et l'alkool.	4	
	8 gros.	

Pour former une teinture qui réunisse toutes les propriétés des cantharides, il faut faire un mélange de parties égales d'eau et d'alkool, et les faire digérer là-dedans : si on distille cette teinture, l'esprit-de-vin qui passe retient l'odeur des cantharides.

En n'employant que l'esprit-de-vin, on le

charge de la seule partie caustique, et on voit d'après cela qu'on peut renforcer ou affoiblir la vertu de ces insectes, suivant l'exigence des cas.

La teinture des cantharides peut être employée avec succès extérieurement à la dose de deux gros, quatre gros, une once et même deux, dans les douleurs de rhumatisme, sciatique, goutte vague, &c. Elle échauffe les parties, accélère le mouvement de la circulation, excite des évacuations par les sueurs, les urines, les selles, suivant les parties sur lesquelles on l'applique.

Thouvenel a éprouvé sur lui-même l'effet de la matière cireuse verte; appliquée sur la peau, à la dose de neuf grains, elle a fait élever une cloche pleine de sérosité.

2°. *Cloportes, millepedes, aselli, porcelli.* Le cloporte est un insecte qu'on trouve ordinairement dans les endroits humides, sous des pierres, sous l'écorce des arbres; il fuit le jour et cherche à s'y dérober dès qu'on le découvre; lorsqu'on le touche, il se pelotone et se replie en forme de globe. Cet insecte est employé dans la médecine comme incisif, apéritif et dépuratif: on l'ordonne, ou bien écrasé vivant et mis dans un liquide approprié, ou bien desséché et mis en poudre;

et sous cette dernière forme il peut entrer dans les extraits, les pilules, &c. On donne les cloportes à la dose de 14, 15, 20 et plus, selon le cas. *Thouvenel* nous a donné quelques renseignemens sur les principes constituans de ces insectes : il en a retiré par la distillation un phlegme fade et alkalin ; le résidu a fourni une matière extractive, une substance huileuse ou cireuse uniquement soluble dans l'esprit-de-vin, et du sel marin à base terreuse et alkaline.

3°. *La cochenille.* La cochenille est une matière qui sert à la teinture pour l'écarlate et le pourpre : elle est dans le commerce sous la forme de petits grains de figure singulière, la plupart convexes, cannelés d'un côté et concaves de l'autre ; la couleur de la bonne cochenille est le gris mêlé de rougeâtre et de blanc. Il est bien décidé aujourd'hui que c'est un insecte : la simple inspection à la loupe suffit pour en convaincre, et on peut développer les anneaux et les pattes de cet insecte en l'exposant à la vapeur de l'eau bouillante ou en le faisant digérer dans le vinaigre. C'est dans le Mexique qu'on recueille la cochenille, sur des plantes auxquelles on donne le nom de *figuier d'Inde, raquette, nopal ;* ces plantes portent des fruits qui ressemblent à nos figues, teignent en rouge l'urine de ceux qui en ont mangé, et communiquent peut-être à la cochenille la propriété qu'elle a pour la teinture. Les Indiens du Mexique cultivent le nopal près de leurs habitations, et y sèment, pour ainsi dire, l'insecte qui fournit la cochenille; ils font de petits nids avec de la mousse ou des brins d'herbes; ils mettent douze ou quatorze cochenilles dans chaque nid, placent trois ou quatre de ces nids sur chaque feuille de nopal, et les affermissent au moyen des épines de la plante : après quelques jours on voit sortir des milliers de petits qui s'établissent sur les parties les mieux abritées et les plus nourries des feuilles du nopal. On ramasse les cochenilles plusieurs fois l'année, et on les fait périr en les plongeant dans l'eau chaude ou dans des fours, et les faisant sécher au soleil. On distingue deux espèces de cochenille, l'une qui vient sans culture et qu'on appelle *sylvestre*; et l'autre cultivée et qu'on appelle *mesteque*: celle-ci est préférée. On a calculé, en 1736, qu'il entroit en Europe huit cents quatre-vingt mille livres pesant de cochenille par an.

Ellis a communiqué à la Société royale de Londres, une fort bonne description de la cochenille.

Cette substance est sur-tout très-employée dans la teinture : sa couleur prend facilement sur la laine, et le mordant le plus approprié est le muriate d'étain. *Macquer* a trouvé le moyen de fixer cette couleur sur la soie, en imprégnant la soie de la dissolution d'étain avant de la plonger dans le bain de cochenille, au lieu de mêler cette dissolution dans le bain, comme on le fait pour la laine.

4°. *Le Kermès.* Le kermès est une espèce d'excroissance grosse comme une baie de genièvre. Il est très-employé dans la médecine et les arts.

L'arbre qui le porte est connu sous le nom de *quercus ilex ;* il croît dans les pays chauds, en Espagne, en Languedoc, en Provence, &c. La femelle du *coccus* se fixe sur la plante, elle n'a point d'aîles, tandis que le mâle en est pourvu ; lorsqu'elle est fécondée, elle grossit par le développement de ses œufs, elle périt, et les œufs éclosent ; pour la cueillir il faut la prendre avant que les œufs soient développés : c'est pour cela qu'on les cueille le matin avant que la chaleur ait agi sur les œufs : on ramasse les grains et on les dessèche pour développer la couleur rouge : on tamise pour séparer la poussière, on les arrose ensuite avec du bon vinaigre pour tuer l'insecte qui écloroit en peu de temps.

Le kermès est très-employé dans les arts : il fournit un rouge de bon teint, mais moins brillant que celui de la cochenille.

On fait un sirop de kermès très-fameux, en mêlant trois parties de sucre avec une partie de coques de kermès écrasées; on garde ce mélange pendant un jour dans un lieu frais : le sucre s'unit pendant ce temps au suc de kermès, et forme avec lui une liqueur qui, étant passée et exprimée, a la consistance de sirop. On forme avec ce sirop la célèbre *confection alkermès*.

La graine et le sirop de kermès sont des stomachiques excellens.

5°. *La lacque* ou *gomme lacque*. C'est une espèce de cire que des fourmis aîlées, de couleur rouge, ramassent sur des fleurs aux Indes orientales, et qu'elles transportent sur de petits branchages d'arbre où elles font leur nid; ces nids sont pleins de cellules, où l'on trouve un petit grain rouge quand il est broyé; ce petit grain est, selon les apparences, l'œuf d'où la fourmi volante tire son origine.

Geoffroy a prouvé (dans un Mémoire inséré parmi ceux de l'Académie des sciences, année 1714) que ce ne pouvoit être qu'une sorte de ruche approchant de celles des abeilles, dont les cloisons sont d'une substance analogue à la cire.

La partie colorante de la lacque peut être enlevée par le moyen de l'eau qui, évaporée, laisse à nud le principe colorant, et forme la belle lacque si usitée pour la peinture.

On imite la lacque, en retirant par des procédés connus le principe colorant de quelques plantes.

CHAPITRE XIV.

De quelques autres acides extraits du règne animal.

INDÉPENDAMMENT des acides que nous fournissent les diverses parties du corps humain, et que nous avons examinés séparément, nous en retrouvons dans la plupart des insectes : *Lister* en indique un qu'on peut extraire des mille-pieds (*Collect. Acad. tome 11, page 303*). *Bonnet* a observé que la liqueur que fait jaillir la grande chenille à queue fourchue du saule, étoit un vrai acide et même très-actif. (*Savans étrangers, tome 11, page*

276). *Bergmann* le compare au vinaigre le plus concentré; *Boissier de Sauvages* a remarqué que dans l'état de maladie du ver-à-soie, qu'on nomme *muscardin*, l'humeur du ver étoit acide : *Chaussier* de Dijon en a retiré des sauterelles, de la punaise rouge, de la lampyre et de plusieurs autres insectes, en les faisant digérer dans l'alkool : le même chymiste a fait un travail intéressant sur l'acide du ver-à-soie ; il a donné deux moyens pour l'extraire : le premier consiste à broyer les chrysalides et à les exprimer à travers un linge : le suc qui passe est fortement acide. Cet acide est affoibli par bien des substances étrangères dont on peut le débarrasser par le moyen de l'esprit-de-vin ; on fait digérer ce suc dans l'esprit-de-vin, on filtre, il passe une liqueur claire d'une belle couleur orangée; on verse du nouvel esprit-de-vin sur cette liqueur, à chaque fois il se forme un précipité blanc, léger; on continue jusqu'à ce qu'il ne s'en forme plus.

Au lieu de broyer les chrysalides, on peut les faire infuser dans l'esprit-de-vin, qui se charge de tout l'acide ; et, comme l'acide est plus pesant que l'esprit-de-vin, on fait évaporer, on filtre, et avec ces précautions on débarrasse l'acide de son esprit-de-vin et de la matière muqueuse qui étoit dissoute et qui reste sur le filtre.

Chaussier a prouvé que cet acide existoit dans tous les états du ver-à-soie, même dans les œufs; mais que dans l'œuf et dans le ver il n'étoit pas à nud, mais combiné avec une substance gommo-glutineuse.

L'acide des insectes le mieux connu, celui sur lequel on a le plus écrit, est *l'acide des fourmis, acide formique:* cet acide est tellement à nud, que la transpiration de ces animaux et leur simple contact sans altération aucune, en prouvent l'existence.

Les auteurs du quinzième siècle avoient observé que la fleur de chicorée jettée dans un tas de fourmis, devenoit aussi rouge que du sang. Voyez *Langham, Hieronimus Tragus, Jean Bauhin.*

Samuël Fisher est le premier qui ait reconnu l'acide des fourmis en travaillant à l'analyse des substances animales par la distillation; il essaya même son action sur le plomb et le fer; il communiqua ses observations à *J. Vray*, qui les fit insérer dans les Transactions philosophiques en 1670. Mais c'est surtout en 1749 que le célèbre *Margraaf* nous fit connoître les propriétés de cet acide: il le combina avec beaucoup de substances, et conclut qu'il avoit beaucoup de rapport avec l'acide acéteux. En 1777, cette même matière a été reprise et traitée, de manière à laisser bien peu à desirer, par *Ardvisson* et *Oerhn*, dans une dissertation publiée à Leipsick.

La fourmi qui fournit le plus d'acide est la grosse fourmi rouge, qui habite dans les endroits secs et élevés.

Les mois de messidor et thermidor sont les plus favorables pour extraire cet acide : elles en sont si pénétrées, que le simple passage sur un papier bleu suffit pour le colorer en rouge.

On peut employer deux moyens pour retirer l'acide : la distillation et la lixiviation.

Pour extraire l'acide par distillation, on fait sécher les fourmis à une douce chaleur, et on les met dans une cornue à laquelle on adapte un récipient ; on augmente le feu par degrés : lorsque tout l'acide est passé, on le trouve dans le récipient, où il est toujours mêlé d'un peu d'huile empyreumatique qui surnage, on l'en sépare par le moyen d'une chausse.

Ardvisson et *Oerhn* ont retiré, de cette manière, par livre de fourmis, sept onces et demie d'un acide dont la pesanteur spécifique, à la température de 15 degrés, étoit à celle de l'eau :: 1,0075 : 1,0000.

Lorsqu'on procède par la lixiviation, on lave les fourmis dans l'eau froide, puis on y verse dessus de l'eau bouillante; et lorsqu'elle est froide, on filtre, on verse de la nouvelle eau bouillante sur le résidu, qu'on filtre de même quand elle est froide; par ce moyen, une livre de fourmis fournit une pinte d'acide aussi fort que le vinaigre, et qui a plus de pesanteur spécifique. *Ardvisson* et *Oerhn* pensent que cet acide peut remplacer le vinaigre pour les usages économiques.

L'acide obtenu par ces procédés n'est jamais pur: mais on le purifie par des distillations répétées; l'huile pesante et l'huile volatile se dégagent, et l'acide devient clair comme l'eau. L'acide rectifié par ce procédé a été trouvé par *Ardvisson* et *Oerhn*, comme 1,0011 : 1000.

On peut encore retirer l'acide des fourmis en présentant à la fourmillière des linges imbibés d'alkali: on retire, par la lixiviation, le formiate de potasse, de soude, ou d'ammoniaque.

L'acide formique a quelque rapport avec l'acide acéteux; mais l'on n'a pas pu jusqu'ici en démontrer l'identité. *Thouvenel* lui a trouvé plus d'analogie avec l'acide phosphorique.

L'acide formique retient l'eau avec tant d'avidité, qu'elle ne peut pas en être séparée entièrement par la distillation ; lorsqu'il est très-pur, sa pesanteur est à celle de l'eau : : 1,0453 : 1,0000.

Il affecte le nez et les yeux d'une manière particulière qui n'est pas désagréable; il a un goût piquant et brûlant lorsqu'il est pur, et flatte le palais lorsqu'il est étendu d'eau.

Il a tous les caractères des acides.

Il noircit lorsqu'on le fait bouillir avec l'acide sulfurique; dès que le mélange s'échauffe, il donne des vapeurs blanches piquantes; et, quand il bout, il s'en élève un gaz qui s'unit difficilement à l'eau distillée et à l'eau de chaux, l'acide formique se décompose dans cette opération, car on le retire en moins grande quantité.

L'acide nitrique distillé dessus le détruit complètement ; il s'en élève un gaz qui trouble l'eau de chaux, et qui se dissout difficilement et en petite quantité dans l'eau.

L'acide muriatique ne fait que se mêler à lui, mais l'acide muriatique oxigéné le décompose de suite.

Ardvisson et *Oerhn* ont déterminé les affinités de cet acide avec les diverses bases dans l'ordre suivant : barite, potasse, soude, chaux, magnésie, ammoniaque, zinc, manganèse, fer, plomb, étain, cobalt, cuivre, nickel, bismuth, argent, alumine, huiles volatiles, eau.

Cet acide se mêle parfaitement à l'esprit-de-vin; il s'unit difficilement aux huiles fixes et aux huiles volatiles; à l'aide de la chaleur, il attaque la suie de cheminée, prend une couleur fauve, et laisse tomber, en refroidissant, un sédiment brun, qui, distillé, donne une liqueur d'une couleur jaunâtre, d'une odeur désagréable, accompagnée de vapeurs élastiques.

CHAPITRE XV.

De la Putréfaction.

TOUT corps vivant, une fois privé de la vie, prend un chemin rétrograde et se décompose : on a appellé cette décomposition *fermentation* dans les végétaux, et *putréfaction* pour les substances animales. Les mêmes causes, les mêmes agens et les mêmes circonstances déterminent et favorisent la décomposition des végétaux et des animaux; et la différence des produits qui se présentent provient de la variété des principes constituans.

L'air est le principal agent de la décomposition animale, mais l'eau et la chaleur facilitent prodigieusement son action : *fermentatio ergò definitur quod sit corporis densioris rarefactio, particularumque aerearum interpositio, ex quo concluditur debere in aëre fieri nec nimium frigido ne rarefactio impediatur, nec nimium calido ne partes raribiles expellantur.* BECHER, *Phys. Subt. Lib. 1, S. 5, p. 313. Edit. Franco-Furti.*

On peut préserver une substance animale de la putréfaction en la privant du contact de l'air, et on peut l'accélérer ou la retarder en variant et modifiant la pureté de ce même fluide.

Si, dans quelques circonstances, on voit la putréfaction se développer sans le contact de l'air atmosphérique, c'est que l'eau qui imprègne la substance animale se décompose et fournit l'élément et l'agent de la putréfaction : de-là vient, sans doute, qu'on a observé la putréfaction dans des viandes enfermées dans le vuide. Voyez LYONS, *tentamen de putrefactione.*

L'humidité est encore indispensable pour faciliter la putréfaction ; et on peut garantir un corps de cette décomposition en le desséchant complètement : c'est ce qu'ont exécuté *Villaris* et *Cazales* de Bordeaux par le moyen des étuves : les viandes ainsi préparées ont été conservées pendant plusieurs années, et n'ont contracté aucune mauvaise qualité : les sables et les terres légères et poreuses ne conservent les cadavres qu'en vertu de la propriété qu'ils ont de pomper les sucs et de dessécher les solides ; c'est ainsi que dans l'Arabie on a trouvé des caravanes entières, hommes et chameaux, parfaitement conservées dans le sable sous lequel des vents impétueux les avoient ensevelies. On voit, en Angleterre, à la bibliothèque du Collège de la Trinité, dans le séminaire de Cambridge, un corps humain très-bien conservé, trouvé sous les sables de l'isle de Ténériffe. Une trop forte humidité est nuisible à la putréfaction, c'est ce qu'avoit observé le célèbre *Becher : nimia quoque humiditas à putrefactione impedit prout nimius calor, nam corpora in aqua potius gradatim consumi quam putrescere si nova semper affluens sit, experientia docet : unde longo tempore integra interdum submersa prorsus à putrefactione immunia vidimus, adeo ut nobis aliquando speculatio occurreret tractando tali modo cadavera anatomiæ subjicienda, quò diutius à fœtore et putrefactione immunia*

immunia forent. Phys. Subt. Lib. 1, S. 5, Cap. 1, p. 77.

Il faut donc, pour qu'un corps se putréfie, qu'il soit imprégné d'eau ; mais il ne faut pas qu'il en soit inondé. Il faut encore que cette eau séjourne dans le tissu du corps animal sans y être renouvellée : cette condition est nécessaire, 1°. pour dissoudre la lymphe et présenter à l'air le principe le plus putrescible sous le plus de surface : 2°. pour que l'eau puisse se décomposer elle-même, et fournir par ce moyen le principe putréfiant. On retarde et on suspend la putréfaction par le moyen de la cuisson ; parce qu'on dessèche la viande, qu'on coagule la lymphe et qu'on la prive par-là de l'humidité, qui est un des principes les plus actifs de la décomposition.

Une chaleur modérée est encore une condition favorable à la décomposition animale : par elle, l'affinité d'agrégation entre les parties est affoiblie ; conséquemment elles prennent plus de tendance à de nouvelles combinaisons ; de-là vient que les viandes se conservent mieux pendant l'hiver que pendant l'été. *Becher* nous a tracé avec génie l'influence de la température sur la putréfaction animale : *aer calidus et humidus maximè ad putrefactionem facit.....*

corpora frigida et sicca difficulter, imo aliqua prorsus non putrescunt, quæ ab imperitis proindè pro sanctis habita fuere; ita aer frigidus et siccus imprimis calidus et siccus à putrefactione quoque preservat, quod in Hispania videmus et locis aliis calidis, sicco, calido aere prœditis, ubi corpora non putrescunt et resolvuntur; nam cadavera in Oriente in arena, imo apud nos arte in furnis siccari et sic ad finem mundi usque à putredine præservari certum est; intensum quoque frigus à putredine præservare, unde corpora Stockolmiis tota hyeme in patibulo suspensa sine putredine animadvertimus. Phys. Subt. lib. 1, cap. 1.

Telles sont les causes qui peuvent déterminer et favoriser la putréfaction : on voit d'après cela quels sont les moyens de l'arrêter, de la provoquer et de la modifier à volonté : on préservera un corps de la putréfaction en le privant du contact de l'air atmosphérique ; il suffit pour cela de mettre ce corps dans le vuide, ou de le revêtir d'un enduit qui le défende de l'action immédiate de l'air, ou bien de l'envelopper dans une atmosphère de quelque substance gazeuse qui ne contienne point d'air vital. Nous observerons à ce sujet, que c'est à une semblable cause qu'on doit rapporter les effets qu'on a observés sur les viandes exposées dans l'acide carbonique, le gaz nitrogène, &c.; et il me paroît que c'est sans des preuves suffisantes qu'on a conclu que ces mêmes gaz pris intérieurement devoient être regardés comme des anti-septiques, puisque dans le cas que nous venons de rapporter, ils n'agissent qu'en garantissant les corps qu'ils enveloppent du contact de l'air vital qui est le principe éminemment putréfiant. On peut favoriser la putréfaction en entretenant le corps à une température convenable : une chaleur de 15 à 25 degrés diminue l'adhésion des parties entre elles et favorise l'action de l'air; mais si cette chaleur est plus forte, elle volatilise le principe aqueux, dessèche les solides et ralentit la putréfaction. Il faut donc, pour qu'une substance animale se décompose, 1°. qu'elle ait le contact de l'air atmosphérique; et plus cet air sera pur, plus prompte sera la putréfaction; 2°. qu'elle soit exposée à une chaleur modérée; 3°. que son tissu soit imprégné d'humidité. Les expériences de *Pringle*, de *Macbride*, de *Gardane*, &c. nous ont encore appris qu'on peut hâter la putréfaction en arrosant les substances animales avec de l'eau chargée d'une petite quantité de sel, et c'est à une semblable cause que nous devons rapporter plusieurs procédés usités dans les cuisines pour mortifier les viandes, de même que la préparation des fromages, la fermentation du tabac, celle du pain, &c.. *Becher* s'exprime ainsi, sur les causes qui décident la putréfaction dans le corps vivant : *causa putrefactionis primaria defectus spiritus vitalis balsamini est, secundaria deindè aer externus ambiens qui interdum adeò putrefaciens et humidus calidus est ut superstitem in vivis etiam corporibus balsaminum spiritum vincat nisi confortando augeatur, ex quo colligi potest præservantia à putredine subtilia ignea oleosa esse debere.* Ce célèbre chymiste conclut des mêmes principes, que les ligatures et les fortes saignées et un épuisement quelconque déterminent la putréfaction; il pense encore que les astringens ne s'opposent à la putréfaction qu'en condensant le tissu des parties animales, parce qu'il regarde la raréfaction ou le relâchement comme le premier effet d'une putréfaction; il croit que les spiritueux n'agissent comme antiputrides que parce qu'ils raniment et stimulent le *vis vitæ*; il prétend que l'usage des viandes salées qui donnent beaucoup de chaleur, aidé de l'humidité très-ordinaire dans les vaisseaux et les ports de mer, détermine le scorbut ; il observe avec raison que le but et l'effet de la putréfaction sont diamétralement opposés à ceux de la génération : *nam sicut in generations partes coagulantur et in corpus formantur ita in putrefactione partes resolvuntur et quasi informes fiunt.*

Comme les phénomènes de la putréfaction varient selon la nature même des substances, et d'après les circonstances qui accompagnent cette opération, il s'ensuit qu'il est bien difficile de faire connoître tous les phénomènes qu'elle présente, et nous tâcherons de ne tracer ici que ceux qui paroissent les plus constans.

Toute substance animale, exposée à l'air, à une température au-dessus de dix degrés, et humectée de sa sérosité, se pourrit, et les progrès de cette altération se présentent dans l'ordre suivant.

D'abord la couleur devient pâle, la consistance diminue, le tissu se relâche, l'odeur particulière à la viande fraîche disparoît, et elle est remplacée par une odeur fade et désagréable ; la couleur même, à cette époque, tourne au bleu, comme nous le voyons dans la volaille qui commence à *passer* ; dans les échymoses qui tombent en suppuration, dans les diverses parties menacées de gangrène, et même dans cette putréfaction du caillé qui forme le fromage. Presque tous nos alimens subissent le premier degré de putréfaction avant d'être employés à nos besoins.

Après cette première période, les parties animales se ramollissent de plus en plus, l'odeur devient fétide, et la couleur, d'un brun obscur; la fibre casse facilement; le tissu se dessèche si la putréfaction s'opère en plein air, tandis que la surface se couvre de petites gouttes de fluide si la décomposition se fait dans des vaisseaux qui s'opposent à l'évaporation.

A cette période succède celle qui caractérise éminemment la putréfaction animale : l'odeur putride et nauséabonde qui s'étoit manifestée dans le second degré, est mêlée dans celui-ci d'une odeur piquante qui n'est due qu'au dégagement du gaz ammoniac; la masse perd de sa consistance de plus en plus.

Le dernier degré de décomposition a des caractères qui lui sont propres; l'odeur devient fade, nauséabonde et très-active, c'est celle-ci sur-tout qui est contagieuse; elle transmet au loin le germe de l'infection; c'est un vrai ferment qui se dépose sur certains corps pour se reproduire à de longs intervalles. *Van-Swieten* rapporte que la peste ayant régné à Vienne, en 1677, et s'y étant montrée en

1713, les maisons qui avoient été infectées lors de la première iuvasion le furent à la seconde. *Van-Helmont* assure qu'une personne contracta un *anthrax* à l'extrémité des doigts pour avoir touché des papiers imprégnés de *virus* pestilentiel. *Alexander Benedictus* a écrit que des oreillers avoient reproduit la contagion, sept ans après avoir été infectés; des cordes qui en étoient imprégnées depuis trente ans l'ont également communiquée, suivant *Forestus*. La peste de Messine fut long-temps concentrée dans des magasins où l'on avoit enfermé des marchandises avec des ballots suspects. *Mead* a transmis des faits effrayans sur l'empreinte durable de la contagion.

Lorsque le corps qui se putréfie est à son dernier degré, le tissu fibreux n'est presque plus reconnoissable; ce n'est plus qu'une matière molle, désorganisée et putrilagineuse; on voit s'échapper des bulles de la surface de ce tissu, et le tout finit par se dessécher et se réduire en une matière terreuse et friable quand on la manie entre les doigts.

Nous ne parlerons pas de la production des vers; il nous paroît démontré qu'ils ne doivent leur origine qu'aux mouches qui cherchent à déposer leurs œufs sur des corps qui puissent servir de pâture à leurs petits dès qu'ils sont éclos. Si on lave bien la viande et qu'on la fasse pourrir sous un tamis, elle passera par tous les degrés de putréfaction, sans apparition de vers. On a observé que les vers étoient d'espèce différente, selon la nature de la maladie et l'espèce d'animal qui se pourrit: l'exhalaison qui s'élève des corps dans ces divers cas, attire, selon sa nature, différentes espèces d'insectes. L'opinion de ceux qui croient aux générations spontanées me paroît contraire à l'expérience et à la sagesse de la nature, qui ne peut point avoir confié au hazard la reproduction et le nombre des espèces. La marche de la nature est la même pour toutes les classes d'individus : et, dès qu'il est prouvé que toutes les espèces connues se reproduisent d'une manière uniforme, comment pouvoir supposer que la nature s'écarte de son plan et de ses loix générales, pour le petit nombre d'individus dont la génération nous est moins connue?

Becher a eu le courage de suivre pendant un an la décomposition d'un cadavre en plein air, et d'en observer tous les phénomènes. La première vapeur qui s'élève, dit-il, est subtile et nauséabonde; quelques jours après, elle a quelque chose d'aigre et de piquant;

après les premières semaines la peau se couvre d'un duvet et paroît jaunâtre ; il se forme en divers endroits des taches verdâtres, qui deviennent ensuite livides, et noircissent ; alors une moisissure épaisse couvre la plus grande partie du corps, les taches s'ouvrent et laissent échapper de la sanie.

Les cadavres enfouis dans la terre présentent des phénomènes bien différens : dans un cimetière, la décomposition est au moins quatre fois plus lente ; elle n'est parfaite, selon *Petit*, qu'après trois ans, lorsque le corps n'est enterré qu'à quatre pieds de profondeur ; et elle est d'autant plus lente, que le corps est enseveli plus profondément. Ces faits s'accordent avec les principes que nous avons déjà établis ; car les corps cachés dans la terre, et conséquemment garantis du contact de l'air, obéissent à des loix de décomposition bien différentes de celles qui ont lieu sur les corps qui sont en plein air : dans ce cas, la décomposition est favorisée par les eaux qui s'infiltrent dans le terrain, dissolvent et entraînent les sucs animaux ; elle est favorisée par la terre elle-même qui absorbe les sucs avec plus ou moins de facilité. *Lemery*, *Geoffroy*, *Hunaud*, ont prouvé que les terres argilleuses exercent une action très-lente sur les corps ;

mais lorsque les terres sont poreuses et légères, alors les cadavres se dessèchent promptement. Les divers principes des corps, absorbés par la terre ou charriés par les eaux, sont dispersés dans un grand espace, pompés par les racines des végétaux, et dénaturés peu à peu. Voilà ce qui se passe dans les cimetières qui sont en plein air; il n'en est pas de même, à beaucoup près, par rapport aux sépultures qui se font dans les églises ou dans des endroits couverts : il n'y a là ni eau, ni végétation, et conséquemment aucune cause qui puisse entraîner, dissoudre et dénaturer les sucs des cadavres; et j'applaudis tous les jours à la sagesse du Gouvernement, qui a défendu les inhumations dans les temples : c'étoit à la fois un objet d'horreur et d'infection.

Les accidens survenus à l'ouverture des fosses et des caveaux ne sont que trop nombreux, pour qu'il nous soit permis de nous occuper un moment des moyens de les prévenir.

La décomposition d'un cadavre dans l'intérieur de la terre ne sera jamais dangereuse, pourvu qu'il soit enfoui à une profondeur suffisante, et que la fosse ne soit pas recreusée avant son entière et complète décomposition: la profondeur de la fosse doit être telle, que l'air extérieur ne puisse point y pénétrer; que les sucs dont la terre s'imprègne ne puissent point être ramenés à la surface ; que les miasmes, vapeurs ou gaz qui se développent ou se forment par la décomposition, ne puissent point forcer l'enveloppe terreuse qui les retient. La nature de la terre dans laquelle la fosse est pratiquée influe sur tous ces effets : si la couche qui recouvre le cadavre est argilleuse, la profondeur de la fosse peut être moindre, parce que cette terre livre passage difficilement aux gaz et aux vapeurs ; mais, en général, on est convenu qu'il est nécessaire que les corps soient enterrés à cinq pieds de profondeur pour prévenir tous ces accidens fâcheux. Il faut encore avoir l'attention de ne point rouvrir une fosse avant que la décomposition du cadavre soit complète : cette décomposition n'est parfaite, selon *Petit*, qu'après trois ans, lorsqu'on ne donne aux fosses que quatre pieds, et après quatre lorsqu'on leur en donne six. Ce terme présente beaucoup de variétés relativement à la nature du terrain et à la constitution des sujets inhumés ; mais nous pouvons le regarder comme un terme moyen. Il faudroit donc bannir cet usage pernicieux qui accorde une seule fosse à des familles plus ou moins nombreuses ; car, dans ce cas, la même terre peut être remuée avant le terme prescrit : ce sont ces sortes d'abus qui doivent occuper le Gouvernement, et il est temps qu'on sacrifie la vanité des individus à la sûreté publique. Il faudroit encore défendre la sépulture dans les caveaux et même dans les caisses : dans le premier cas, les principes des corps se répandent dans l'air et l'infectent ; dans le second, leur décomposition est plus lente et moins parfaite.

Si on néglige ces précautions, si on entasse les cadavres dans un espace trop étroit, si la terre n'est point propre à pomper les sucs et à les dénaturer, si on remue la terre avant l'entière décomposition des corps, il arrivera, sans doute, des accidens fâcheux : et ces accidens ne sont que trop communs dans les grandes villes, où toutes les sages précautions ont été négligées : c'est ainsi que, lorsqu'on fouilla, il y a quelques années, le terrain de l'église de Saint-Benoît à Paris, il s'en éleva une vapeur nauséabonde, et plusieurs voisins en furent incommodés ; la terre qu'on tira de cette fouille étoit onctueuse, visqueuse, et répandoit une odeur infecte. *Maret* et *Navier* nous ont laissé plusieurs observations semblables.

Les fouilles du cimetière des Innocens, faites en 1786 et 87, ont ajouté à nos connoissances sur la décomposition des cadavres. *Fourcroy* y a observé ce qui suit :

La décomposition des cadavres a présenté trois états ; 1°. des ossemens isolés et comme semés sur un sol où ils avoient été remués et souvent déplacés par les fouilles du cimetière ; 2°. quelques corps desséchés, où l'on distinguoit encore les muscles, la peau, les tendons, les aponévroses ; le tout dur, cassant, de couleur grise et semblant à des momies ; 3°. le troisième état étoit celui des cadavres enfouis dans les *fosses communes*.

Ces fosses étoient des cavités de trente pieds de profondeur sur vingt de largeur, dans lesquelles on plaçoit, par rangs serrés, les corps des pauvres renfermés dans leur bière ; chaque fosse recevoit mille à quinze cents cadavres ; chaque fosse restoit à-peu-près trois ans ouverte, et, lorsqu'elle étoit pleine, on recouvroit la dernière couche de cadavres d'un pied de terre : on rouvroit la même fosse quinze ans après, au plutôt, et trente ans au plus tard.

Les cadavres enfouis dans les fosses communes y subissent une dégénération que les fossoyeurs appellent *tourner au gras*, et c'est cette altération dont s'est sur-tout occupé *Fourcroy*.

Les cadavres sont applatis et collés contre

la planche du fond de la bière; ils n'offrent que des masses irrégulières d'une matière molle, ductile, d'un gris-blanc environnant les os de toutes parts, cassant par une pression un peu brusque, comparable par son aspect, son tissu et sa mollesse, au fromage.

Ces cadavres ne répandent pas une odeur très-infecte : ils n'étoient pas tous à un degré de décomposition semblable : dans quelques-uns on reconnoissoit encore le tissu des muscles; mais dans ceux où la décomposition étoit plus complète, on ne voyoit qu'une masse homogène, grise, le plus souvent molle et ductile, quelquefois sèche, facile à séparer en fragmens poreux, n'offrant plus de traces de membranes, de muscles, de tendons, de vaisseaux, de nerfs, de peau, de boyaux ni de viscères; les os ne sont plus liés par des ligamens; on peut rouler un cadavre de la tête aux pieds : il paroît que le cerveau tourne le premier au *gras;* les cheveux adhèrent encore au cuir chevelu changé en gras. Lorsque le changement est récent, cette matière est molle; mais elle se dessèche par le temps, et finit par devenir transparente.

L'analyse qu'a faite *Fourcroy* d'un foie suspendu et desséché pendant dix ans, lui a prouvé qu'il avoit subi un changement comparable à celui de ces cadavres.

Cette dégénération n'a pas lieu lorsque les cadavres sont enfouis isolément dans la terre, parce que l'eau qui les abreuve, la terre qui les entoure, extrayent et pompent les divers sucs, et absorbent d'ailleurs les divers produits de la décomposition à mesure qu'ils se forment.

L'analyse de cette matière, dans laquelle se sont résoutes toutes les substances animales, à l'exception du principe osseux, a fourni de l'ammoniaque et une espèce de graisse analogue au blanc de baleine.

CHAPITRE XVI.

Du Tannage.

La peau de tout animal est susceptible de se corrompre, de s'imbiber d'eau, de s'user par le frottement, et de se déchirer par une force peu considérable : c'est pour obvier à ces défauts qu'on fait subir aux peaux l'opération du *tannage*, et les peaux prennent alors le nom de *cuirs*.

Nous connoissons plusieurs procédés de tannage; mais il est des opérations préliminaires qui appartiennent à tous et qui ne présentent que quelques modifications dans les manipulations, comme, par exemple, l'art de nettoyer les peaux qu'on destine au tannage, les moyens d'assortir les peaux, de les distribuer, de les diviser, pour donner à chaque sorte et à chaque partie d'une même peau la préparation qui leur convient. Les opérations postérieures à celles-ci varient dans les divers lieux, dans les différens atteliers ; nous allons décrire succinctement les procédés de tannage qui nous sont connus.

1°. *Tannage à la chaux.* Dans les atteliers où se pratique ce procédé, on a des cuves en bois ou des fosses en pierres, dans lesquelles on met de la chaux et de l'eau ; on distingue les cuves en *plains morts, plains foibles* et *plains neufs*, suivant que ces cuves ont déjà servi et sont plus ou moins affoiblies.

On commence par mettre les peaux dans les plains morts ; et, lorsqu'on s'apperçoit que les poils se détachent facilement, on les retire pour les *débourrer*.

On remet les peaux dans les plains, en les faisant passer successivement du *mort* au *neuf* jusqu'à ce que la peau soit bien renflée, ou, comme disent les tanneurs, jusqu'à ce que le *grain soit bien levé*.

On

On laisse les cuirs en digestion pendant douze mois depuis le débourrement : savoir, quatre mois dans les plains foibles et huit mois dans les plains neufs: on lave ensuite les peaux avec soin, et on les passe sur le chevalet ; on les foule avec scrupule pour les assouplir, les adoucir et les disposer à recevoir le *tan.*

Les peaux étant ainsi préparées, on les tanne comme il suit : dans des fosses creusées sous le sol, on forme une couche de tan en poudre et on la recouvre d'une peau ; on couvre cette peau d'une autre couche, et, de cette manière, on stratifie les peaux et le tan jusqu'à ce que la fosse soit pleine ; alors on *forme le chapeau,* c'est-à-dire, qu'on recouvre le tout d'une couche épaisse de tan. Avant de mettre le *chapeau* on abreuve les couches avec un seau d'eau.

On laisse les peaux dans cet état pendant trois mois, on les retire ensuite pour les mettre dans une nouvelle fosse et leur donner une *seconde poudre de tan neuf:* les peaux restent dans cette *nouvelle écorce* pendant quatre mois.

On leur donne enfin une *troisième écorce,* où elles restent pendant cinq mois.

Plus on laisse les peaux dans le tan, plus le cuir acquiert de bonté.

2°. *Tannage à l'orge.* Après avoir lavé et *écharné* les peaux, on leur fait subir le travail progressif des *passemens*; ceux-ci se préparent en délayant la farine d'orge dans l'eau chaude, et y ajoutant de la pâte aigrie ou de la levure de bière; le mélange fermente et acquiert une grande acidité: on le délaye ensuite dans une suffisante quantité d'eau. Cette liqueur acide est versée dans des cuves et on y passe les peaux, en commençant à les mettre en digestion dans les passemens les plus foibles, et les faisant passer successivement jusqu'aux plus forts: on les débourre en les tirant du second ou du premier; elles se gonflent dans le troisième.

Ce travail dure près de quarante jours en été, et plus long-temps en hiver; il demande la plus grande attention, sur-tout dans la manière de graduer les liqueurs.

On peut remplacer la farine d'orge par celle de plusieurs graminées: les Kalmoucks, au rapport de *Pallas*, y suppléent par le lait aigri.

On conduit ensuite les peaux dans les fosses pour leur donner le tan, en observant les précautions que nous avons indiquées.

3°. *Tannage à la jusée.* Ce procédé nous est venu de Liége; aussi les cuirs préparés par cette méthode sont-ils connus sous le nom de *cuirs de Liége* ou *façon de Liége*.

Quatre opérations forment tout le procédé : *l'échauffe*, la *trempe*, le *gonflement*, le *tan*.

Pour procéder à *l'échauffe* des peaux, on les ramollit à l'eau si elles sont sèches, on répand une livre ou une livre et demie de sel sur une moitié du cuir, sur laquelle on renverse l'autre moitié en réunissant bien les bords ; on en forme des tas, et au bout de huit jours en hiver et plutôt en été, on les replie en sens contraire.

On les débourre dès que le poil se détache ; on peut faciliter le débourrement, au moyen d'une étuve échauffée légèrement, dans laquelle on étend les peaux sur des perches : trois ou quatre jours suffisent pour permettre le débourrement.

On procède ensuite au gonflement des peaux ; à cet effet, on lessive le tan qui a servi, et on emploie cette lessive pour les passemens : cette liqueur est acide. Ces opérations durent vingt-quatre jours en hiver.

Les peaux sortant des passemens sont encore portées au *passement rouge* ou *coudrement*, qu'on fait avec du tan neuf : on laisse séjourner trois ou quatre jours, et on renouvelle le tan tous les jours.

On couche ensuite les peaux en fosse, et on les y gouverne comme nous l'avons indiqué.

Les peaux destinées à former des *cuirs à œuvre*, telles que celles de veau pour empeignes, celles de vache pour baudrier, ne doivent pas subir l'opération du gonflement; dès qu'elles sont débourrées on les passe dans un passement neuf; on les couche ensuite en fosse, où elles ne reçoivent que deux *poudres* ou *écorces*.

4°. *Modifications dans ces procédés. Thomas Kankin* et *Hollè Waring* ont prouvé qu'on pouvoit tanner par la décoction de *bruyère*, employée à tiède. (Voyez la Gazette de commerce et d'agriculture du 12 juillet 1766.)

Les tanneurs anglais mettent le cuir dépilé dans une lessive alkaline, où ils font entrer de la fiente de pigeon pour le dégorger de son huile. (Voyez le titre 68 des Transactions philosophiques).

Les tanneurs liégeois et les anglais abreuvent tellement les fosses, que les cuirs mouillent dans le tan. Dans les tanneries du midi de la France, on tanne les cuirs mols dans l'eau de tan.

Le tannage au *sippage* ou *apprêt à la danoise* consiste, après les premières opérations, à passer les peaux au passement rouge, à les coudre comme des sacs et à les remplir de tan et d'eau ; on les coût soigneusement et on les couche dans des fosses remplies d'eau de tan ; on les y charge de pierres, on les retourne souvent, et on les bat fortement : deux mois suffisent pour le tannage. Ces cuirs éprouvent une forte extension par le procédé.

Pseiffer a proposé en 1777, de débourrer, de gonfler et de tanner avec l'eau styptique provenant de la distillation du charbon de terre ou de la tourbe : les deux premières opérations se font à tiède, la dernière à froid ; mais on emploie une eau plus forte pour celle-ci : on affoiblit la liqueur de la première avec un tiers d'eau, et celle de la seconde avec un quart. Ces opérations durent près de deux mois.

Ce procédé peut servir pour les premières opérations ; mais la liqueur dont il y est question ne peut pas tanner. *Seguin* l'a prouvé par expérience, et la théorie du tannage devoit le faire présumer.

Macbride a publié en 1774 et 1778, (Transactions philosophiques, titre 64 et titre 68) un nouveau procédé de tannage ; il débourre par l'échauffe ; il gonfle dans un passement préparé avec l'eau acidulée par $\frac{1}{200}$ acide sulfurique ; il tanne en plongeant les cuirs dans une infusion de tan faite par l'eau de chaux.

S. Real, en 1788 et 1789, s'étant convaincu que les peaux fraîches contenoient beaucoup de colle-forte tandis que les cuirs tannés n'en fournissent plus, a conclu que le tannage emportoit cette matière : ayant ensuite observé que l'eau chauffée à cinquante degrés ne dissolvoit pas cette colle, qu'à cinquante-quatre la dissolution s'opéroit, et qu'à soixante-cinq on dissolvoit la peau elle-même, il a conclu que, pour traiter les cuirs par l'eau, il falloit maintenir la chaleur de ce liquide entre cinquante et soixante. Son procédé déduit de ces principes consiste donc, 1°. à faire digérer les peaux dans une eau chauffée entre cinquante et soixante degrés; 2°. à les plonger ensuite dans une dissolution d'eau portée au même degré de chaleur; 3°. à les passer dans le suif fondu à la même température.

Seguin a repris ce travail, et a observé contre *S. Real*, que la colle-forte existoit dans le cuir; mais qu'elle y étoit combinée avec le principe tannant; d'où il a conclu que le tannage n'étoit que la saturation de cette gelée animale par le principe tannant, ce qui forme un composé insoluble dans l'eau imputrescible, &c.

Il a encore observé que le principe tannant

étoit susceptible de combinaison avec la chaux, et que, par conséquent, dans le procédé de *Macbride*, il y avoit déperdition d'une portion de ce principe.

Ces premières idées l'ont conduit à adopter le procédé suivant : il débourre dans la lessive épuisée et aigrie du tan, à laquelle il ajoute $\frac{1}{1000}$ d'acide sulfurique ; il opère le gonflement en plongeant les cuirs dans l'eau acidulée par $\frac{1}{1500}$ d'acide sulfurique, ou dans la liqueur aigrie du résidu des lessives du tan : il tanne dans une lessive de tan faite à froid, en y suspendant les peaux et les faisant passer d'une eau foible successivement jusqu'à la plus forte : cette lessive se prépare dans des cuviers semblables à ceux qui sont employés pour lessiver les terres salpêtrées. Douze à quinze jours suffisent pour tanner les cuirs les plus épais.

A mesure que le tan pénètre, on voit les bords de la peau changer de couleur et prendre de la dureté ; le tannage gagne du dehors au-dedans, et la tranche du cuir paroît couleur de muscade du moment que la combinaison est faite : on juge que le travail n'est pas terminé, lorsque le milieu de la tranche laisse encore appercevoir une ligne blanche.

400 liv. de tan sont nécessaires pour une

peau du poids de 100 liv. ces 400 liv. de tan contiennent 6 liv. d'extrait.

Un cuir tanné pèse 50 à 60 liv. s'il pesoit 100 liv. en peau.

Le cuir de cheval conserve une élasticité et une souplesse que n'ont pas les autres : de là vient qu'on le préfère pour les bottes.

On peut imprégner et pénétrer le tissu des cuirs, d'huile, de suif, de résine, en les travaillant sur des tables ou sur des cylindres chauds; on les rend, par ce moyen, imperméables à l'eau.

En passant les cuirs sous des cylindres, on les unit, on les alonge, on les rend plus compactes : on supplée au cylindre par le marteau.

L'alun dont on peut imprégner les cuirs les rend également incorruptibles, et on donne cet apprêt à toutes les peaux qui ne doivent pas être exposées à l'eau : les divers travaux qu'on leur fait subir pour les approprier aux divers usages, constituent l'art de l'*Ongroyeur*, du *Mégissier*, du *Chamoiseur*, du *Maroquinier*, du *Chagrinier*, &c.

FIN.

TABLE ALPHABÉTIQUE

DES MATIÈRES.

Nota. Le chiffre romain désigne le volume, le chiffre arabe indique la page.

A

B

C

D

E

EAU

F

H

I

K

L

M

N

O

P

Q

R

S

T

U

V

Z

FIN DE LA TABLE DES MATIÈRES.

A PARIS, DE L'IMPRIMERIE DE CRAPELET, rue de la Harpe, n°. 155.

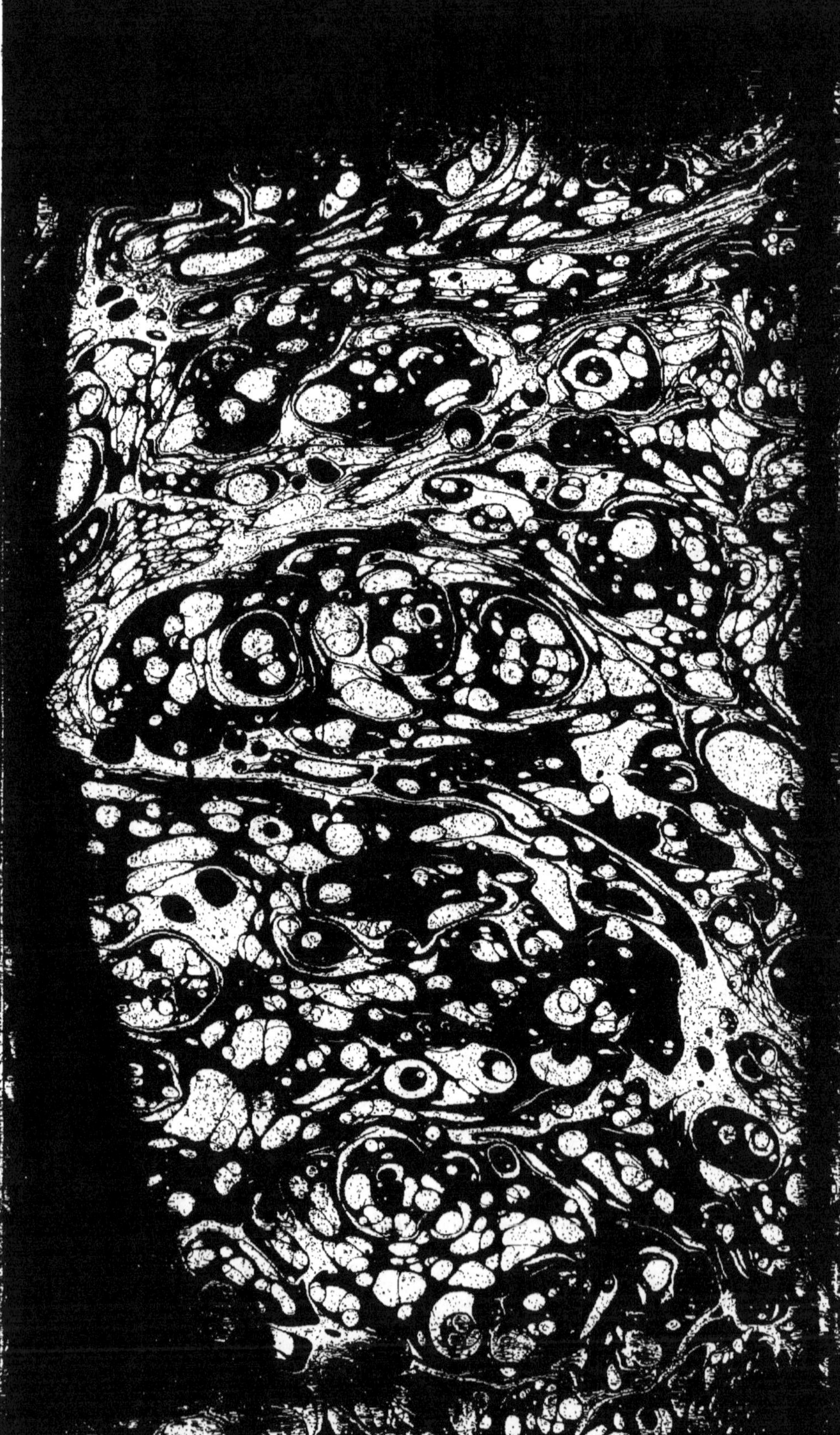

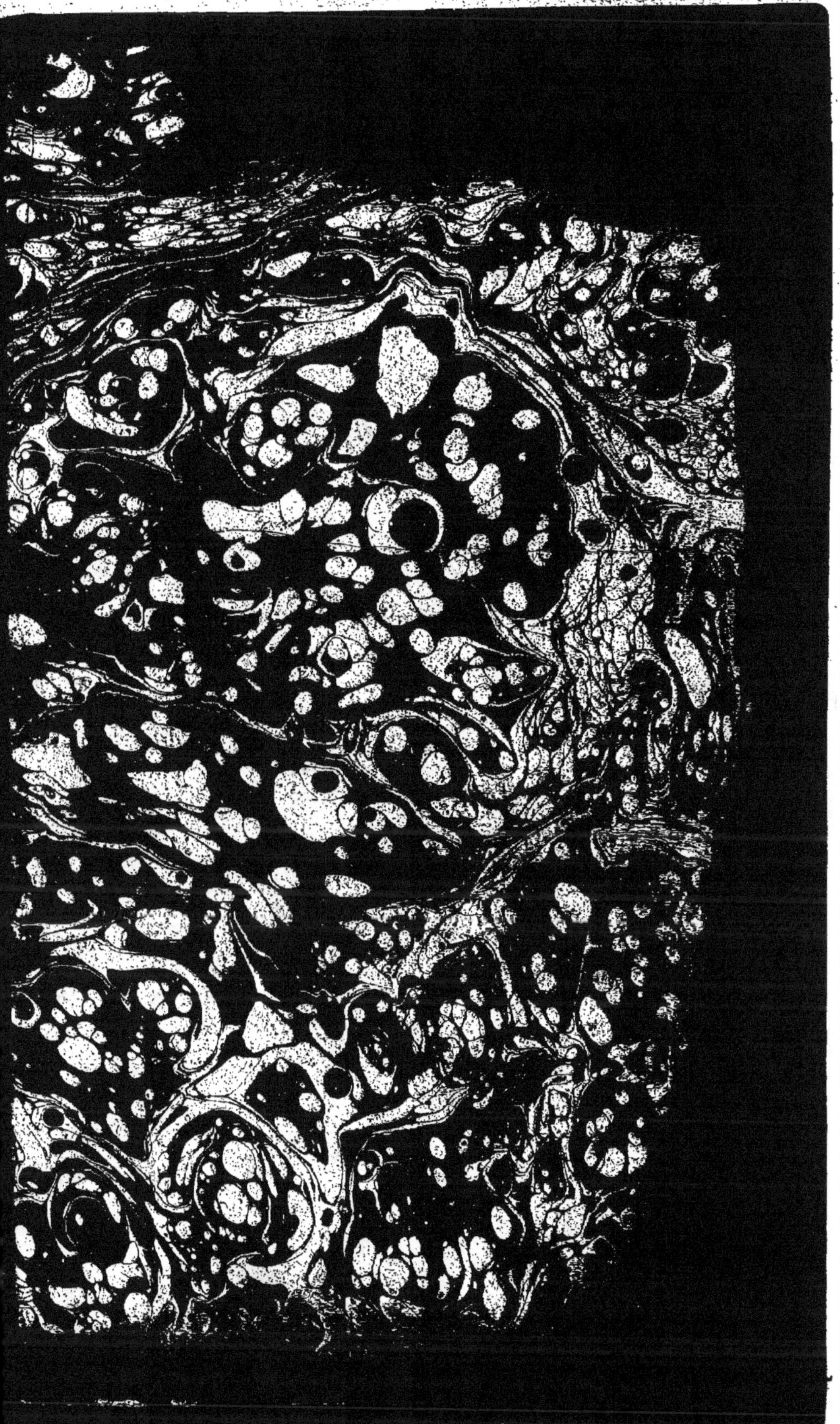

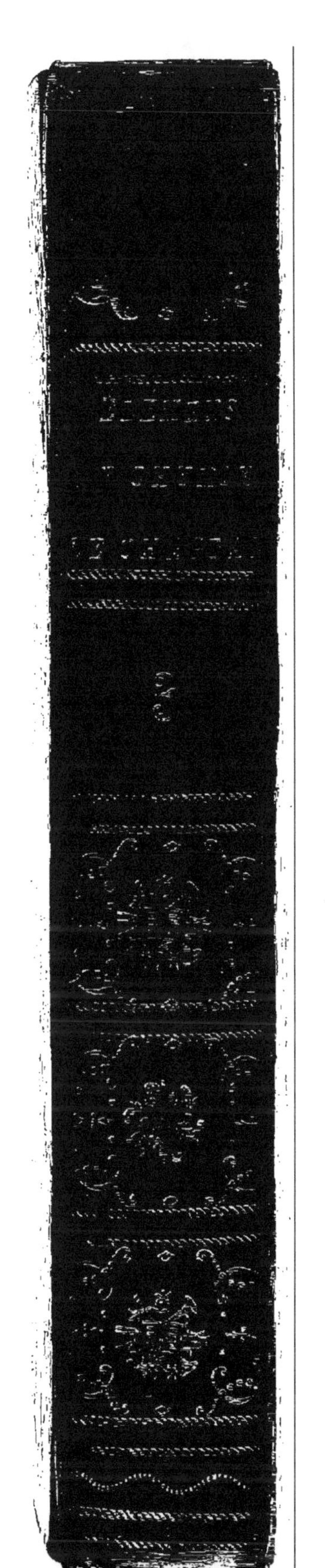

www.ingramcontent.com/pod-product-compliance
Lightning Source LLC
Chambersburg PA
CBHW052059230326
41599CB00054B/3069